耕作层土壤剥离利用的理论与实践

谭永忠　贾文涛　吴次芳　著

U0316376

图书在版编目（CIP）数据

耕作层土壤剥离利用的理论与实践／谭永忠，贾文涛，吴次芳著．—杭州：浙江大学出版社，2015.11
ISBN 978-7-308-15332-4

Ⅰ．①耕…　Ⅱ．①谭…　②贾…　③吴…　Ⅲ．①耕作土壤—研究　Ⅳ．①S155.4

中国版本图书馆 CIP 数据核字（2015）第 269319 号

耕作层土壤剥离利用的理论与实践

谭永忠　贾文涛　吴次芳　著

责任编辑　杜玲玲
责任校对　杨利军　秦　瑕
封面设计　黄晓意
出版发行　浙江大学出版社
（杭州市天目山路 148 号　邮政编码 310007）
（网址：http://www.zjupress.com）
排　　版　杭州中大图文设计有限公司
印　　刷　杭州杭新印务有限公司
开　　本　787mm×1092mm　1/16
印　　张　11.5
字　　数　292 千
版 印 次　2015 年 11 月第 1 版　2015 年 11 月第 1 次印刷
书　　号　ISBN 978-7-308-15332-4
定　　价　35.00 元

版权所有　翻印必究　　印装差错　负责调换

浙江大学出版社发行中心联系方式：0571—88925591；http://zjdxcbs.tmall.com

前　言

耕作层土壤是自然界风化并凝结人类劳动，经过几百年甚至几千年形成的，是耕地的精华和重要的人类历史遗产。万物土中生，有土就有粮，农民用"一碗土，一碗粮"形容耕作层土壤的价值。耕作层土壤是农业生产的物质基础，是粮食综合生产能力的根本保障，失去了耕作层，将永久地失去耕地的粮食生产能力。耕作层土壤来之不易，形成时间漫长，自然形成1厘米厚土壤大约需要200年，形成1厘米厚耕作层土壤大约需要200—400年，形成20厘米厚的耕作层土壤则需要更长的时间。

中国的各类建设活动占用了大量优质耕地。2006－2014年中国因建设占用的耕地面积超过200万公顷，假设70％的耕作层土壤能够剥离和利用，可剥离表土的面积就达到140万公顷。但是，长期以来，这些优质耕地的表土没有得到有效利用，绝大多数地方建设占用耕地之后，耕作层土壤常被当作一般土料使用，作为渣土处理，甚至废弃，由此造成了对肥力较高的土壤资源的巨大浪费。同时，耕作层土壤中还蕴含大量生物种子，被誉为生物多样性的种子库，开展耕作层土壤剥离利用，也有利于保护生物多样性，为有效修复各类建设损毁或破坏的土地，恢复生态环境留下更多空间。

开展耕作层土壤剥离利用工作，是提高耕地生产能力，保护优质土壤资源，提高补充耕地质量的重要途径，是实行最严格的耕地保护制度，落实耕地占补平衡制度的基本手段。耕作层土壤剥离利用也是一项技术性相当强的工作，因此英国、美国、日本、加拿大、澳大利亚等发达国家都非常重视表土剥离工作，并结合本国国情制定了一系列与表土剥离利用有关的政策法规、技术规范等。

近年来，我国吉林、贵州、浙江、广西等省区开展了耕作层土壤剥离利用实践，各地区在实践中结合本地区土地资源禀赋状况和社会经济发展实际，对耕作层土壤剥离利用技术进行了探索，并从不同角度总结了工作经验，如吉林省从保护黑土地资源和保障国家粮食安全，贵州省和宁波市从保护稀缺耕地资源和促进经济社会可持续发展，湖北省从解决库区移民安置口粮田和建设生态工程，广西从提高耕地质量和缓解耕地占补平衡压力等角度，总结了开展耕作层土壤剥离利用工作的基本情况、实践经验和管理政策。这些地方经验十分宝贵，为了在各地实践经验的基础上，归纳总结形成技术规范，更好地从技术层面指导全国的耕作层土壤剥离利用工作，2013年国土资源部启动了《耕作层土壤剥离利用技术规范》研究编制工作。

我国开展耕作层土壤剥离利用的时间不长，积累的技术经验有限。为顺利推进《耕作层土壤剥离利用技术规范》编制工作，国土资源部土地整治中心决定在编制技术规范之前，先行开展耕作层土壤剥离利用相关基础理论研究。此项任务委托浙江大学土地管理系承担。浙江大学土地管理系成立了由吴次芳、叶艳妹、谭永忠等人员组成的研究小组。在研究期间，收集并整理了相关文献资料，在借鉴、吸收国内外有关耕作层土壤剥离利用研究成果的基础上，初步研究了耕作层土壤剥离利用的一些基本问题。本书即是在该研究的基础上，经修改、补充和完善而成。

全书分为七章。第一章阐述了耕作层土壤的价值，耕作层土壤及其剥离利用的含义，耕作层土壤剥离利用的理论基础、基本条件以及生态环境效应。第二章介绍了国外表土剥离利用的基本概况，以及美国、日本、英国、澳大利亚、加拿大等主要发达国家的表土剥离利用实践。第三章阐述了发达国家表土剥离利用的模式和特征，以及对中国开展耕作层土壤剥离利用的启示。第四章研究了中国开展耕作层土壤剥离利用的国情基础、重要意义、基本原则以及主要类型。第五章介绍了吉林省、贵州省、浙江省宁波市等典型地区，开展耕作层土壤剥离利用的基本情况、实践模式、主要经验以及实施成效。第六章阐述了中国耕作层土壤剥离利用成本的内涵界定及其构成，分析了耕作层土壤剥离利用成本的调查结果，介绍了典型耕作层土壤剥离利用项目的成本测算。第七章阐述了耕作层土壤剥离利用效益的非市场价值的内涵及其评估的基本理论和方法，并以耕作层土壤剥离利用典型区浙江省余姚市为例，采用选择试验模型，研究了耕作层土壤剥离利用效益的非市场价值。

本书的研究和写作得到了国土资源部土地整治中心、浙江大学土地管理系、贵州省土地整治中心、浙江省土地整治中心、吉林省土地整治中心、广西壮族自治区土地整治中心、贵州省普定县土地整治中心、贵州省湄潭县土地整治中心、浙江省余姚市国土资源局等单位的支持和帮助。国土资源部土地整治中心梁军等对研究框架和研究重点提出了许多有建设性的建议，高世昌、陈正、周同、范彦波为研究提供了重要数据资料，并多次参与讨论和修改。广西壮族自治区土地整治中心蓝春华、贵州省土地整治中心朱红苏、吉林省土地整治中心李泽兴、浙江省土地整治中心罗进荣和徐祖煌等领导和专家，为研究提供实践经验等方面的资料。国土资源部信息中心刘新卫等收集整理的关于发达国家表土剥离利用的相关资料，是本书重要的参考资料来源。研究生韩春丽帮助收集和整理文献资料，直接参与研究，并在此基础上完成了她的硕士学位论文。作者对这些单位和人员的支持与帮助，致以衷心的感谢！

浙江大学叶艳妹教授和国土资源部土地整治中心李红举研究员，多次参与讨论和修改研究框架和主要章节内容，在探讨过程中无私地贡献了他们的智慧，作者在此致以特别的谢忱！

浙江大学出版社杜玲玲老师为本书的出版付出了辛勤劳动，特此感谢！

随着我国生态文明建设的加快推进，藏粮于地、藏粮于技战略的实施，以及耕作层土壤剥离利用工作在全国的普遍开展，耕作层土壤剥离利用的理论与实践将会得到进一步的深化研究。本书仅为抛砖引玉，恳请各位同行和读者批评指正。

作 者

2015 年 11 月于浙大紫金港

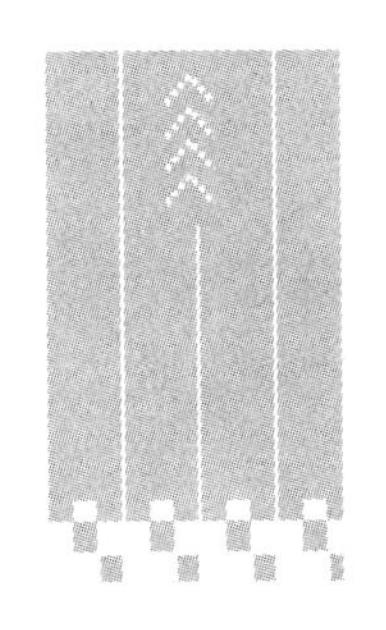

目 录

第一章　耕作层土壤剥离利用的基本理论

土壤是由岩石风化而成的矿物质、动植物，微生物残体腐解产生的有机质、土壤生物以及水分、空气、腐殖质等组成。土壤共分为三层，第一层主要由顶土和腐殖质组成，第二层主要由底土组成，第三层则是岩石碎片和基岩。土壤的第一层，即由顶土和腐殖质组成的表土层，包括土壤矿物质、有机质和微生物等，为作物提供必需的生长条件，是土壤肥力的物质基础。

表土层泛指所有土壤剖面的上层。除盐化土壤及侵蚀土壤的表土层外，其他土壤表土层的生物积累作用一般较强，含有较多的腐殖质，肥力较高。耕作土壤的表土层又可分为上表土层与下表土层。上表土层又称耕作层，为熟化程度较高的土层，肥力、耕性和生产性能最好；下表土层包括犁底层和心土层的最上部分，又称半熟化层。半熟化层对作物生长和肥力仍有一定影响。自然土壤的表土层，为植物根系密集而有机质丰富的土层，一般厚20～30cm。

表土是自然界风化并凝结人类劳动，经过几百年甚至几千年形成的，是耕地的精华和重要的人类历史遗产。表土的质量是衡量耕地质量的重要指标。优质表土能够缩短外运土方和原地土壤等培肥熟化时间，能够增厚土层，改善作物的立地条件。表土中含有丰富的碳和氮等矿物元素、有机质以及微生物，是植被生长发育的营养库，更重要的是表土在物理结构（团粒结构）、物种保护以及土壤微生物方面有着无可比拟的地方。

地表土壤的自然形成往往历时很久，少则几百年多则上千年。虽然已有试验证明，在人类有意识的干预下，表土的形成过程可以缩短至几十年以内甚至更短，但这目前仍然只是停留在实验室阶段，尚无法大面积推广使用。为了克服日益严重的表土流失所造成的不利影响，以及进一步发挥表土所固有的生态功能，当前世界各国普遍关注如何科学保护和合理利用这一特殊资源，其中常常采用的一种方法就是进行表土剥离和再利用。

近年来，随着经济社会的快速发展，我国人口多、土地资源匮乏、环境容量有限的矛盾日益显现，土地资源的稀缺性日益突出，实现建设占用与补充耕地在数量和质量上的平衡难度越来越大。各地方政府大都面临两大困境：一是贯彻最严格的耕地保护制度；二是城市建设必须占用耕地。尽管现阶段，各地方政府采取多种措施，基本上实现了建设占用耕地数量上的“占一补一”，但质量上的“占一补一”仍成效甚微，因而切实提高补充耕地质量已经成为国土资源管理部门最关注的问题之一。

耕作层土壤质量是衡量耕地质量的重要指标，耕作层土壤是自然界风化并凝结人类劳动，经过几百年甚至几千年形成的，是耕地的精华和重要的人类历史遗产。目前，我国耕作层土壤的供需不匹配，一方面，建设占用耕地产生了大量的耕作层土壤资源，2011 年度全国土地利用现状变更调查数据显示，2011 年度，全国耕地减少 532.7 万亩，其中建设占用耕地 485.0 万亩，假设 80%的耕地的耕作层土壤能够剥离和利用，2011 年能提供耕作层土壤的面积为 388.0 万亩；另一方面，耕作层土壤资源没有得到有效地利用，大多数建设单位将耕作层土壤作为渣土处理，简单掩埋或填方，大量耕作层土壤流失和浪费，耕地占补平衡存在"占优补劣"的现象。

我国耕地后备资源稀缺，新造耕地主要来源于土地开发、土地整理、土地复垦。研究数据显示，现阶段全国新增耕地面积中，通过土地开发增加耕地的比例高于土地整理和土地复垦的比例之和。然而，随着城市建设的大幅推进，在中原地区、东南沿海地区以及大城市郊区、平原、河谷以及交通便利的区域，可以开发的土地不会太多。这直接产生两个现实问题：一是，从长远来看，后备资源少的贵州、西藏、天津、上海等地难以实现占补平衡。二是，大部分情况下，补充耕地的质量即使经过多年熟化过程，也难以和被占用耕地的质量相比。

优质耕作层土壤能够缩短外运土方和原地土壤等培肥熟化时间，因此能节约土壤培肥费用，缩短培肥时间所带来的作物增产收益以及部分外购土方成本，同时能供给充足的耕作层土壤进行有效利用，有利于提高耕地保护意识，引导土地整理复垦作为新增耕地的主要途径，提升新增耕地质量。随着耕地保护的重要性日益凸显，剥离因为各种原因而被占用耕地的耕作层土壤并合理利用，已成为保护和提高耕地质量的一种重要手段。

一　耕作层土壤及其剥离利用的内涵

（一）耕作层土壤的含义

耕作层土壤是经耕种熟化的表土层。一般厚 15～20cm，养分含量比较丰富，作物根系最为密集，粒状、团粒状或碎块状结构。耕作层常受农事活动干扰和外界自然因素的影响，其水分物理性质和速效养分含量的季节性变化较大。要使作物高产，必须注重保护与培肥耕作层。

表土（Topsoil 或 Surface Soil）是指地表最上层部位的土壤。表土的厚薄因土壤类型而异。在农业土壤中，表土由耕作层和犁底层组成，耕作层薄的仅 15cm，厚的可达 30cm，一般为 20cm 左右，犁底层约 6～8cm（环境科学大辞典编委会，2008）。农业中耕作土壤的表土层，又可分为上表土层与下表土层。上表土层又称耕作层，为熟化程度较高的土层，肥力、耕性和生产性能最好；下表土层包括犁底层和心土层的最上部分（又称半熟化层）。土壤的表土层，为植物根系密集而有机质丰富的土层，是地球有机物储存的主要场所，拥有大量的有机物质和微生物，以及植物生长所需的营养物质。

显然，"耕作层土壤"与"表土"内涵不同。在中国，目前官方文件一般称之为"耕作层土壤"，发达国家一般称之为"表土"。在本书中，除特别说明外，介绍和研究与中国密切相关的内容时，一般采用"耕作层土壤"这一称谓；其他情形采用"表土"这一称谓。

(二)耕作层土壤的价值

已有研究表明,形成1cm厚的表土需要100～400年时间。在农田中,形成2.5cm厚的表土一般需要200～1 000年;在林地或牧场,形成同等厚度的表土所需时间会更长(孙礼,2010)。一般情况下,仅30cm厚的表土就能提供植物生长所需要的营养物质、有机质和腐殖质。土壤的几大特性,如水土保持、营养供应、缓冲能力及植物根系的深度都受表土深度的影响(Ghose,2001)。自然表土覆被能够提高土壤发育初期的质量,而且可以促进土壤形成过程、植物生长以及农业利用(Borůvka et al.,2012)。表土回填能增加主要有机质含量、改善营养状态和土壤的物理性质,尤其是土壤结构(Valla et al.,2000),还能够提高新生土壤的生物多样性(DePuit,1984;Martínez-Ruiz,2005;Schladweiler, et al.,2005),并通过引入有益的土壤微生物促进植物的生长以及本土植被群落的发育(Robert, et al.,1982;Brenner, et al.,1984;Alday, et al.,2011)。农民用"一碗土、一碗粮"形容耕作层土壤的价值。

1.耕作层土壤是土壤多样性的重要载体和保护对象

20世纪80年代末到90年代初,随着生物多样性成为生物学界的流行词,土壤科学家开始讨论他们应该如何讨论和测量土壤多样性。从那时开始,侵蚀、农耕和发展带来的土壤流失问题开始被很好地理解,但哪些土壤是稀有的尚不清楚。1992年,McBratney在论文中讨论了填补这些空白的努力,并首次使用了"土壤多样性"这个词语。

2003年,加州大学伯克利分校的Ronald Amundson及其同事发表了两篇里程碑式的文章,记录了美国的土壤多样性。在分析了1.3万种土系的分布信息的官方数据后,该研究小组识别出4500多种"稀有"土壤,这些土壤的覆盖面积不到1000公顷,通常是独一无二的地质和生态历史的产物。他们还发现了508种"濒临灭绝"的土壤,另外31种土壤已经"灭绝"。在6个过度农耕的中西部州,每个州有超过一半的已知土壤面临风险。美国威斯康星大学土壤学家James Bockheim在威斯康星州的研究表明,许多珍稀土壤面临因农耕或修路带来的更高的流失风险。因此,耕作层土壤是土壤多样性的重要载体和保护对象。

2.耕作层土壤是珍贵的人类历史遗产

形成1cm厚的表土需要100～400年时间,平均需要200年时间。石灰岩地区表土的时间长度可能会超出人们的想象。据对贵州不同时期地层成土形成时间的计算,要形成1m厚的残积土壤层,需要21万～120万年;在广西壮族自治区贵港市的观测结果也表明,形成1m厚的土层,需25万～85万年时间才能完成。

据考古研究,早在公元前5000年,我国先人就已经在黄河流域和长江中下游一带开始治土治田、培育土壤肥力。在商代,人们创造了"区田"耕种法,"区田"即田畦面低于地面,有利于保水、保肥和加快土壤熟化。在春秋战国时期,已广泛用淡水灌洗咸田和普遍使用铁具对土壤进行深耕。周代设有"草人"这一官职,其职能之一就是改良土壤,使表土变得更加肥沃。在几千年的文明进程中,我们的祖先采取高低畦整地、区田种植、代田法、修建梯田、兴建陂塘、筑淤地坝、引洪灌淤、沟洫制度、休闲制、保墒防旱、绿肥轮作、耕一耙一耖整地、造林种草等多种措施,保持水土、培肥地力,形成了能使人类生生不息的土壤物质和能量。

可见,耕作层土壤是人类珍贵的历史遗产,凝聚了从祖先到当代人的辛劳和智慧,是人类进化的"历史集体记忆"和情感宝库,也是一面寻找和映照历史文化的"镜子"。人类应该像保护古文物那样保护好遗存土壤,也要像保护大熊猫那样珍惜每一颗表土。几乎可以说,对表土的认知和价值取向，就像对古文物等历史遗存的认知和价值取向一样，是人类文明的象征和存在境界。

3. 耕作层土壤是地球生态系统的关键界面

表土是生物圈、大气圈、岩石圈、水圈、土壤圈等多个圈层交互作用的结果，是地球生态系统的关键界面。土壤是主要的陆地生态系统碳库，全球 0～100cm 深度的土壤有机与无机碳库储量约为 10^{15} 克，约是大气碳库的 3～4 倍，是植被系统中的 5 倍。土壤碳库储量较小幅度的变动，都可通过向大气排放温室气体直接导致大气二氧化碳浓度升高，从而以温室效应影响全球气候变化。CH_4 是水田最主要的温室气体，对温室效应的贡献达 19.0%～22.9%；水田的另一主要温室气体是 N_2O，其温室效应是 CO_2 的 296 倍，温室效应贡献率为 5%，而且它对臭氧层有间接破坏作用。

土壤是一个生物原生地和基因存储库。土壤中存在庞大的微生物群落，是土壤中绝大多数转化过程的驱动力。据估计细菌在耕作层中约有 $336kg/hm^2$，真菌有 $540kg/hm^2$。继细菌和真菌之后的土壤原生动物，目前已命名的有 290 余种，生物量巨大。据统计，在 1g 肥沃土壤中，原生动物可多达 100 万个。它在土壤生态系统的物质循环和能量转换以及提高微生物、植物和动物的活力方面起着至关重要的作用，可以分泌植物生长调节剂和促进作物生长，可用于生物防治植物病原菌，也可以作为监测土壤变化的生物指标。不同类型表土的养分含量，直接影响农作物的光合作用。表土中 N 素差异对作物叶片叶绿素、光合速率和暗反应的主要酶活性以及光呼吸强度等均有明显影响；如土壤缺 P 可降低棉花叶的扩展，还可导致菜豆光合能力、蒸腾速率和气孔导度等显著降低；土壤中 K 是多种酶类的活化剂，可提高叶片叶绿素含量，保持叶绿体片层结构，提高光合电子传递链活性，促进植株对光能的吸收利用以及光合磷酸化作用和光合作用中 CO_2 的固定过程。

土壤是无数生命循环的起点和终点，也是生命循环的基础之一。表土是一种生命景观，破坏表土是对地球生态系统的践踏，最终将影响生物生境和人类的可持续发展。保护表土，就是保护人类自己的生命。

（三）耕作层土壤剥离利用的含义

耕作层土壤剥离利用（Plow Layer Soil Stripping and Use），发达国家一般称为表土剥离（Topsoil Stripping），是指采取工程手段将建设占用地或露天开采用地（包括临时性或永久性用地）所涉及的适合耕种的表层土壤进行剥离，并用于原地或异地土地复垦、土壤改良、造地及其他用途的剥离、存放、搬运、耕层构造与检测等一系列相关技术的总称（颜世芳，等，2010）。

二　耕作层土壤剥离利用的理论基础

（一）尊重自然的宇宙法则理论

从宇宙的运行规律来看，宇宙能的三大自然法则分别为运动法则、平衡法则、吸引法则。本质上说，耕作层土壤剥离利用即是对宇宙自然法则的尊重。首先是运动法则。世间万物都处在永恒的发展变化过程中，运动和静止是运动法则的表现形式。建设占用耕地是对原有耕作层土壤相对静止状态的打破，耕作层土壤的剥离利用是对运动变化的反应，其最终目的是达到新的相对静止。其次是平衡法则。宇宙的平衡自动实现，自然实现，并非人力可以实现。一切平衡并非人自己去平衡，一切平衡都是超越个人能力之外而自动得到的运行结果或者平衡。耕作层土壤的无故流失，是对自然平衡的打破，自然会自动惩罚作用者，以保证万物之平衡；耕作层土壤剥离利用，谋求他人（生物）之平衡，人自动实现平衡。最后是吸引法则。吸引法则的核心是：同频共振，同质相吸。同样频率的东西会共振，同样性质的东西会因为互相吸引，而走到一起。共振会产生同质性，同质性会产生吸引力，吸引力会把这两个共振体牵扯到一起。在茫茫的宇宙中，万物之间是普遍联系的，这种联系用两个字来概括就是"吸引"。吸引法则给我们的启示是，为避免建设占用破坏耕作层而导致与其同质的物质的消亡，需要进行耕作层土壤的剥离利用，与此同时，剥离土壤待利用区对待剥离区的土壤因同质而产生吸引力，符合宇宙自然法则之吸引法则。

总之，耕作层土壤剥离利用是应宇宙自然法则而必须采取的一项措施，其过程也必须符合宇宙自然法则的要求。

（二）土地生态系统重建理论

"生态重建"是在人们对土地复垦的认识更深入、更全面的背景下提出的概念，有时又称之为"生态恢复"。环境和生态学界提出该概念是近10年来提出的事情。所谓生态重建，有专家将其表述为："生态重建是按照景观生态学原理，在宏观上设计出合理的景观格局，在微观上创造出合适的生态条件，把社会经济的持续发展建立在良好生态环境的基础上，实现人与自然的共生，它涵盖了复垦以外的社会、经济和环境的需要。"（龙花楼，1997）而美国生态重建学会1994年将生态重建定义为："将人类所破坏的生态系统恢复成具有生物多样性和动态平衡的本地生态系统。其实质是将人为破坏的区域环境恢复或重建成一个与当地自然界相和谐的生态系统。"

耕作层土壤含有大量的微生物群落和种子库，是地球生态系统的关键界面。土壤是无数生命循环的起点和终点，也是生命循环的基础之一。耕作层土壤剥离利用表面上看来，是剥离土壤待利用区利用剥离土壤的一种现象或过程，但本质上是剥离土壤待利用区耕作层生态系统重建，是对待剥离区土壤生态系统的保存和延续，同时也是通过原有生态系统的搬迁，并恢复或重建现有生态系统的过程。

（三）土地生态健康理论

土地作为自然界一个有机整体，有其一定的自身恢复能力，只要能保证土地维持自身正常的新陈代谢，使土地与人之间、生命与生命之间、生命体与无机环境之间的共生、互生、再生过程得到持续发展，就可保证土地永续利用目标的实现，这种状态就是土地生态健康（吴次芳等，2003）。土地生态健康是一个很复杂的概念，不仅包括自然生态系统生理方面的因素，还包括复杂的人类价值及伦理的、艺术的、哲学的和经济学的观点（陈美球，等，2004）。Callow认为当一个生态系统具有保持其稳定状态的潜力、受干扰后有修复能力以及能以最少的外界支持来维持自身管理时，这个系统就是健康的（Callow P，1995）。Rapport等认为生态系统健康是指一个生态系统的稳定性和可持续性（Rapport，1989）。肖风劲等人把生态系统健康归纳为七个特征:(1)不受对生态系统有严重危害的生态系统胁迫综合征的影响;(2)具有恢复力,能够从自然的或人为的正常干扰中恢复过来;(3)在没有或几乎没有投入的情况下,具有自我维持能力;(4)不影响相邻系统,也就是说,健康的生态系统不会对别的系统造成压力;(5)不受风险因素的影响;(6)在经济上可行;(7)维持人类和其他有机群落的健康,生态系统不仅是生态学的健康,而且还包括经济学的健康和人类健康(肖风劲、欧阳华,2002)。

人类是生态系统的一部分,因而保证土地生态系统健康的一个关键任务就是确保人类活动对土地生态系统健康是有利的。土地生态健康是人地共荣的表现,是自然生态与人道原理的结合,也是土地永续利用的基本前提,维持土地生态健康是土地保护的目标。土地生态健康是耕作层土壤剥离利用的理论基础之一,将指导耕作层土壤剥离利用的理论构建、技术规定和流程制定,同时,土地生态健康也是耕作层土壤剥离利用的重要目标,耕作层土壤剥离利用将促进土地的永续利用,并能通过规范人类对耕作层土壤的利用,进而促进土地生态健康状况的提高。

(四)土地循环利用理论

20 世纪 90 年代,可持续发展战略成为世界潮流,与此同时,以资源循环利用、避免废物产生的循环经济也得以发展。循环经济按照自然生态系统物质循环和能量流动规律重构经济系统,使经济系统和谐地纳入到自然生态系统的物质循环的过程中,建立起一种新形态的经济。循环经济在本质上就是一种生态经济,要求运用生态学规律来指导人类社会的经济活动。它要求把经济活动组成一个“资源—产品—再生资源”的反馈式流程;其特征是低开采,高利用,低排放。

在土地利用中吸收循环经济的基本理念,对于转变土地利用方式、促进经济发展、集约节约利用土地、促进生态健康和恢复重建、实现土地资源的永续利用,具有非常积极的指导意义。耕作层土壤剥离利用将被占用耕地的表土层进行剥离,在原地或异地重新利用,这一过程即是通过对被剥离区土壤的利用或再利用,进而实现土地的循环利用,因此,耕作层土壤剥离利用应将土地循环利用理论作为其理论基础之一,并将其贯穿于耕作层土壤剥离利用的全过程。

(五)土地生产力恢复理论

土地生产力是土地在一定条件下可能达到的生产水平,既反映土地质量的好坏,又表明土地的生产能力(农业大词典编辑委员会,1998)。土地生产力包括由光、热、水、气、营养元素的数量及其组合的土地自然过程的作用和由于人们对土地的限制条件的改造和克服,渗入劳动、技术等要素并构成积累的土地社会过程作用,是土地自然生产力和社会生产力(或经济生产力)的有机综合,是土地在一定空间和条件下维持生产出满足人类需要的农产品的内在能力。作为土地本质的属性,土地生产力是区域开发和生态环境建设的重要基础条件。土地质量对土地生产力有十分重要的影响,它是土地利用的基础。建设占用等原因对耕作层土壤的破坏,将降低土地生产力水平。耕作层土壤剥离利用的主要目的是恢复原地或者提高复垦地的土地自然生产潜力,为土地劳动生产力的投入提供良好的基础,最终促进土地综合生产力的提高,为人类带来更大的收益。因此,土地生产力恢复理论亦为耕作层土壤剥离利用的主要理论基础之一。

三　耕作层土壤剥离利用的基本条件

耕作层土壤剥离利用的条件是指在什么情况下应该进行耕作层土壤剥离利用，剥离利用的程度如何等，结合发达国家的实践和国内典型区的探索，可以发现，耕作层土壤剥离利用的条件主要有土壤条件和实施条件。

（一）耕作层土壤剥离利用的土壤条件

耕作层土壤剥离利用的土壤条件是指待剥离的土壤满足什么条件时就应进行剥离利用，主要有耕作层土壤的质量和土方面积两方面的要求。日本十分注重开发建设地区的表土剥离和再利用。在城市建设和工业建设中，挖取土方或堆积土方的深度（高度）超过1m、面积超过1000m^2时，对该挖取或堆积了土方的部分（道路路面部分、其他明显需要种植植被的部分、植物生长必须部分除外）必须采取表土复原、迁土、土壤改良等措施。重庆市移土培肥工程中规定了待剥离土壤的质量条件，即淹没耕地应满足耕作层较厚、肥力较高、分布集中成片以及有交通运输条件等要求（王锐，等，2011）。

中国地域辽阔，土壤的状况在各个地区千差万别，笼统地以耕作层土壤的自然条件作为剥离利用的依据不仅不具有可行性，还可能导致不良的后果。因此，应当根据土壤信息库，明确各土壤类型的剥离深度和土方面积的要求，满足耕作层土壤剥离利用要求。

（二）耕作层土壤剥离利用的实施条件

耕作层土壤剥离利用的实施条件是指开展哪些建设活动时应当进行耕作层土壤剥离利用。在英国，需要进行表土剥离的活动有：市政建设、采矿、修路、垃圾填埋。法律规定，在1级、2级和3a级的农业土地上从事这些活动，必须进行表土剥离。美国《露天采矿与土地复垦法》规定，如果矿区土地为基本农田，则矿山所有人在开采前，必须对农用土地的表层土进行剥离、存储和回填等。吉林省国土资源厅研究制定了《关于开展建设占用耕地耕作层土壤剥离工作的通知》（吉国土资发〔2012〕123号），在全省土地整治重点区域，选取了18个县（市、区）为试点，明确要求建设占用基本农田等8种类型占用耕地的，必须开展表土剥离工作。

由此得出，耕作层土壤剥离利用应该与建设占用耕地活动紧密结合，并结合相关法律法规中的规定，对耕作层土壤剥离利用的条件加以详细规定。

四　表土剥离利用的生态环境效应

表土剥离利用的影响是其效益的最直观体现。已有研究表明，自然表土剥离后回填能够增加土壤中的有机质含量，改善营养状况、土壤物理性质，尤其是土壤结构（Valla et al.，2000）。另外，表土回填能够增加新建表土的生物多样性（DePuit，1984；Schladweiler et al.，

2005)，有利于本土灌木林早期阶段的植物演替(Alday et al.,2011)。

学者们通过模拟侵蚀地区表土剥离后土壤物质和作物产量的变化，发现在剥离区，表土回填比施肥更能增加作物产量(Larney et al.,2000;Massee,1990)。在因开发建设或侵蚀导致表土被剥离的地区，表土置换是一种提高土壤质量，促进作物生长的有效手段(Massee,1990; Grote and Al-Kaisi,2007)。

(一)表土剥离对土壤物理性质的影响

Oyedele 和 Aina 通过将表土人为剥离至不同深度(0cm,5cm,10cm,15cm,20cm)，发现土壤的 pH 值在未剥离地区最高并随着剥离深度的增加逐渐下降(Oyedele and Aina,2006)。土壤容积密度和圆锥指数(Cone Index，描述土壤对植物根系渗透和幼苗发芽的阻力)随剥离深度的增加而逐渐增加。虽然表土剥离导致的土壤物理状况的下降比有机物的去除更能限制植物的生长，降低作物产量(Channell R Q,1979)，但土壤物理状况的改善难以进行，其成本较高且会产生不同的效益。

(二)表土剥离对土壤化学性质的影响

自然表土中的有机质比被开采区更成熟、腐殖质更高。表土回填能够增加新生土壤早期的质量，促进土壤形成过程，提高可利用 P 的含量，降低可利用 Ca、Mg、K 的含量。在新西兰高原黄土地区，剥离 31cm 厚的表土层就去除了土壤中大量的活性有机质，有机质也减少到较低水平(Hart et al.,1999 ;Wairiu and Lal,2003)。在荷兰等国家，表土剥离导致 C 存储量减少 88%~94%，在剥离区 N 和 P 存储量也迅速减少，因而土壤的缓冲能力也剧烈下降(Geissen et al.,2013)。土体强度随着表土剥离深度的增加而增加(Salako et al.,2007)。表土剥离会引起强烈的侵蚀和地表径流并导致土壤物质尤其是 K、C、N 的减少(Korzeniak,2005)。

(三)表土剥离对土壤生物特性的影响

在表土剥离后的土壤中，蚯蚓的重新聚集没有出现，微生物活动也没有明显下降，因而，表土剥离对土壤的生物特性没有影响(Geissen et al.,2013)。表土回填能够增加新建表土的生物多样性(DePuit,1984;Martínez-Ruiz and Fernández-Santos,2005)。

(四)表土剥离对作物产量的影响

许多学者研究了表土剥离对作物产量的影响及表土回填、施肥和禽类粪便对作物产量恢复的作用(Dormaar et al.,1986;Malhi et al.,1994)。Oyedele 和 Aina 通过将表土人为剥离至不同深度(0,5cm,10cm,15cm,20cm)，发现在试验的两年期内，虽然作物高度与表土剥离的深度呈线性关系，但作物产量与表土剥离的深度却呈指数关系。具体来说，与其他深度相比，最上层 5cm 厚的表土层对玉米的产量是最关键的(Oyedele and Aina,2006)。另外，表土剥离对作物产量的影响因土壤类型、作物类型、农业生态区域及降雨量而异。中国黑土地区，表土剥离后作物生长后期的地上干物质明显减少，根的干重也有所降低。这导致收获期的株高和光合作用率变低(Sui et al.,2009)。

(五)表土剥离对土壤种子库的影响

表土中含有丰富的种子资源,即表土种子库。种子库用来管理现有植被的组成和结构以及恢复或重建本土植被。土壤种子库对于植被重建和土地修复中的物种丰富度和植被密度至关重要。研究发现,表土中包含的种子和营养物质在没有其他措施的辅助下,即使退化最严重的土地也能实现植被重建(Bradshaw and Chadwick,1980)。通过将含有种子库的表土回填可以促进本土植物群落的发育和修复(Buisson et al.,2008;Resco de Dios et al.,2005),这是因为表土剥离减少了外来植物物种的种子库(Peeters and Janssens 1998;Wilson 2002)和邻作植物的覆被(Buisson et al.,2006),降低了支持外来物种生长的N吸收量(Aerts et al.,1995)。但考虑到表土剥离对特定地区本土种子库和微生物群落的负面影响,其对于植被重建的效益应慎重权衡(Buisson et al.,2006)。

第二章　主要发达国家的表土剥离利用实践

世界上许多国家，特别是经济发达国家都非常重视表土剥离和再利用。无论是人多地少、人地矛盾较为紧张的国家，如日本和英国，还是人少地多、人地矛盾比较缓和的国家，如美国、加拿大和澳大利亚，在长期的开发建设中，特别是随着环境保护意识的不断增强，形成了较为成熟的表土剥离和再利用方法手段和制度体系。

一　发达国家表土剥离利用概况

众所周知，造成表土流失的原因多种多样，既有自然的也有人为的，为了减少表土流失而进行的表土剥离，也相应地具有多种表现形式。通过分析经济发达的代表性国家的表土剥离实践，发现这些国家的表土剥离利用常见于矿产资源开发和各类建设活动中，也见于旨在提高土地质量和治理土壤污染的相关事业中。

(一)矿产资源开发中的表土剥离利用

矿产资源的勘查与开采活动虽然是一种相对临时性的土地利用方式，但在此过程中却干扰了所在地区生态系统的稳定性，特别是常常对地表造成极大破坏。如露天采矿的主要弊端通常表现为：人为地在地表制造了巨大塌陷，机械的运用产生了许多污染物，破坏了表层土壤，以及制造了大量碎石等。正因如此，发达国家许多地方都患上了“露天采矿恐惧症”，而这主要就是因为在整个矿产资源开发过程中，原有的表土被破坏或被运走以获利，留下的只是寸草不生的裸露地表，使得所在地区的土地基本上失去生产与生态功能。

随着人们对生态环境保护意识的增强，并为了保障矿山生态环境治理的顺利开展，发达国家在矿产资源的勘查开采中日益关注对矿区表土的剥离和再利用。发达国家早在19世纪末就意识到采矿业对环境的负面影响，20世纪初即着手进行矿山环境治理的科学探索，到了20世纪中叶，已有不少国家制定了涉及表土剥离和再利用的环境控制法规。

最近十多年来，发达国家许多国家都致力于研究和探索如何在对地表生态系统的影响降到最低的情况下，进行找矿、采矿、生产加工以及地表复原。如澳大利亚从1980年开始组织对开采矿区进行大规模复垦，1997年形成了“最佳实用采矿环境管理”系统，出版了用于指导矿山生态环境保护、复垦和管理的系列手册，要求采矿活动结束时，必须在受到扰动的土地上重新沿等高线作业，而此前剥离的表土必须回覆到原来的采矿区地表，以准备种植植被。美国于1977年出台了《露天采矿管理与复垦法》,各州也订立了相应法规(如《西弗吉尼亚州露天采矿复垦条例》),要求在露天采矿过程中必须合理搬移表土并在其他地方存贮起来,待矿产资源开发活动结束后及时复原矿区地表。日本由于人地矛盾较为突出,虽然国内矿产资源开发规模普遍不大,但也对表土剥离和再利用进行了大量研究和开展了实践活动,如1956—1990年间投入62亿多日元和大量人力物力治理关东足尾山矿山,其中就有相当部分人力物力和财力被用于表土剥离和地表复原。

(二)各项建设活动中的表土剥离利用

为了适应城市化和工业化发展需要,以及满足人们生活水平提高对居住和出行不断提出的新要求,各国一直在进行包括城市、工厂、基础设施和住宅等在内的各项建设活动,并不可避免地要占用大量农、林用地。由于担心各项建设活动会导致表土流失、土壤侵蚀、表土和底层土混合、表土压实,进而影响土地的未来用途和生产能力,不少国家通过立法等形式,对建设活动中的表土利用和保护进行了规范。科学剥离项目建设区即将压占的表土,于原地或异地再利用,或选择合适的场地存贮起来,目前已在许多国家的各类公共建设和私人建设活动中得以普遍遵循。

在城市和工业建设过程中,为了减少对处于弱势地位的农业生产的威胁,以及消除对所在地区生态环境的破坏性影响,有些国家(如日本)就要求在城市建设和工业建设中,只要对某一区域将要被挖取或堆积土方的深度(高度)、面积超过一定标准,就要剥离该区域表土,并在建设活动结束后对被挖取或堆积土方的区域进行表土回填和土壤改良。

在基础设施建设过程中,许多国家进行了表土剥离和再利用工作,并做出了相应规定。如澳大利亚昆士兰州为建设基础设施而进行的地面清洁工作必须得到许可,而表土剥离和存贮就是其中的一项关键活动,这确保了受到扰动的地区在事后能成功复原;英国伦敦发展署要求在交通设施建设过程中,必须及时剥离和存贮工地的表土,并在工程结束后重新回覆;日本在公路建设中,要对沿线特定地区(如立交区和服务区等)的表土进行剥离,并在公路建成后适时回填以及移栽原有树木等,以尽快恢复原有自然生态群落;加拿大在管道建设开始前,首先要做的一项工作就是有序剥离管道沿线地区的表土,并妥善贮存,在管道铺设完毕后所做的最后一项工作,则是将先前被剥离并存放的表土合理地放回地表原处,并在上面及时栽植合适的植被。

在住宅等私人建设活动中,表土剥离和再利用也已成为建设施工中必不可少的一部分,如在美国华盛顿州,比较规范的建筑活动都要涉及剥离表土并运走贮存,最近一个组织还发起了"建造土壤"的运动并建立了相关网页,旨在给开发商提供关于在建筑工地保护和恢复健康表土的指导意见;在加拿大,在私人土地上进行的住宅开发等建设活动结束后,必须通过土地所有者的验收,其中就包括表土剥离及其复原是否达到了规定的要求,达不到要求的必须重新开展修复工作。

(三)土地改良事业中的表土剥离利用

许多国家特别是发达国家对农地保护关注和重视的核心是农地的质量保护,往往通过综合运用经济、法律和行政手段,采取物理的、化学的、生物的和工程的措施,改善农地的生产条件,改良耕作层的土壤性状,不断提高农地的生产能力。在这过程中,不可避免地需要经常进行表土剥离和再利用工作，而这又以日本的土地改良事业最具有代表性。

第二次世界大战以后，日本工业化的快速发展带动了农村地区的现代化和城市化，但对农村地区的生态环境和习俗文化造成了负面影响，如引起了农村环境恶化和社区习俗变化等，土地改良事业在日本的出现正是主要缘于这一特定背景。以过度使用化肥和其他化学品为主要特征的现代农业，引起了土壤和水质恶化，也在一定程度上推进了土地改良事业的发展。根据相关规定，日本土地改良事业的推行，是为了达到提高农业生产力、增加农业总产量、有选择地扩大农业生产以及改善农业产业结构等目的，既包括农户个体自发修整和改造土地，也包括国家有组织地改造和开垦农田、改良土壤、防范农业灾害、建造水利排灌工程，以及建设农用道路等。在这过程中，剥离因为开发建设而即将被占用地区的较为肥沃的表土，并将之作为客土加入已经列为改良项目区的土壤，成为当时较为常见的一种方式。例如，在北海道综合开发规划中，客土事业就是一项长期开展的土地改良事业，而这毫无疑问是建立在对其他地区表土进行合理剥离的基础之上。

以改良土地为目的进行的表土剥离也出现在其他国家，如英国为了维持和提高农用地生产能力，减轻开发建设对农用地的影响，保护生物多样性，减少给环境带来的负面效应，从20世纪五六十年代起，就非常重视农用地表土剥离和再利用问题，并进行了大量的相关实践，目前已经形成了一整套有关农用地表土剥离利用的规范性文件，对相关活动涉及的表土剥离和再利用都做出了详细规定和具体要求。

(四)土壤污染治理中的表土剥离利用

许多发达国家在经济发展和环境保护关系的处理方面，往往采取“先污染后治理”的模式，虽然在较短时间内实现了经济发展，但也大多经历了非常严重的环境污染过程，这就迫使各国政府在事后付出更多的努力来消除由此带来的负面影响。土壤污染是其中较为严重的污染类型，尤其是土壤重金属污染更是具有隐蔽性、长期性和不可逆性等特点，不仅导致土壤退化、农作物产量和品质下降，还会恶化水文环境，并直接或间接危害人体健康。目前，各国对土壤重金属污染治理进行了广泛研究，而剥离受污染地区的表土并覆盖或客入其他未受污染地区的表土就是常用的一种治理方式。

以日本为例，在经过20世纪五六十年代的重化工业大发展后，日本的土壤污染情况一度非常严重，并出现了一些震惊世界的污染事件。日本在1970—1980年间进行的专项调查发现，有害物质超标的被污染农业用地区有124个，面积达到6350公顷。而到1986年，已查出的受污染地区累计为128个，面积达到7030公顷。土壤中的超标物质有镉、铜、砷等，其中，镉超标的土壤占污染田地面积的90%左右。

为了治理土壤污染，日本开展了特定的土地改良事业，并指定了一些地区为防止土壤污染对策地区。在具体治理过程中，日本根据地下水位、地质条件及受污染程度等的不同，因地制宜选取填埋客土法或上覆客土法等方法。其中，填埋客土法是先剥离被污染的表土并就地挖沟掩埋，其上利用砂石土形成“耕盘层”，最上层客入剥离自其他地区的表土(通常是干净的山地土)；上覆客土法则是在被污染的表土上直接客入砾质土形成耕盘层，再客入剥离自其他地区的山地土。这两种方法都需制作一层起隔离作用的“耕盘层”，以防止植物根系扎到客土层以下的污染土层中。因此，为确保植物生长在无污染的土层中，剥离自其他地区的表土形成的客土层需要保持一定厚度(通常在15cm以上)。

二　美国煤矿区的农用地表土剥离利用

美国历来重视矿区的环境保护工作。土地复垦和农用地表土剥离利用制度在20世纪70年代就已开始建立，至今表土剥离利用的相关制度已经在美国联邦和各个州执行了近40年。美国煤矿区农用地表土剥离利用的法律和法规健全，相关制度已经非常成熟和规范。因此，研究美国煤矿区农用地的表土剥离利用制度和相关规定，对我国耕作层土壤剥离利用制度的建立、采矿区土地的复垦和矿区环境的保护等具有有益的借鉴意义。

（一）煤矿区农用地表土剥离利用制度的演变

美国是世界上土地复垦工作最为先进的国家之一。美国煤炭资源十分丰富，煤炭储量占世界煤炭储量的1/4，主要为露天煤矿。美国的采煤业起始于18世纪40年代，到了19世纪初，成了联邦政府的重要支柱产业之一。煤炭开采业促进了美国工业的增长，但同时也造成了土地破坏和环境污染。矿区开采引发的矿山环境危机引起了美国政府的充分重视，越来越多的州开始实行矿区土地复垦制度。1975年，美国已有34个州制定了露天采矿土地复垦的法律。1977年，美国联邦政府《露天采矿管理与复垦法》颁布，该法在全美建立了统一的露天采矿管理和复垦标准。

农用地表土剥离利用只是矿区土地复垦中涉及农用地的一项必须事先完成的工作。美国早就意识到农用地土壤资源的宝贵和对生态环境以及人类生活的贡献。因而，作为土地复垦的一项规定，如果矿区土地为基本农田，则所有人在开采矿山前，必须对农用土地的表层土进行剥离、存储和回填等。因此，表土剥离利用与矿区土地复垦制度紧密结合，是土地复垦中的一个重要环节，并且也是在基本农田上开采开始之前所必须完成的一项工作。

美国煤矿区复垦和表土剥离利用在联邦层面上制定有相关法律和标准，各个州也有相关法规和标准。而对于金属矿，美国尚无联邦层次的金属矿复垦法律。本部分内容主要针对煤矿区的土地复垦，阐述美国农用地表土剥离利用的相关制度规定和技术方法。

（二）煤矿区农用地表土剥离利用的法律保障

在美国，矿区复垦的管理工作主要由内政部牵头，由内政部露天采矿与复垦办公室（OSM）负责实施，矿业局、土地管理局和环境保护署等部门协助对与本部门有关的土地复垦工作进行管理。各州资源部负责辖区内矿区的复垦工作。

农用地表土剥离的相关法律法规主要有联邦法律《露天采矿管理与复垦法》、联邦法规《基本农田采矿作业的特殊永久计划实施标准》及其各州制定的相关法律和法规。

1.《露天采矿管理与复垦法》

美国《露天采矿管理与复垦法》1977年颁布并实施，并在1990、1992年经过了两次较大规模的修改和完善。该法的立法目的很明确，即处理好环境保护和煤炭开采之间的关系，使生态环境不因煤炭开采而遭受破坏。该法规定了美国内政部露天采矿与复垦办公室（OSM）为监督实施该法的机关；规定了对露天开采和复垦的管理办法和详细的验收标准；设立了废弃矿区的土地复垦基金，专门用于该法实施前的老矿区的复垦等。

2.《基本农田采矿作业的特殊永久计划实施标准》

《联邦条例汇编》第30篇第7章第823节《基本农田采矿作业的特殊永久计划实施标准》规定了在基本农田上采矿作业的表土剥离利用措施和规范，土地复垦规定，以及有关露天煤矿区复垦的操作规程标准等。该条例的主要内容有：

(1)规定了美国任何一州的土壤保护机构都必须建立关于基本农田表土剥离、存储、回填和重建的相关规定。

(2)表土剥离和存储。条例规定基本农田表层土必须在挖掘、爆破或开采活动开始前从矿区剥离出来以避免损坏。用于基本农田重建的表层土，其剥离和存储的最小深度必须达到48英寸(121.92cm)。剥离和存储基本农田表土必须单独剥离表层土或剥离其他有益的土壤物质，并且分别剥离土壤B层或C层或其他有益的土壤物质；若剥离出的土壤层不能立即使用，则这些土壤物质必须存储起来并和其他挖掘出的物质相隔离以避免损坏。剥离出的表土必须在规定的地点存放，以保证不会被破坏或侵蚀。

(3)表土回填。条例规定美国土壤保护机构的土壤重建规范必须根据国家土壤调查的标准建立，并且这些规范中必须含有重建土壤的物理、化学属性的最低标准，及其土壤层厚度、土壤密度、土壤pH值和其他指标等的有关规定，使重建土壤的生产力必须等同或者更高于该地区其他基本农田。土壤和用于替代的土壤物质的最小深度必须达到48英寸等。

(4)复耕和土壤生产力的恢复。在土壤表层土回填后，土壤表面必须有植被层固定，或采取其他措施有效地抑制风力和水流对土壤的侵蚀。对土壤生产力的观测，必须在完成土壤回填后的10年内开展。只有在观测期作物的年平均产量，等于或超过了同期该地区未经开采，并与复垦地具有相同结构和坡度的土地上采用同种管理措施耕种的该种作物产量时，土地复垦才算成功。确定年平均作物产量必须至少观测3个作物年，满足这些条件之后才能解除项目实施者表土剥离利用的有关合同。

3. 各州制定的相关法律与法规

美国绝大多数州都制定了关于露天采矿的法律，《基本农田采矿作业的特殊永久计划实施标准》中规定了美国任何一州都必须建立关于基本农田表土剥离、存储、回填和重建的相关规定。从实际情况来看，大部分州都有关于基本农田表土剥离处理的法律法规，如肯塔基州、华盛顿州、俄亥俄州、宾夕法尼亚州、亚拉巴马州、阿肯色州、印第安纳州等。

(三)煤矿区农用地表土剥离利用的制度保障

美国政府在矿区土地复垦和表土剥离利用的制度保障方面，既有行政管理制度，又有相关经济制度。行政管理制度在保证表土剥离利用的执行上主要是采矿许可证制度；经济制度主要包括土地复垦保证金制度、废弃矿山复垦基金制度等。

1. 采矿许可证制度

矿区土地复垦计划把基本农田剥离的有关规划纳入采矿许可证的审批程序中，为矿区土地复垦和表土剥离利用的顺利开展提供了制度保障。美国政府规定，必须持有部或州颁发的采矿许可证，企业或个人才能够开展采矿活动。采矿申请者在申请采矿许可证时，都应递交内容翔实并包括土地复垦规划的申请材料，若矿区占用基本农田的还需要有详细的土壤状况调查、表土剥离、存储和回填的规划。主管部门将矿区开采前的自然资源与环境情况登记在案，并审查采矿土地复垦计划，通过后才发放采矿许可证。农用地表土未进行剥离之前不允许进行任何开采活动。对不遵守规定的企业和个人，管理部门有权终止、吊销或撤销开采许可证。

以肯塔基州煤矿区基本农田的露天采矿和复垦程序为例。联邦政府《露天采矿管理和复垦法》、肯塔基州《露天采矿法》和肯塔基州地方法规第405篇规定了肯塔基州基本农田露天采矿和复垦的办法。该州的采矿申请人需经过三个程序，分别为申请采矿许可证、开采和土地复垦、恢复复垦土地生产力，才能获得开采许可证。

其中申请采矿许可证阶段主要包括以下几项内容：

(1)调查确定拟开采地区是否属于基本农田。若非基本农田，则申请书中必须包括对矿区土地界定为非基本农田的证明，肯塔基州自然资源和环境保护部会根据申请人提供的资料、农业生产和保护署提供的该地区耕作历史等其他有关资料判定。

(2)提供土地复垦规划。若属于基本农田，则根据肯塔基州地方法规第405篇的规定，必须在采矿许可证申请书中提供土地复垦规划。土地复垦规划中必须包括：

①土壤调查结果。申请人必须提供一项由美国土壤保护机构或国家土壤调查局提供的关于开采地区的土壤调查报告。土壤调查报告中包括：拟开采地区的土壤图、土壤制图单元描述、土壤剖面描述，其中土壤剖面描述中包括土层厚度、结构、土壤pH值和土壤孔隙度等。

②表土层的剥离、存储和回填的细节。

③土地复垦后重造土壤的规划和图件，包括重新耕作规划、作物生产规划、生产管理措施和技术安排等，用来保证复垦后土壤的生产力水平等于或者高于该地区未开采区同类基本农田的生产力水平的相关措施。

只有上述申请材料齐全才有可能获批开采许可证，在许可证颁发前，表土剥离利用、存储等活动可以开始。但必须在开采之前完成农用土地的表土剥离利用工作。肯塔基州自然资源和环境保护部会进行督查，以保证在开采之前完成农用土地的表土剥离利用工作。

2. 土地复垦保证金制度

美国实行预先缴纳矿山土地复垦保证金制度来确保土地复垦的实施。土地复垦保证金是对由勘探或采矿造成破坏的土地进行复垦的资金保证。生产建设企业的经营者为履行土地复垦义务，按政府规定的数量和时间缴纳保证金。一般是许可证申请得到批准但尚未正式颁发以前，申请人先缴纳土地复垦保证金，保证金的数额根据许可证所批准的复垦要求确定，可因各采矿区的地理、地质、水文、植被的不同而有差异，其数额由管理机关决定。如果企业按规定履行了土地复垦义务并达到政府规定的恢复标准，验收合格后，政府将退还该保证金，否则政府将动用这笔资金进行土地复垦工作。

美国的土地复垦验收标准特别细，也特别严，以确保矿区生态环境和土壤生产力在采矿后等于或优于采矿前。土地复垦验收工作一般分三个阶段。

第一阶段：当复垦的土地经过岩土回填、土地平整、表土回填、建立排灌设施和侵蚀控制措施等复垦工序后，破坏的土地达到了可供利用的状态，此时可进行第一阶段的验收工作，若符合土地复垦法规和土地复垦规划对第一阶段工程任务的要求，可退回60%的复垦保证金。

第二阶段：当复垦的土地进一步恢复了生产力并满足土地复垦法规与规划规定的第二阶段要求时，矿山开采业主可申请第二阶段验收，若验收合格，矿山开采业主可得到土地复垦保证金的25%。第二阶段的主要要求是：①根据土地复垦规划，种植了植被；②符合重植植被的标准；③复垦土地无泥沙进入河流；④径流被控制在限定的范围，无泥沙进入限定范围以外的河流；⑤基本农田复垦的土地生产力已与相似的未破坏的基本农田土地生产力一致；⑥蓄水池的使用与管理符合土地复垦规划。

第三阶段：当所有的复垦工作按照复垦规划完成，土地实现了批准的采后土地用途，植被生长也达到了约定的期限(一般地区5年，干旱地区10年)，方可申请第三阶段验收，若合格，矿山开采业主可得到余下15%的复垦保证金。

3. 废弃矿山复垦基金制度

美国政府设立了废弃矿山的土地复垦基金，专门用于《露天采矿管理和复垦法》实施前的矿区复垦。在国库账册中设立"废弃矿复垦基金"，由内政部长负责管理。每个州设立各自的"废弃矿复垦基金"。复垦基金的来源包括以下几个方面：一是社会组织、企业及个人等的捐款；二是按煤炭产量或售价征收废弃矿复垦费，交纳标准是露天开采的煤矿每吨35美分，地下开采为每吨15美分或按该煤售价的10%(以少者为准)，按季度上交；三是罚款，《露天采矿管理和复垦法》规定：对弄虚作假、不如数交纳废弃矿复垦基金的煤矿开采业主，一旦被定罪，将给予不超过1万美元的罚款或不超过1年的监禁，或两者并处；四是滞纳金，《露天采矿管理和复垦法》规定：复垦费用应该在每季度末的30天之内交纳，若推迟不交的按有关规定应交纳一定数额的滞纳金。复垦基金的50%用于各州及印第安人保留区已经获得批准的废弃矿山的复垦，另外的50%上交联邦政府，用于全国范围内的已经获得批准的废弃矿山的复垦及紧急情况的项目。

基金的使用首先考虑已经存在的对公共健康、安全、全体福利和财产安全造成极端危险的紧急项目；其次考虑对公共健康、安全、全体福利及财产造成不利影响的项目；第三考虑恢复受到采煤的不良影响的土地、水资源和环境，包括采取各种措施，以保存和开发土壤、水域、林地、野生动物、娱乐资源和农业生产力的项目；第四考虑保护、修复、重建各种受到采煤不良影响的公共设施、道路、娱乐设施和储备设施的项目；第五考虑开发受到采煤不良影响的、公有的、向公众开放的土地的项目，包括为了休养、保护历史古迹、恢复环境而购得的土地，以及为了向公众提供更多空地、空间而购得的土地。

联邦政府成立专门机构管理该项基金，同时各州也有专门的项目组管理各州的复垦项目。管理基金的负责人应对煤产量和复垦费的偿付进行管理，以确保各条款的完全实施。为了能实施有效的审查，基金负责人可在任何时间管理和指导露天采煤和复垦活动，以确保负责人能对复垦费用的完全偿付作出正确的判断。复垦费的任何部分如果没按照法律的规定恰当地使用，将从煤矿经营者处重新收取。

(四)煤矿区农用地表土剥离利用的技术保障

在美国，无论是煤炭开采还是金属矿开采，都有非常详细的土地复垦标准和技术规范，这其中也包括了详细的表土剥离、存储、回填和恢复生产力的标准。在进行表土剥离利用前，必须进行专业的土壤调查，提供土壤图、土壤制图单元描述、土壤剖面描述，包括土层厚度、结构、土壤pH值和土壤孔隙度等，联邦和各州政府的有关法律法规也有具体的表土剥离深度、各土壤层剥离方法以及各种特殊情况的处理等详尽的规范。几十年的矿区土地复垦的经验为表土剥离利用提供了技术手段和方法方面的借鉴，保证了其顺利实施。

三　日本的表土剥离及其利用

作为一个土地资源相当紧缺的岛国,日本是世界上主要发达资本主义国家中人口密度最高的国家之一,人多地少是其最基本的土地国情。近代以来随着工业化和城市化的快速发展、居民生活水平的不断提高,以及全社会对生态环境质量的日益关注,使得日本一直面临较大的土地需求压力,但这也反过来促使日本在土地资源保护和合理利用上不遗余力。以表土剥离及其再利用为例,虽然日本不像中国那样开展了声势浩大的以"移土培肥"为代表的国家工程,但仍在土地改良、开发建设、污染治理等日常土地利用活动中得到贯彻实施,而这也与日本特定的土地管理制度以及综合运用经济、法律和技术等促进手段不无关系。

总体而言,由于国土面积有限,加之各方面用地需求强烈,以及环境保护意识的增强,表土剥离和利用在日本国内得到了较广泛的开展。而综观战后几十年的发展历程可以发现,表土剥离和利用在日本国内经济社会发展的不同阶段,其主要目标有所不同,如从战后初期的提高农业生产力,转变到后来的保护环境和美化景观等方面。这一点可以从土地改良的预算的分配变化中可以看出,20 世纪 70 年代以来,改善农村生活环境在土地改良目标中变得越来越重要,而在此之前则并非如此,改善农业生产条件一直是其最主要的目标。

(一)表土剥离和利用类型

1. 土地改良中的表土剥离利用

土地改良事业在日本的出现主要是由于战后的工业化导致了农村地区的现代化和城市化,并引起农村环境恶化和农村社区习俗变化。而以过度使用化肥和其他化学品为主要特征的现代农业引起土壤和水质恶化,也在一定程度上推进了这一事业。根据相关规定,土地改良事业的推行是为了达到提高农业生产力、增加农业总产量、有选择地扩大农业生产以及改善农业生产结构等目的,既包括农户个体自发修整和改造土地,也包括国家有组织地改造和开垦农田、改良土壤、防范农业灾害、建造水利排灌工程,以及建设农用道路等。在这过程中,剥离即将被建设占用地区较为肥沃的表土,并将之作为客土加入已经列为改良项目区的土壤,就成为较为常见的方式。例如,在北海道综合开发规划中,客土事业就是一项长期开展的土地改良事业,而这毫无疑问是建立在剥离其他地区表土的基础上的。

2. 开发建设中的表土剥离利用

日本在有限的国土上进行城市、工业、基础设施等各项建设和各类资源开发,不可避免地要占用大量土地,因而会对处于弱势地位的农业生产构成威胁,并恶化开发建设活动所在地区的生态环境。为最大限度减少前述不利影响,日本所采取的一项主要措施就是大力推行开发建设地区的表土剥离和再利用。如在城市建设和工业建设中,只要对某一区域将要挖取或堆积土方的深度(高度)、面积超过一定标准,就需要对该区域的表土进行剥离,并在建设活动结束后,再对挖取或堆积土方的区域进行表土回填和土壤改良;在公路建设中,要对沿线适当地区(如立交区和服务区等)的表土进行剥离,并在公路建成后适时回填以及移栽原有树木等,以尽快恢复原有自然生态群落;在矿山环境治理中,日本也早就意识到表土剥离和再利用的重要性,并进行了大量研究和实践,如 1956—1990 年间日本投入了 62 亿多日元和大量人力物力治理关东足尾山矿山，其中就有相当部分的人力物力和财力被用于表土剥离和事后复原。

3. 污染治理中的表土剥离利用

日本在经济发展和环境保护关系的处理上采取了“先污染后治理”的模式，虽然在较短时间内实现了经济腾飞，但也曾经历了非常严重的环境污染，并迫使日本政府付出更多的努力来消除由此带来的负面影响。以土壤污染为例，在经过20世纪五六十年代的重化工业大发展后，日本的土壤污染情况非常严重，并出现了一些震惊世界的污染事件。日本在1970—1980年间进行的专项调查发现，有害物质超标的被污染农业用地区有124个，面积达到6350公顷。而到了1986年，已查出的被污染地区累计为128个，面积达到7030公顷。土壤中的超标物质有镉、铜、砷等，尤其是镉的超标十分普遍。为了治理土壤污染，日本开展了特定的土地改良事业，并指定了一些地区为防止土壤污染对策地区，而采取的对策措施就包括剥离受污染的表土和（或）覆盖取自未污染地区的表土等方法。

（二）规范的表土剥离利用管理制度

1. 成熟的管理体制

为了适应经济社会发展的需要，日本一直在进行表土剥离利用相关管理体制的改革和完善。就目前而言，在中央政府层面与表土剥离和利用有关联的部门主要有国土交通省、农林水产省和环境省等。国土交通省中对应的管理部门是由原国土厅分解出的3个局中，即土地·水资源局、城市·地域整备局和国土规划局；农林水产省按区域分设九个农政局，这些农政局都设有土地整备（治）部；环境省也设有一个保护水/土壤环境的水环境司。在地方政府层面，也有类似管理机构与之相对应。如各县成立有土地改良事务局（均设有设计课），各町、村则设立有土地改良事业团体联合会和土地整备事务所。

2. 科学的规划方案

除了土地利用基本规划、城市规划甚至国土综合开发规划等从宏观层面对表土剥离及再利用提供政策指导，具体管理部门还根据实际需要设计了相应的规划方案。以土地改良中的表土剥离为例，各土地改良事务局的设计课会因地制宜地设计针对不同农田的建设方案，无论是山区、丘陵、提灌区，还是平原、湖区、易涝区，都有统一的规划标准，旨在达到农田、农道、水源、水系、住房、环境保护相配套。这些规划一经制定，随即分级印发规划设计图，设计图纸详尽明了，可操作性很强。而规划一旦制定并公布，就不得随意变动，以确保按规划有序进行。

3. 严格的操作程序

为了确保这一工作的高效合理，日本国内对表土剥离及其再利用有着严格而且规范的操作程序。就其所属项目的全部流程来看，大多包括规划、申报、立项、设计、实施、管理、验收等法定程序。其中，对工程施工实行项目法人制、招标投标制、施工监理制；项目申报由农户或民间土地整备协会负责；凡集中连片整治5公顷以下的由县（省）审批，超过5公顷的由国土交通省审批；项目建成后交由农林水产省负责管理；项目建设前、建设中、建设后总共要进行三次评审，如果评审达不到建设要求则中止项目实施。

4. 配套的管理措施

为了达到预期的经济效益、社会效益和生态效益，表土剥离及其再利用是一项系统工程，这就要求各项管理措施必需配套齐全。日本这一方面做得较好，在工程申报、工程建设、资金使用、运行管理等方面，都严格按规定进行管理。例如，就土地所有权问题而言，在农民自愿参加涉及表土剥离和再利用的土地整治前提下，可以打破原有地块界限，在实行统一整理后按原有面积调整地块，并按原有面积交还给农民耕种；工程资金由项目法人控制使用。整个项目实施过程中建立的相关设施，则由国家设立的专门机构进行管理，所需经费主要由国家供给，农民只需按一定标准缴纳维护管理保养费即可。

（三）合理有效的经济手段

1.政府投资起主导作用

表土剥离及其再利用的重要性促使日本各级政府高度重视此项工作，并在资金上予以大力支持。虽然欠缺具体的投入数据，但从与其关系密切的农业基本建设投资的资金构成中仍可见一斑。日本从18世纪初就开始将农民水田的灌溉设施纳入国家基本建设规划，随后又逐渐将土地改良、交通道路建设等也纳入国家农业基本建设项目。根据20世纪80年代的相关统计，日本政府农业财政预算每年约占国家一般预算支出的10%，其中农业基本建设支出占28%。在地方政府层面也是这样。如福岛县每公亩（1000m^2）农业基本投资为120万～150万日元，而这些建设资金由国家、地方各级政府和农户共同筹措。其中，国家批准立项的项目各方出资比重分别为中央财政30%、县财政30%、地方（包括农户）40%，而由县批准立项的项目则是县财政出资60%、地方（包括农户）出资40%。

由于土地改良工程要进行大规模施工，需要的费用金额通常较大，所以尽管国家、都道府县、市町村都给予了大力补助，农户所负担的投资比重较少，但要农户支付自己的负担金仍然比较困难。考虑到这种情况，日本政府制定出了相应的解决措施。如农民经总会表决后，可向国家设立的农林渔业金融公库申请长期低息贷款，其年息一般在2%左右，10年宽限期，15年还完，也即在相关工程受益后，农民可用25年时间还清贷款。从中也可以推知，表土剥离和利用在资金上受到了日本政府的大力支持，从而推动了土地改良工作在较短时期内的圆满完成。

2.严厉的经济处罚措施

除了在资金投入上进行了大力支持，日本还充分利用经济手段来惩处在表土剥离及其再利用中的不规范行为。除了对开发建设活动中不按规定进行表土剥离和再利用进行经济处罚外，对于土地改良等工作中出现的不规范行为也进行相应惩处。例如，日本土地整理的主要法律《农业振兴地域整备法》就规定，对违反土地改良有关规定或不符合特定区域开发行为的，要处以一年以下的劳役，或者是处以10万日元以下的罚款。而对于法人代表或者法人、自然人的代理人、执行人以及其他从业人员，如果该法人或自然人的业务或财产产生了违犯前述相关规定的行为，除了要对直接责任者进行处罚外，对其法人或自然人也要按相同规定处以罚款。

（四）健全完善的法律体系

土地资源的开发、利用、管理和保护是一系列有计划、有步骤的活动，在日本涉及众多行政管理部门，因而对其进行规范的法律也形成了一定体系。在倡导法制的日本，对表土进行剥离和再利用的行为也被纳入法制化轨道。综观日本涉及表土剥离和再利用的法律可以发现具有这些特点：

1. 法律数量多，构成较为完善的法律体系

在日本国内的众多法律中，涉及表土剥离及其再利用的法律包括《土地改良法》、《农业振兴地域整备法》、《耕地整理法》、《城市规划法》、《农业用地土壤污染防治法》，以及《矿业法》等，构成了较为完善的特定法律体系。

2. 法律定位清楚，条文目的明确要求具体

相关法律分别从不同方面对表土剥离及其再利用进行了规定，如《农业振兴地域整备法》立足农业地域开发限制，《土地改良法》立足土地改良，《耕地整理法》立足耕地整理等；有关法律条文的要求具体而明确，如《都市计划法施行令》第二十八条明文规定，“挖取土方或堆积土方的深度（高度）超过 1m、面积超过 1000m^{2}时，对该挖取或堆积了土方的部分必须采取表土复原、迁土、土壤改良等措施。”

3. 对违反法律的制裁措施较为严厉

为了体现法律的权威性和约束性，对在开发建设或土地改良、污染治理中不按要求进行表土剥离和再利用的行为，各法律都有较为严厉的惩处规定。

4. 根据形势发展需要不断修改法律

日本国内的法律常常会根据经济社会发展形势的变化而做出适当修改，反映在表土剥离及其利用上也同样如此。如《耕地整理法》自颁布以来已历经四次较大的修改，《土地改良法》是一项综合性的高水准的土地制度，是日本土地改良事业的基本制度框架，其在 1949 年立法颁布后也经过多次修改，至今先后修改 11 次，是日本农地制度中修改次数最多的一部法律，也足以可见日本政府对土地改良事业的重视。适时对相关法律进行修改，使得日本的表土剥离和再利用事业一直经久不衰。

（五）不断创新的技术方法

考虑到如何实现经济效益、社会效益和生态效益的最大化，表土剥离和再利用对技术和工艺的要求很高。在这方面日本进行了大量探索，新的应用技术和工艺方法也不断问世。

1. 土地改良方面

为更好地提高土地质量，日本国内在各方面的大力支持下，对土地改良技术进行了广泛而深入的研究和创新。如 19 世纪末以来，特别是二战以后，日本北海道在土层改良研究方面不断取得进展，探索出了一系列适用于不同土壤的改土技术，其中包括如何更好地剥离其他地区表土，并将之作为客土掺入要改良地区的表层土壤的工艺方法（翻转客土、改良式翻转客土等）。

2. 开发建设方面

为了尽可能减少对生态环境的不良影响，日本对开发建设过程中的表土剥离和再利用有着严格规定，并不断革新相关技术以更好地推行这一工作。以公路建设为例，在坡面绿化方面，日本当前已发展了包括工程措施与植物措施相结合的不下十种绿化方法，如客土喷播技术、植生袋技术等。其中，客土喷播技术是将其他地方剥离获取的客土与纤维、侵蚀防止剂、缓效性肥料、种子等按一定比例配合，加入专用设备中充分混合后，再通过泵、压缩空气喷射到坡面上，以实现边坡防护及绿化的双重目的；植生袋技术就是在含有一定土壤的碴土堆坡面上进行阶梯状水平开沟，并放置含草籽和各种基质的网袋或放置经过加工压缩的植物生长基质盘。

3. 污染治理方面

由于曾经有过惨痛的教训，日本对土壤重金属污染修复技术进行了广泛的研究，并取得了可喜进展。目前的主要处理措施有客土、换土和深耕翻土等措施。在这些措施中，深耕翻土用于轻度污染的土壤，而客土和换土则是用于重污染区的常见方法。目前日本在客土方面采取的工艺方法，虽然存在实施工程量大、投资费用高和破坏土体结构等缺陷，但也具有彻底和稳定等优点。除此之外，近几十年来，日本的农业工程研究人员还一直在试图建立一门新的、完整的学科，而该学科主要目的在于创造和保护优美的农村自然风景，这也不可避免地涉及表土剥离和利用。可以想见，随着该学科的建立和完善，日本的表土剥离和利用技术也将得到更长足的发展。

四　英国的农用地表土剥离利用

为了减轻采矿和建筑对农用地的影响，维护农用地生产能力，保持生物多样性，降低环境影响，英国从 20 世纪五六十年代起就开始重视农用地的表土剥离利用问题，到本世纪初，已经形成了从法律规定到标准规范的一整套有关农用地表土剥离利用的文件，对各类活动所涉及的表土剥离利用进行了详细规定和要求，其经验和做法非常值得借鉴。

(一)与土壤剥离利用有关的管理机构及法律规定

采矿、管道安装、垃圾填埋以及其他市政工程项目建设，都会对农业活动产生影响，如果不以适当的方式对表层土壤进行剥离、存储和恢复，将造成严重的土壤退化，农民应该确保在这些活动开始之前，开发商或建筑商已经提供了关于土地质量、表土和压层土以及剥离、搬运和恢复的专业措施的详细说明。

与土壤剥离有关的政府机构有：农业部门、环境部门、规划部门、林业部门、矿产管理部门(见图 2-1)。在联邦政府中，主要是由环境、食品及农村事务部(DEFRA)和社区及地方政府部，负责制定相应的法律规定和标准指南，地方政府矿产、规划和环境部门负责具体的审批事项及验收评审。

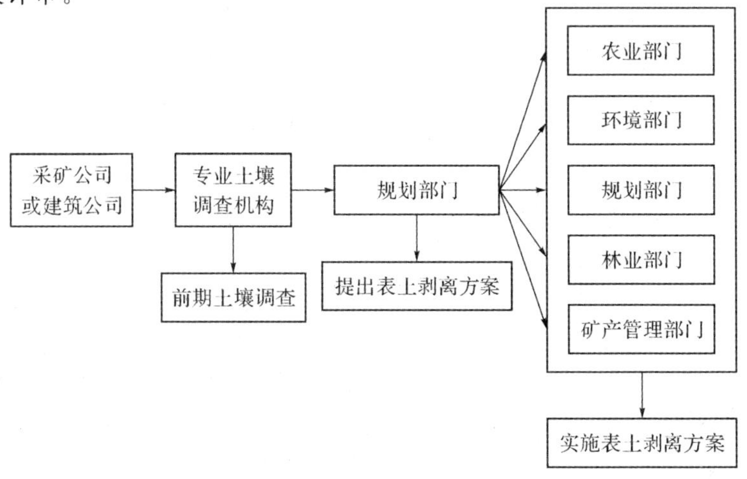

图 2-1　英国表土剥离利用涉及的管理部门

需要进行表土剥离利用的活动有：市政建设、采矿、修路、垃圾填埋。法律规定，在1级、2级和3a级的农业土地上从事这些活动，必须进行土壤剥离。

北爱尔兰的农业与农村发展部（Department of Agriculture and Rural Development，DARD）制定有《农用地表土剥离利用法案》（Agricultural Land Removal of Surface Soil Act 1953）。该法案规定，剥离和移动表土需要获得规划许可，公司或个人不得以营利为目的移动或搬运农用土地的土壤表土；移动或搬运农地表土必须符合《城乡规划法》的有关规定，并获得相关许可；符合上述两条，连续三个月移动农地表土数量超过5立方码（1立方码＝$0.7646m^3$）的行为视为违法。

为了更好地指导公司或个人的土壤剥离活动，原英国农业、渔业农村食品部（MAFF，现在归DEFRA管理）2000年制定了非常详细的《土壤处置实践指南》，该指南包括19个方面：

（1）利用铲车和自动卸载卡车实施土壤剥离；
（2）利用铲车和自动卸载卡车构筑储土堆；
（3）利用铲车和自动卸载卡车挖掘储土堆；
（4）利用铲车和自动卸载卡车实施土壤置换；
（5）利用牵引式刮土机实施土壤剥离；
（6）利用牵引式刮土机构筑储土堆；
（7）利用牵引式刮土机挖掘储土堆；
（8）利用牵引式刮土机实施土壤置换；
（9）利用自行式刮土机实施土壤剥离；
（10）利用自行式刮土机构筑储土堆；
（11）利用自行式刮土机挖掘储土堆；
（12）利用自行式刮土机实施土壤置换；
（13）利用推土机和自动卸载卡车实施土壤剥离；
（14）利用推土机和自动卸载卡车构筑储土堆；
（15）利用推土机和自动卸载卡车实施土壤置换；
（16）分离 & 清理铲车置换土壤中的石块和有害物质；
（17）分离 & 清理刮土机和推土机置换土壤中的石块及有害物质；
（18）利用挖斗进行土壤震松；
（19）推土机牵引齿耙实施土壤震松。

（二）土壤剥离全过程的技术要点与条件

英国的土壤剥离过程分为五个阶段：①调查规划；②土壤剥离；③土壤存储；④土壤复原；⑤土壤养护。这里介绍与表土剥离利用关系更为紧密的前面四个阶段。

1.调查规划阶段

采矿前首先要考虑的是收集大量的有关开矿场地的详细资料，并且还要考虑采矿后如何复垦这块土地，使后续的土地利用能充分而有效地发挥其功能。如果建议将造林作为采矿的后续土地利用类型，就需要提出详细的规划申请，其中包括表层土、亚层土和覆盖层（包括部分有关的成土母质）的构成，比较详细的土壤特性，建议的表层土、亚层土、覆盖层土堆堆放的高度和位置。

在开矿前需要进行专业场地调查，其中包括调查收集土壤资源、鉴别成土材料等。土壤是矿区复垦最重要的资源，因此，在开矿前，操作员必须把该场地的土壤类型、位置以及数量调查清楚，以决定选用什么机械剥离及还原表土、土堆的堆放大小和高度、土壤运输的距离和时间等。

虽然工程师、林业技术人员和农艺师对土壤可能都有他们自己不同的定义，特别是对较浅层的土壤，但是哪怕是可以用米来计量的相距很近的地方，土壤类型都会不一样。例如，一种地方是砂土，数米之外可能就是壤土，这种情况可能会发生在几乎所有的矿区，同时存在几种不同的土壤类型，在土壤回覆期间，对每一种土壤类型则需要采取不同的管理方式。在进行土壤调查时，需要调查清楚这些不同土壤类型的特点、范围及数量，并在图上标示出来。这些规定已在英国采矿后的农业复垦中使用非常普遍。

土壤调查是一项技术性很强的工作，一般由专业土壤咨询专家来完成。因为土壤物理特性是进行土壤物质剥离、存储和置换的关键，为此，土壤调查要集中在未曾扰动的场地上进行。另外，大多数土壤物理特性的鉴定可以在野外进行。然而，对于受污染影响的场地，土壤的化学特性如重金属的含量也是很重要的，对这些场地需要更多的土壤取样。

在采矿前需要确定成土母质。成土母质是指那些能促使植物生长的亚表层土，成土材料必须容易剥离、存储和置换。很黏的成土母质在大多数地方是不宜使用的；应避免使用纯粉砂岩，因为粉砂岩容易结壳；含铁的矿石也应避免作为成土母质，因为它们有固磷作用，不利于植物吸收。石灰石虽可以作为成土母质，但 pH 值高，只能用于少数一些耐碱植物。

应当强调的是“成土母质”正如它们的名字一样，是构成未来土壤的原始材料，可能要花费几十年或上百年的时间去培育。评价某种成土母质覆盖层是否符合剥离、存储和置换的要求，它的以下几个指标需要符合要求：土层厚度、土层的稳定性、酸性平衡、pH 值、溶解的含盐量导电性、组织结构、黄铁矿含量、重金属含量、植物所需的营养、正离子交换能力等。

土壤剥离的条件主要包括：

(1)除树木砍伐、围绕场地的工程以及主要的排水工程外，其他工作必须在表层土、亚层土以及薄层成土母质全部剥离以后，或者在场地第一阶段的土壤剥离计划完成之后才能进行。

(2)场地的任一部分在开挖前，或者重型车辆与机械通过之前，或者在建房屋前，或堆放亚层土或其他覆盖层土前，或作为机械停放处前，或用于树木堆置场前，或修建道路前，所有的地表土应剥离到足够的深度，除非剥离那部分的目的是为了在该处堆放表层土。

(3)在场地开挖之前，或者用于条件(2)所描述的目的之前(亚层土的堆放除外)，所有的亚层土应剥离到足够有效的深度，而且要分别操作。

(4)表层土、亚层土及成土母质，只能在 5～9 月间进行剥离，这时土壤比较干燥而且疏松，天气也干燥。如安排在其他时间进行剥离，需得到矿产规划管理局的书面同意。另外，除非矿产规划管理局同意，否则，在对场地的任一部分进行剥离的前三天，天气应是晴朗干燥的。

(5)使用自卸卡车和反铲挖掘机进行土壤和成土材料剥离，可控制土壤压实，让土壤压实达到矿产规划管理局所同意的最低程度。

(6)在开挖以前有树、树桩以及树根覆盖的场地，要把树根拔出来，并抖动树根，使土壤分离。树桩、树根和树枝要么燃烧，要么掩埋，这两种做法都要依照矿产规划管理局批准的计划实施。

(7)在开始剥离土壤之前，申请人应至少提前7天通知矿产规划管理局。

(8)要有充足的地表土、亚层土，确保剥离和存储的土壤最少有1000mm的掺混厚度，在土壤连续复位时，能均匀地覆盖在即将恢复成林地或农地的所有地区。若没有足够的表层土，达不到要求的厚度，那么，就要找适合的成土母质，在剥离和开挖期间，把这些土壤存储起来，用于场地的连续恢复。

(9)由于表层土的质量不同，需要依据其特性分别进行剥离和存储。

2. 土壤剥离阶段

土壤剥离的过程中，会对土壤造成明显的破坏、压实和损失，但要尽可能减少对土壤的破坏、压实和损失。另外，在剥离过程中，如果粗心大意，就会造成有价值的地表土、亚层土、覆盖层土壤的损失。

应把土壤资源图提供给负责现场施工管理的工程师，该图应详细表明不同的土壤类型的分布、厚度以及重要的物理特性。这些信息可用于编制土壤剥离操作计划及工序。不同的土壤应分别剥离和分类存储，大多数矿产规划管理局都把这一条件作为批准规划的基本条件。当土壤很干燥时，例如在春末和夏季，要限制进行剥离操作的时间，把对土壤的破坏降低到最低程度。许多矿产规划管理局还对松散的土壤有所规定：在潮湿气候或在雨后的一定时间内不能进行剥离工作。令人遗憾的是：至今尚未制定有通用规程来决定什么时间能安全地进行剥离工作。由于表层土和亚层土特性的不同，对降雨标准进行统一设定的建议也许是不妥当的。因此，重要的是，其适宜性必须通过对土壤本身进行观测来判断，而这又依赖于对降雨的预报，否则可能会导致不良的后果。

在进行剥离工作期间，过多使用不必要的机械和装置，或者对行驶路线不加以限制，都会对未剥离的土地造成破坏，必须限定车辆并按预先规定的路线行驶，以使破坏程度减到最小。

在渐进的或分阶段的复垦中，如果把剥离的土壤直接撒在土地上，就会减少对土壤的破坏。土壤成堆存放时会使土质退化，所以应避免将土壤成堆存放，从而消除对土壤的二次处理。

表2-1列出了处理大容积土壤的设备。现今可使用的机械品种很多。铲土机会给土壤造成相当大的破坏；相反，用反铲挖土机和自卸翻斗车来运送土壤，造成的压实很小。对于造林的复垦整地，把土壤压实减少到最低程度是极其重要的，因而推荐使用反铲挖土机和自卸翻斗车进行土壤剥离。

表2-1 大容积土壤处理的设备(1986年)

挖掘	运输	填筑
推土机	推土机	推土机
前端装载机	自卸翻斗车	
正铲挖土机	自卸翻斗车	
斗轮式挖掘机	传送带	
索铲铲斗	自卸翻斗车	轻型推土机或反铲挖土机(推荐方法)
反铲挖土机	自卸翻斗车	
前端挖土机	自卸翻斗车	
铲土机	铲土机	铲土机或反铲挖土机(居末位的推荐方法)

表土剥离利用方法见图 2-2 和图 2-3。

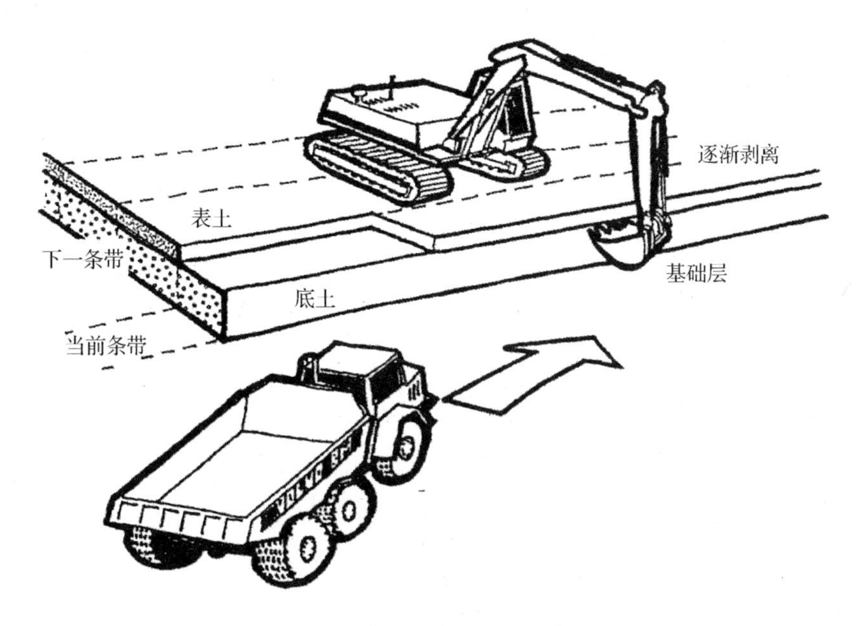

图 2-2　表层土剥离方法示意图

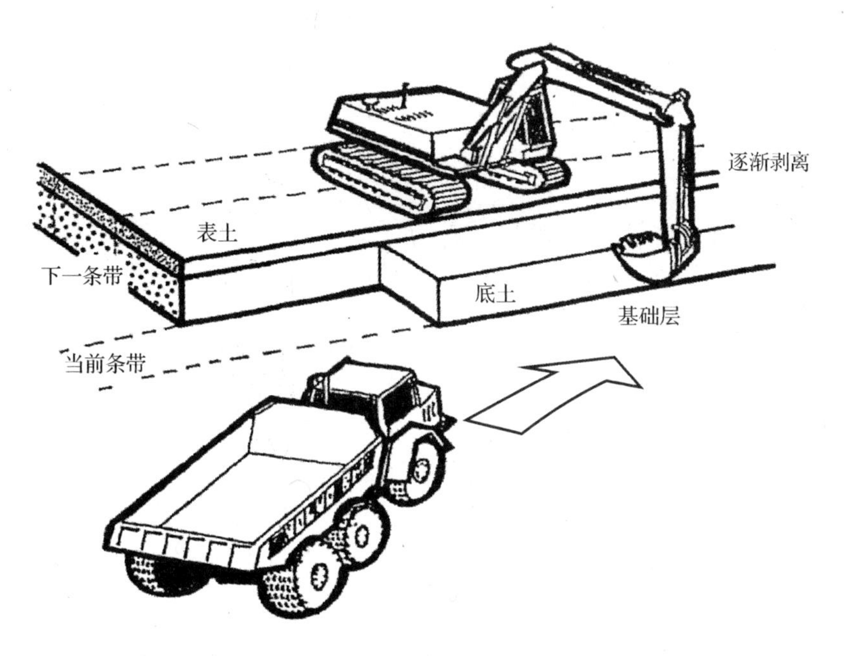

图 2-3　亚层土剥离方法示意图

土壤的剥离不仅在矿区复垦中需要，而且在修路、建房、植树、污泥存留地以及土壤和覆盖层的土堆等处也都被采用。

泥炭土或其他含有丰富有机物且土层较厚的地表土，通常在林地里，其下面可以探寻出矿产，特别是可露天开采的煤矿，若把这些材料像表层土一样细心地剥离、存放和置换，就可以作为土壤材料用于种树。建议有条件的地方在土壤资源调查时，对泥炭土予以鉴定，并对其剥离、存储，用作置换材料。在进行泥炭土存储时要特别小心，要做到安全、有效。因为当它吸收过多的水分后其稳定性就会受到损害；而当它被再撒开时，就会降低作为土壤材料的价值。此外，对泥炭土存放过程中排泄出的水质必须进行监测，同时还要考虑污染的控制措施。

3. 土壤存储阶段

土壤的堆放必然会对土壤质量产生不良的影响，长期堆放的土壤会更加密实，有机质会变得比较贫乏，且会发生化学的、生物的和微生物的改变，并且这些变化在土壤存储后就会很快发生。当土壤存储时，要尽量堆成低而宽的土堆，而不是高而窄的土堆，其受到的影响就能减到最少。但由于许多场地空间有限，土堆堆放高度不得不超过 5～6m，超过了理想高度。另外，土堆的位置应该安排好，使其远离任何未来采矿的洞口，以防土壤流入洞内。土堆还应设计排水系统，在土堆的顶部应有一个至少是 50∶1 的横坡降，还必须压实存储材料以防止降雨的入侵，但压实工作只是维持在最低需要，以达到阻挡降雨的目的。

大多数规划要求在土堆上播种或铺上草皮，以种植深根植物为好，这样可使土堆最深处能保持氧气供给。另外，还要进行必要的施肥，以促进植物在贫瘠亚层土或成土母质上的生长，并使用化学除草剂控制杂草。一旦堆成土堆，任何机械不得从上面穿行，直到土壤复原为止。

土堆堆放标准与要求见图 2-4 和图 2-5。

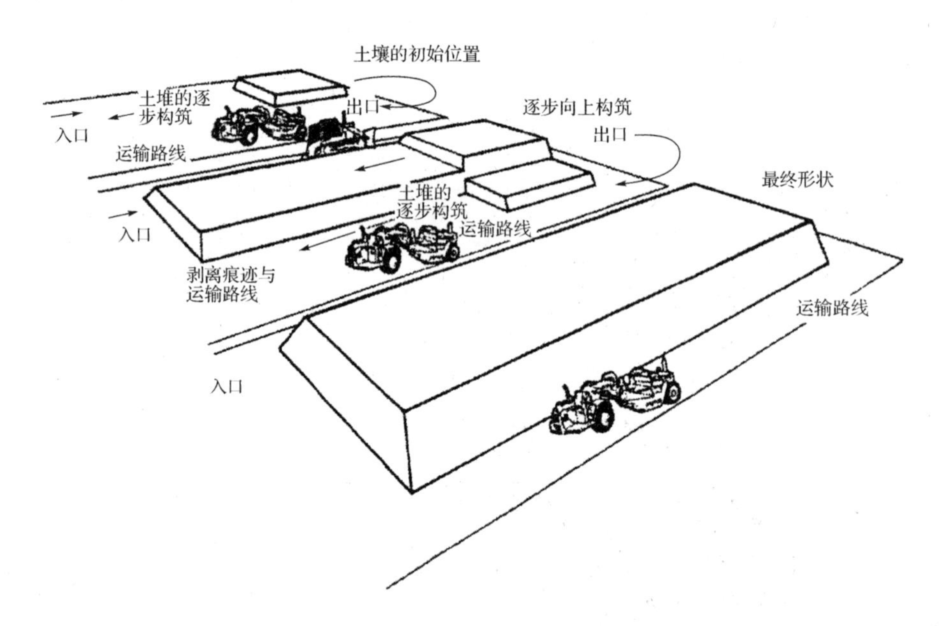

图 2-4　表层土存储堆的建设示意图

土壤存储的条件主要包括：

(1)表层土、亚层土、成土材料将分别存放在分隔开的存储位置，不能堆放在一起。这些材料都不要从场地转移。

(2)堆放表层土存储土堆时，要注意将压实降低到最低限度，唯一的要求是确保其稳定，此外土堆高度不能超过 5m，除非经矿产规划管理局同意。

(3)堆放亚层土与成土母质存储土堆时，要注意将压实降低到最低限度并确保其稳定

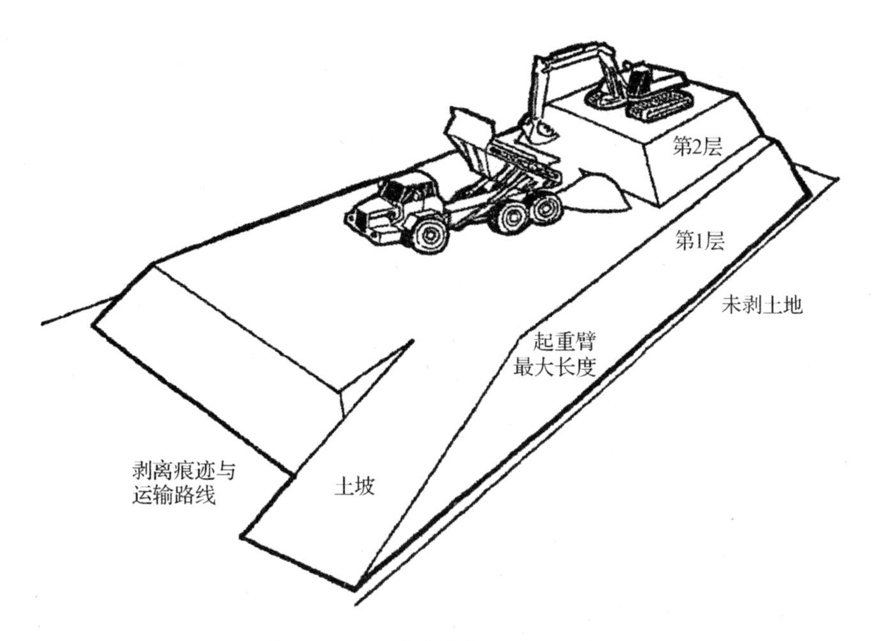

图 2-5　表层土存储堆的形状示意图

性，堆放高度不得超过 6m，否则要经过矿产规划管理局同意。

(4)对于表层土、亚层土以及成土母质的存储土堆，除非在建设期或这些土堆移走后，否则将不允许车辆或机械从上面通过。

(5)任何一个土堆堆放好后，土堆四周的土壤表面要有较缓的台阶，以限制地表水的浸入或地下水浸入存储土堆。在土堆的上坡处开挖截流排水沟，限制地表水或地下水浸入到土堆中。

(6)所有土堆在建成 3 个月内，要在其上种草，而且还要进行维护，直到恢复场地需要用这些土壤时为止，否则，要经过矿产规划管理局的同意。杂草控制可以刈割或用除草剂。

(7)在任何时候，都要防止土壤遭受润滑剂、燃油或覆盖层的污染。

(8)任何土壤存储堆在建成的 3 个月内，需向矿产规划管理局提供一张图，显示每个土堆的位置、土堆上可能发生土壤剥离的土地面积，还要有一个说明，如每个土堆所容纳的材料数量。

4. 土壤复原阶段

《矿产规划指南》指出："恢复"就是对任何或所有表层土、亚层土和成土母质的复原。在完成场地清理与平整等工作以后，通常必须进行土壤复位。复位的土壤包括采矿中保留的成土母质或从其他地方运来的土壤，以补充该场地的土壤损失。在分段实施工作的场地中，采矿前可将已被剥离的土壤直接运往新复垦场地，不在原场地存储；而多数场地是将部分或大部分土壤堆放起来，直到地形平整完成后再复位。

土壤复位在复垦期是最重要的操作之一。在恶劣天气情况下，若操作不慎，就会造成相当大的破坏，甚至是难以挽回的。特别是土壤遭受压实后，必然会影响其有效的持水能力、透气状况以及树根的贯穿深度。

现有的覆盖层土壤还原的方法很多。传统的方法是把铲土机作为进行土壤材料剥离和还原的基本工具。因为这种方法是大量土壤移动的最简单、最经济的方法。可是，运土承包商的操作控制能力常常是很差的，一个主要问题是在行驶中刮土板提前放下，造成土壤严重压实。所以，如果使用铲土机，那么土壤的填筑顺序应由远而近，使刮土板不在已经撒开的土壤上拖拽而压实土壤。在剥离的场地上进行复原，要仔细规划搬运的路线，任意行驶是不允许的，必须采取有效的监督措施。

即使仔细地进行规划并严格执行，用铲土机进行土壤还原仍将不可避免地造成土壤压实，就需要通过耕作来缓解这一问题。还有一个可选择的方法，就是在过去15～20年里农业复垦所采取的方法——使用挖掘机和翻斗卡车法。

从土堆上挖土的具体方法见图2-6。

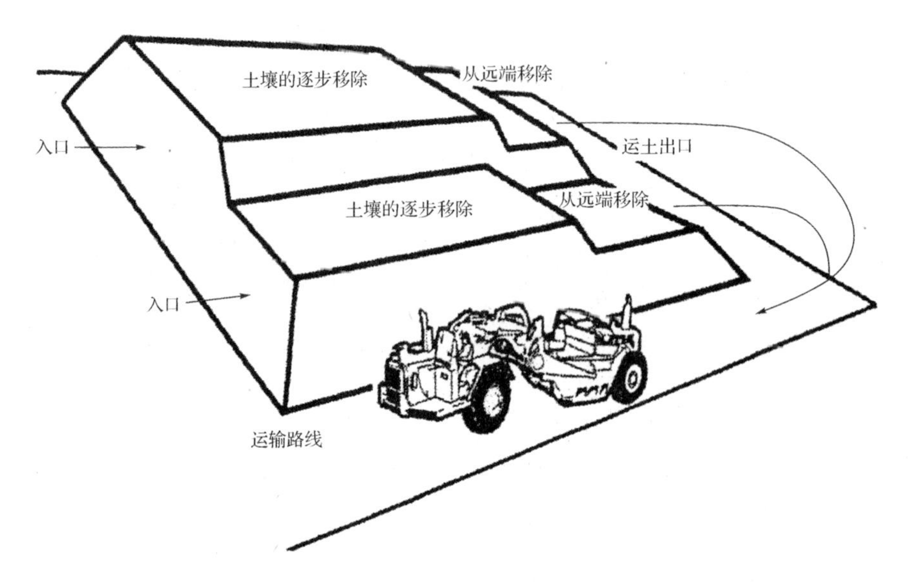

图2-6　从存储土堆上挖土的方法示意图

应用挖掘机(反铲挖土机)挖土，并装入翻斗卡车，由卡车运走。翻斗卡车把土壤从堆放处或新剥离的地方运送到复垦场地，先在覆盖层表面卸成堆，然后从填筑表面的一个位置开始，使用带有宽翻斗的履带式液压传动的挖掘机进行分撒和平整。

如果地表土即将复位，运进来的土壤成堆地放在已平整的亚层土附近，这时，可使用挖掘机把土壤挖撒在亚层土上。当表层土已覆盖在第一次剥离的亚层土上，即可第二次剥离亚层土，使用同样的方式循环操作。这样没有土壤运输机械在土壤上通行，完全避免了土壤压实，即便是在湿度较大的情况下也能连续工作，因为土壤没有承受压力。

依据复位土层的厚度，可能有必要在土壤填筑前对覆盖层表面进行翻松，以便使植物能穿透表层土后将根系扎入覆盖层。如果土壤复位时，"松散倾倒法"得当，就没有必要对土壤材料进行疏松或翻耕。

松散倾倒法在其他国家已被广泛应用，特别是在覆盖层或成土材料的填筑中，因为耕翻不能完全缓解压实问题。

因为表层土中含有深层土中所缺少的有价值蚯蚓群体，所以如果把表层土壤撒在复垦场地，可为蚯蚓的繁殖提供场所，将有利于土壤结构的形成。

土壤复原的要求主要包括：

(1)自恢复计划批准之日起6个月内，或经矿产规划管理局书面同意的其他期限内，将适合造林的场地的最终地形和场地恢复的详细计划提交给矿产规划管理局。恢复计划必须包括以下信息：

A. 场地的最终等高线。

B. 所有道路的位置、大小、路线或通行权，这些路包括将要恢复和新建的。

C. 拟建或保留的任何排水沟或水路的位置和大小以及护面板的详细材料。若等高线信息不能清晰地表示坡降，那么，就要有坡降说明。

D. 所有涵洞、溢洪道或其他永久排水建筑物的位置和详细情况。

E. 保留或拟建的任何水域位置和详细情况。

F. 任何排水戗台的位置和大小，以及这些戗台的纵向坡降的详细信息。

G. 所有土壤存储堆的位置和数量。

H. 所有建议复位土壤材料的分布。

I. 保留或拟建的所有围墙、闸门、家畜护栏的位置和详细信息。

(2)条件(1)只是给出了一般性的要求，恢复要保证做到条件(3)～(11)提出的详细要求。

(3)恢复完成时，所有工厂、机械、建筑物、固定设备、停放机械的地方包括场地综合体、通行及运输道路都要迁移，否则，要得到矿产规划管理局的同意。

(4)所有的沉砂地和污水池，除了依照批准的计划予以保留外，其他的都必须将水和污泥清理干净，将所有蓄水池扒开泄空，用干的中和性材料把废池填到规定的高度。

(5)按照批准的计划，在采矿期间逐步进行覆盖层的回填，否则，要得到矿产规划管理局的同意。

(6)按照批准的恢复等高线图，对已回填的覆盖层进行水准测量和土地平整，已恢复场地要与条件(1)同意的最终规划相一致，没有积水或侵蚀的危险，也没有洞穴、土堆或其他拔出树木的障碍。

(7)在覆盖层复位之后及表层土复位之前，用重型带翼翻土机将覆盖层的上层向下翻到最少 600mm 的深度，而翻土行与行之间的间隔不得大于 1200mm。

(8)所有的石头和其他障碍物的长、宽、高均不得超过 300mm，其他有害的外来裸露物质包括电缆线和钢丝索都要清除掉，要么用车运出场地，要么就地掩埋，但必须埋在恢复的覆盖层面 1m 以下。

(9)在任何土壤或成土材料还原之前，无论在何处，只要可行，都需要修建大路、小路和等高戗台；无论在何处，只要可能，应把这些道路安排在从存储土堆运送土壤到撒放场地的路线上。

(10)所有运作包括土壤复位，都应在全部土壤干湿条件适宜的情况下进行，或由矿产规划管理局另外规定适宜的条件。

(11)将成土母质、亚层土、表层土撒放，使之分层按序抬升。单斗挖土机和自卸卡车可用于装运土壤材料。运输土壤的车辆只能沿覆盖层表面指定的路线行驶。土壤撒放应使用可旋转 360 度的履带挖掘机进行，该机器不能在已铺好的土壤上行驶。无论什么原因若造成了压实，那么，就要对该压实层进行翻耕以缓解压实，除对该层全部进行翻耕外，还要用带翼犁的翻土机对下伏层再翻深 150mm。在撒放土壤材料的前 7 天，必须通知矿产规划管理局来进行实地检查。

五　澳大利亚的表土剥离利用

澳大利亚是为数不多的以矿业作为经济支柱的发达国家。在过去的20年里矿业为澳大利亚创造了超过5000亿美元的产值，矿物和能源出口额占澳大利亚商品出口额的47%。澳大利亚一直是并且仍将是世界矿山开采技术的领导者。

澳大利亚是世界上能利用先进技术成功处理土地扰动的国家，其土地复垦的特点可归纳为：①采用综合模式，实现土地、环境和生态的综合恢复；②包括地质、矿冶、测量、物理、化学、环境、生态、农艺、经济学、医学、社会学等多专业联合投入；③高科技指导和支持。卫星遥感提供复垦设计的基础参数并选择各场地位置，计算机完成复垦场地地形地貌的最优化选择、最少工程量的优化选择和最适宜的投入产出分析，分子生物学和遗传学用于设计新的速生、丰产植物。总之，高科技的引入产生了高效益的矿山复垦。

（一）复垦的目标

澳大利亚认为采矿作为一种临时土地利用方式，应当与其他土地利用方式相结合或者相衔接，矿山复垦应以矿山开采前就已明确的、该区域未来的土地利用方式为目标。这种未来土地利用方式由相关利益群体决定，如地方政府、传统所有者和私人土地所有者。不同矿山的组成成分，包括矿坑、石堆、尾矿堆等，应该拥有不同的采后土地利用方式。

根据所在地矿山类型等的差异，复垦的长期目标大致可以归为以下几类：

(1)重建(Restoration)，指恢复到原来状态，将矿山开采前的条件尽可能复制，这个词通常用于恢复固有的生态系统。

(2)开垦(Reclamation)，指矿山开采前的土地利用方式能够在相似的条件下重建，通常用于恢复到仅需要较少维护的固有植被，或者恢复诸如农业或森林等土地利用方式。

(3)对区域进行开发，完全不同于矿山开采前的土地利用方式。这一复垦方式的目的在于获得全新的景观和土地利用方式，相比单纯恢复原有土地利用方式，将给社会带来更大的益处，如将采矿废弃地开发成湿地、娱乐区域、城市、林地、农业或者其他场所。

(4)将本来生产力较低、保存价值低的区域转变为安全稳定的状态。

（二）复垦的阶段

复垦包括两个阶段：景观设计、复垦和植被重建。

景观设计是在做矿山规划时就同时进行的，改变了景观重建仅在采矿完成复垦开始时才加以考虑的一般做法，设计从矿山经营的全局出发，矿山的每个经营阶段和每个组成部分都是设计方案的一部分，使得景观重建成为矿山日常经营活动的一部分，方案考虑土地的最终用途和直接需求。在矿山开采前的研究中，需要考虑的关键因素包括法规要求、气候、地形、土壤以及公众意见。相关的法规包括取得各项许可，如矿山租赁权、各种补充的许可证。这些许可详细地说明了对于最大坡度的限制、地表水系的规定、表土的抢救和使用、植被物种的选择等，以及应遵循的国家、地区和当地的环境计划。分区对于利用方式有限制，对开采后的矿山土地视觉效果也有限制，要求保护文化和历史遗迹，用于复垦指定的植物物种。

复垦和植被重建是用于纠正矿山开采对环境带来的影响的过程。复垦的长期目标多样，可能是简单地将某一区域改变为安全稳定的状态，也可能是尽可能重建矿山开采前的情况，所有区域的环境都未受损害。景观设计是复垦成功的关键，复垦方案应同矿山方案是一个整体，并且应该确立一个清晰的复垦目标。应当仔细考虑适当的、并取得一致意见的土地利用方式，以及维持该土地利用方式所需的管理。复垦和植被重建的程序主要有：确定复垦目标、清理场地、土壤处理、复垦的土木工程、植被重建、肥料和土壤改善、养分积聚和循环、动物群落保护以及复垦成功的标准及其监测等。土壤处理是这些环节中最为重要，也是与表土剥离利用最为密切相关的内容，因此这里重点介绍土壤处理。

（三）土壤处理

土壤处理包括5个方面。

1. 抢救(salvage)

表土处理的好坏是复垦成功与否的最重要因素，尤其是在计划重建固有生态系统的情况下，如果表土包含不受欢迎物种的大量种子，那么最好使用表土层下的土壤（底土层）作为复垦的下层土，但是在大多数情况下，在各区域清理出的表土应当保留用于后续复垦。表土包含着大量的种子和其他植物的繁殖体（如根状菌束、根等）、土壤微生物、有机物质以及大多数较不稳定的养分。有研究表明，在某些区域，废石易于风化形成适合植被重建的物质。

"表土"指的是土壤的A1层，因为有机物质的积聚，通常比下层土壤颜色深，A1层应完全被移走，并避免剥离下层土壤，因为下层土壤的结构较差以及含有较多的黏土。如果A1层不明显，那么应该恢复100—300mm厚的土壤。如果50—100mm的土层已被移走，尤其是在计划开采后重建未来植物群落的情况下，剥离两倍的土层也是允许的。在这种情况下，应单独恢复土层。大多数种子存在于土壤表层中，移走表土并在地面上重新恢复，将最大可能的保护这些种子，使其在矿山开采后的植物群落恢复中发挥作用。

2. 表土剥离利用的时间选择

表土剥离利用的时间选择对于后续的复垦很重要。如果土壤太湿或太干，土壤不应被剥离或放回原地，否则会导致土壤压实，破坏土壤结构，并破坏种子的发育能力。处理土壤的理想湿度因土壤类型的不同而不同，当地的认识和经验有助于选择处理土壤时间，避免受到破坏的时机。

在大多数地区，本地的物种开花结籽都有一个明显时期。清理和土壤剥离应当选择在结籽后，这样可以最大可能地将种子保留在土壤之中。

如果目的是最大程度的实现其他植物繁殖，如球根、鳞茎、根茎和根，那么剥离土壤的最好时间是土壤比较湿冷的时候，然而这可能会危及其他土壤的价值，以及增加传播植物病菌的风险。

3. 表土存储

如果可能的话，表土应沿等高线存放，以减少向下的水流，有助于控制水土流失，增加水分保留量。无论如何，表土都应该尽快重置在已完成景观重建的区域。

在干旱和半干旱地区，已经开发出大量技术用于这些方面：增强对水土的保护；增加降雨的获取和渗透；加强对微生物的保护。"弯月形地貌"就是一种稳固陡坡和改进植被条件的方式。"弯月形地貌"之所以有效，是因为每个凹地和土堤的布局都互锁，以避免形成水流，对于比较长的坡，还需要沿等高线设土堤或者阶地。

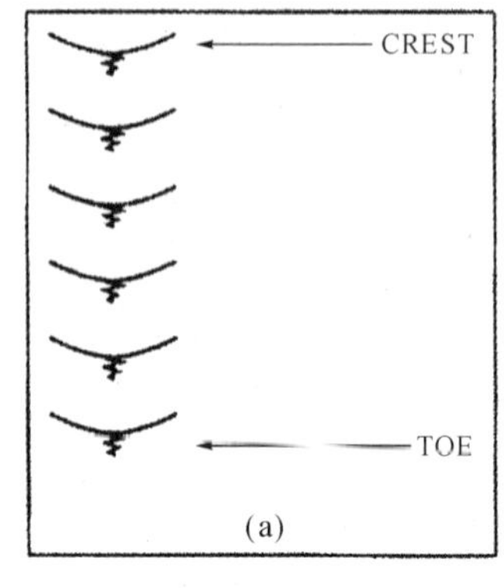

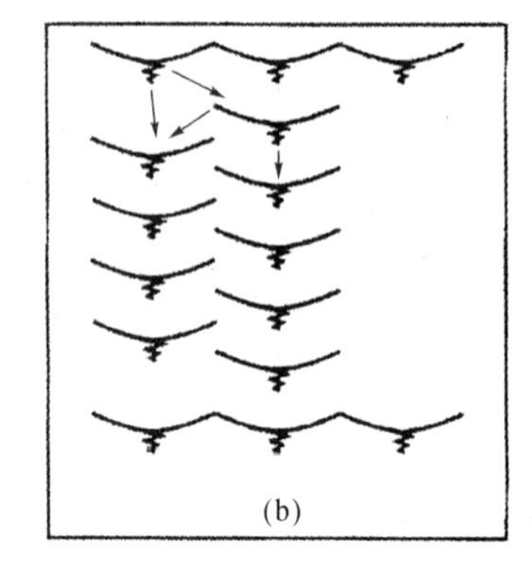

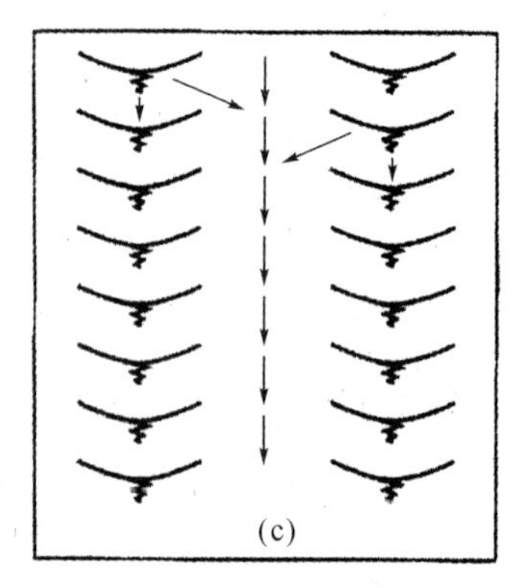

(a)土堤间距大约8米，高1.5米（相当于推土机的长度和推土机刮板的高度）。
(b)正确：冲蚀沿着互锁的土堤流入了排成一列的凹坑中。
(c)错误：冲蚀沿着平行的土堤流到坡底。

图 2-7　表土存储方法示意图

剥离土壤的直接利用具有以下优点：避免再次处理土壤，堆放则意味着需要清理额外的土地，最重要的是，堆放降低了土壤资源的质量。堆放使土壤空气减少，土壤结构恶化，有机物质和养分流失，种子受损，其他植物繁殖体死亡和有益的土壤微生物数量明显减少。例如，新鲜土壤包含的种子大约是堆放了三年土壤所包含种子的 5～10 倍。在堆放期间，那些没有硬壳的种子尤其易受影响，这些物种比那些有硬壳种子的物种通常更难于在复垦区域播种重建，因此它们的损失比较引人注目。有研究已经表明，相对于用直接剥离的表土复垦，如果一个区域用堆放的表土复垦的话，本地植物的密度和数量都明显减少。

如果表土必须储存，那么应该存放尽可能短的时间，并且：

(1)堆放的高度尽可能低，不要超过 2m。

(2)堆放的土壤应重建植被，以保护土壤免于侵蚀、破坏种子以及维持有效的有益土壤微生物数量。

(3)堆放的地方不应位于有可能受到采矿影响的区域，额外的移动将给土壤结构带来负面影响。

4. 微生物

(1)共生微生物

植物同大量的土壤微生物形成共生有机体，包括真菌、细菌、放射菌(仅发现于土壤的单细胞植物)。比如，菌根是普遍存在于澳大利亚土壤生态系统的一种自然成分。在澳大利亚这种菌根非常重要，因为它们是保证某些物种生存所必需的，用于复垦的大量本地植物物种可能同囊状的灌木菌根和外生菌根真菌形成有机体。如果植物生长于磷不足的土壤，这些真菌对于提高磷的吸收是有效的。一些兰花品种只在具有特定的菌根真菌的土壤中生长。

菌根的活性在表土受到扰动后迅速降低，这在复垦刚完成的那几年更加明显。同样，在早期复垦土壤中仅能发现有限的外生菌根真菌物种，因此，一些物种可能不会移植到复垦区域，除非特定的菌根已经重建。

为了保存菌根接种体，表土应该：

①尽可能的直接归还。

②如果堆放是不可避免的，土堆应尽可能低并且尽快重建植被。

豆类植物对氮的固定依赖于植物和根瘤菌之间的共生有机体，相对于菌根真菌，根瘤菌似乎对于扰动和堆放不太敏感。

(2)植物病原体

如果土壤感染了植物病原体，那么应采取特殊的措施以限制它们的传播，以及对植物群落的影响。这些措施包括：

①严格隔离感染的和未感染的土壤。

②控制感染的土壤移到未感染的土壤区域。

③采用相应程序，避免有助于扩散和增强疾病感染条件的创建。

④使用控制措施，如杀真菌剂。

5.表土替代土层

如果表土不易获得，或者运输成本高得惊人，或者表土包含较多的杂草种子与植物病原体，不宜复垦，那么底层土、覆盖在矿石上的覆盖层、废石或者类似的物质，必须用于植被重建的底土层。这些物质通常会需要提高它们的有机物质成分和养分状况的技术，它们的自身理化特点也许需要改进，它们的 pH 值也需要调整。在将推荐的底土用于复垦之前，应彻底调查它的理化性质。

可以支持植物生长能力的改进技术如下：

(1)施用有机物质如动物肥料、污水污泥或者其他。

(2)化学性质调整，如：施用石膏肥料以改进结构和降低碱性土地的 pH 值；施用石灰以提高酸性土地的 pH；施用无机肥料。

(3)采用土壤调节装置。许多土壤调节专利装置，如乙烯聚合物和酒精的聚合体，可以用于某些特定区域，在大范围应用之前应对实验区域的效果加以讨论以评价它们的价值。

(4)培育绿肥作物，它们可以同底土层结合。

(5)建立固氮物种如豆类以提高底土层中有机物和氮的含量。

(6)采用落叶层。

为了在这些替代土层上建立一个令人满意的覆盖植被，植物的播种率有可能比直接采用表土要有所提高。

六　加拿大的表土剥离利用

加拿大地大物博，国土资源丰富，人均耕地是中国的 20 倍以上。即使如此，加拿大仍非常重视对国土资源的保护。建设项目中凡涉及占用农林用地的，首要考虑的就是表层土壤的保护和维护，因为他们认为建设活动对土壤的理化特征会产生潜在的长远影响，最普遍的担心是建设导致的表土流失、土壤侵蚀、表土和底层土的混合、表土压实等，影响未来土地利用和生产能力。自 20 世纪 80 年代以来，加拿大联邦、省、市各级地方政府都强调资源环境保护的立法，表土剥离利用是其中一项重要内容，法律要求所有的建设项目对表层土壤进行保护，要求建设项目进行表土剥离利用，并对表土的剥离、存放和复位等都有一定的技术规范。

(一)总体特征

1. 加拿大的表土剥离利用是一项多部门参与、多目标的综合行为

加拿大进行表土剥离利用的目的主要是出于对资源和生态环境的保护,而不只是为了耕地保护。家庭建房进行剥离的表土,可能用于修建花园或草坪;道路建设中剥离的表土,也许用于路旁绿化带使用;而管线建设中表土剥离利用,也可能用于异地复垦,种植农作物。同时,表土剥离利用是一项涉及环境保护部门、农业和食品生产部门、建设部门、水资源保护等多部门共同参与的综合行动,而非单一部门开展的单目标行为。

2. 加拿大表土剥离利用有系统的法律规定

加拿大表土剥离利用的法律有时体现在综合性法律的某个章节,也有的则是专门性法律规章。有的是联邦层面法律,有的是地方性法规,有的是环保部门、农业部门或建设部门的一项部门规章。加拿大系统完善的表土剥离利用法律规定,是加拿大表土剥离利用顺利进行的基本保障。

3. 加拿大有表土剥离利用的技术规范和专业人才

不同类型的工程建设,不同的土壤类型,以及不同的地形条件对表土剥离利用提出了不同的要求,而且为了防止表土与底土混合,破坏表土物理化学性状,需要有一整套完善的技术规范。同时,需要有专业的土壤专家参与前期的剥离和后期的检查。

4. 加拿大有专门的表土剥离利用企业

加拿大表土的剥离、存放、运输和置放都有专门的公司,企业化运作。一些矿业公司存储表土需要数年,直到他们完成采矿后置放原地,堆放和储存表土无论从技术上还是成本上都面临挑战。有的住户发现他们搬到新家后,院子里的土壤都是些贫瘠的土壤,无法作为草坪、灌木或花园用土正常使用,因为表土需要有蠕虫、微生物和有机物质等,而新家的院子里的土壤却完全达不到这些要求,这为专门剥离和出售表土的企业提供了契机。

(二)充分的法律依据

加拿大有一套完整的资源环境保护法律法规。联邦政府和各级地方政府在环境保护、农业和食品生产、道路建设、管线建设等各个方面立法中都有对表层土壤保护的规定,对工程建设涉及的表层土壤剥离和利用有一整套严格规定。

多部联邦层面上的法律涉及表层土壤保护。《加拿大环境保护法》(CEPA),其中有专门章节涉及土壤污染防治和联邦与印第安人保留区的问题。加拿大《矿业法》从勘查开采开始到最后的复垦,都规定了矿业公司首先要进行包括资源管理、土地识别、环境污染等内容的环境评估。该项评估有时持续数年,耗资上千万元,其中很重要的一项就是对表层土壤的测评和有关表土剥离、利用、存放的规划。农业和食品部制定的《表土保护法》(1990),更是针对表层土壤保护的专门性法律。这项法规规定了非经土地所有者允许、未获得进行表土剥离利用的许可,不得移动表层土壤,反对将农地表层土壤随意剥离等,这一法律在很多城市执行,有效地规范和阻止了表土的移动。

涉及表层土壤保护的地方性法律法规既有综合性法律,也有专项法规。《环境保护和改善法》(EPEA)是加拿大艾伯塔省级环境保护法律,艾伯塔是加拿大能源大省,又是农牧业大省和旅游业大省,十分重视对资源环境的保护。《环境保护和改善法》要求,任何工程建设

项目在获得动工许可前，需要获得土壤剥离和存放的许可。2003 年开始执行的安大略省《地方法》(*Municipal Act* 2001)要求地方政府制定条例，对表层土壤剥离进行具体规定，其中第 142 条对此有详细要求。《安大略省矿山治理恢复规范》要求矿山在所有工程开工之前制定“保护和复垦规划”，对矿山环境保护及复垦提出具体要求，其中很重要的一项就是表土剥离利用。《萨斯喀彻温省管线法》(1998)要求管线建设前进行表土剥离利用规划，管线建设完成后将剥离表土复位。

由于受到表土保护法、绿色采购政策、水资源保护等法律政策的影响，非经法律和土地所有者许可，表土不可随意移动，而且农地、生态保护用地表层土壤严格受到保护，使得表层土壤有了市场需求。于是在加拿大出现了生产表土的企业，如 Environ 技术公司，专门生产包括富含有机质的表土、有机肥、防治土壤流失的覆盖物等产品。从该公司业绩看，加拿大表层土壤人均年消费量为 1 立方码(约 $0.8m^3$)，而且呈增长趋势。企业生产富含有机质的表土，被认为提高了就业人数，创造了新的肥料性产品，增加了 GDP，促进了废物再利用，减少了填埋或焚烧，保护了表土环境，增加对有机物的利用，为农业和林业部门带来了良好的经济、生态和社会效益。

(三)表土剥离利用的技术规范及案例

由于表土剥离利用有法律要求，加拿大所有工程建设项目第一步就是进行表土剥离利用的规划。为了确保符合法律规定并科学、正确地抢救表层土壤，工程建设监理中会有一名职业的环保检查员，为表土剥离利用过程提供指导，以确保表层土壤得到及时抢救，并以科学的方式存放，以减少由于侵蚀、压实等引起土壤流失、退化等土壤理化性状的改变，避免表层土壤与底层土壤的混合。如果由于特殊原因，不能把原表层土壤恢复，必须在征得土地所有者同意的基础上，用相近的表层土壤替代。

1. 表土剥离利用的程序

(1)勘查规划。通过实地勘查明确表层剥离土壤的质量和数量。在工程建设前期阶段，农业专家应该决定表土剥离利用的深度，6～12 英尺(1 英尺＝30.48cm)是表土剥离利用的一般深度要求，但是根据土壤结构和以前的利用情况，深度会发生改变。

(2)表土确定。至少在表土剥离利用前一周要明确表土剥离利用的范围，而且要标明表土上的作物类型，并将其在建设规划中注明。

(3)表土剥离利用。在农业或土壤专家指导下，按照法律要求和工程合同规定，尽量以科学的方法剥离足够的表土，并尽量减少对表土的损坏。在项目经理、工程专家未同意的情况下，不能随意清除或挖掘表土。

(4)表土存放。表土存放的位置需要认真选择，剥离表土的存放地应该没有排水障碍，不会损害当地环境。同时，表土的存放应该符合存放标准，表土与其他建筑材料分离存放，表土堆放的高度一般不超过 3m。

(5)表土置放。遵循复垦要求，原先剥离的表土需要移置到规划的位置上。受到污染的表土需要经过处理净化达到要求，才可为复垦之用。将表土尽可能平铺在受到干扰的地方，保持置放后表土上生长的作物与表土剥离利用前其上生长作物的延续性。

(6)清除表土中的杂质。置放后清除表土中的杂草或其他杂质。在整个过程中要确保表土在挖掘机工作前已经剥离；确保表土和底土分离；确保表土不被用于沟渠填埋；确保表土和底土以正常的次序存放;所有表土剥离利用工作应该由专业队伍进行,以确保剥离表土的准确深度;所有存放的表土应该受到保护以免受到侵蚀。在工程建设项目中,以上表土剥离利用的内容,尤其是表土剥离利用、存放和置放的范围、深度、体积和费用等,都需要在工程合同中注明。

2. 表土剥离利用的类型

(1)私人建设中的表土剥离利用

如果是在私人土地上进行建设,工程结束后,必须通过土地所有者的验收。如果土地所有者认为其表土被破坏,或者表层土壤中有瓦砾石块,可以要求重新修复。这时需要找土壤专家进行鉴定,只要专家认为表土受到破坏、压实,未达到复原要求,施工单位就拿不到建设完工的合格证,必须对其进行修复,或者花钱去买相近的土壤重新置放。而一旦发生这种情况,对于施工单位来说既费时又费工,为避免这种情况出现,在施工前一般都要求进行充分的规划。在表土剥离利用过程中严格遵循科学的原则剥离和存放,施工结束后完好地将剥离的土层恢复原位,已经成为施工单位施工计划中必不可少的工作。

(2)矿山勘察和开采复垦中的表土剥离利用

加拿大是矿业生产大国,采矿会扰乱土地、空气、水的生态系统,当前矿业面临的最大挑战是,如何在把对生态系统的影响降到最低的情况下进行找矿、采矿以及生产加工。因此,加拿大的矿区恢复工作贯穿矿山生产的任何一个阶段。

在采矿活动的第一阶段即勘查阶段中,要进行一些确定矿物位置的活动,如探矿、钻孔等,在正确的指导下这些矿业活动可以在对土地、水、植被、野生动物影响最小的条件下进行。一旦发现了有开采价值的矿山,必须要发表环境影响声明,对环境和相关社会经济影响进行分析,给予分析结果,只有对生态环境负责的矿山开采活动才能够进行下去。因此在矿山开采前,必须对当时的生态环境状况进行研究并取样,获得数据,并作为采矿过程中以及采矿结束后复垦的参照,其中重要的一项内容就是土壤测评。矿山恢复计划,是矿山开采结束后确保生态恢复的保障,恢复计划通常包括开采破坏的结构、矿山闭坑、植被再生长的稳定性、水处理等内容。

(3)管线建设中的表土剥离利用

加拿大管线建设中,在获得管线通行权时,需要与土地所有者协商修复工作,修复工作必须提前规划,并使其对耕地或牧草地的影响最小,当然对其他土地利用也一样。不但要对土壤的状况进行测量,还需要对土地上植被生长情况和作物产量进行测定。

以 Kinder Morgan 公司的一项"穿山管线系统"建设项目为例,加拿大 Kinder Morgan 公司计划扩展穿山管线系统,增加加拿大西部原油输送量。该管线建设所需要的基本步骤中,第一步就是规划表土剥离利用和表土存放。所有工作开始前,首先要分步骤剥离管线通行范围和工作区的表土。表土和管线沟渠的土壤,沿着管线通行范围和临时工作区边缘储存。工人们须小心翼翼地将表土与沟渠土分离,以备复垦时使用。剥离的最终宽度和表土处理方式须与每个土地所有者商量。然后挖掘工人和挖掘机才能为管线挖掘沟渠。把管线铺设好后,最后一项工作是将剥离存放的表土放回土地表层,并播种(作物或者草籽)。

(4)道路建设中的表土剥离利用

由于在艾伯塔省《环境保护和改善法》中没有要求道路建设环境评估,因此专门设立了《道路建设环境保护条例》,对道路建设中的环境保护和土地保护提出了专门的规范。《道路建设环境保护条例》最初是由道路工作组起草的。道路工作组成员包括艾伯塔省环境部门；农业、食品和农村发展部门；农民利益维护者；市镇区和村联盟；道路建设产业部门等。条例起草后，发给广大的相关不动产所有者征求意见，并对意见进行充分吸收。这个条例是一个“活文件”，需要定期对其进行回顾和评论，随着实践经验的积累，可以对条例进行必要的修改。

在艾伯塔省进行道路建设，除了要遵循《道路建设环境保护条例》，道路当局还须负责获得法律要求的所有许可，包括水资源法、公共土地法，以及市政和联邦法等规定的各种许可。《道路建设环境保护条例》规定在道路建设中有两个阶段须进行土地复垦：一是在建设过程中，获得通行权但没有用于道路建设的工作区部分，须覆盖合适的土壤用于种植植物；二是在道路寿命结束的时候，也就是道路被废除的时候，路面须覆盖合适的土壤并种植植物。土壤抢救工作持续道路建设的始终。

第三章　发达国家表土剥离利用的模式与特征及其启示

表土剥离是提高土地生产能力、有效保护耕地、治理环境的重要举措，有助于提高优质土地供给，缓解人地矛盾。许多国家都非常重视表土剥离工作，并结合本国国情制定了与表土剥离有关的政策法规、技术规范等，对于中国耕作层土壤剥离利用具有一定的借鉴价值。目前，中国《土地管理法》对表土剥离的要求只是弹性的和指导性的，地方政府对表土剥离的重视程度暂且不够，只有少数地区在积极探索表土剥离和再利用，尚未形成规模，表土剥离在实践中也缺乏具有可操作性的技术规范的指导。鉴于此，本章在查阅美国、加拿大、日本、澳大利亚、英国等国家表土剥离的理论与实践成果的相关文献的基础上，对这些国家表土剥离的基本情况、模式以及特征等进行了归纳和梳理，并结合中国表土剥离利用实际情况及其存在的问题，分析了代表性国家的表土剥离对中国的启示。

一　发达国家表土剥离的基本情况

发达国家表土剥离基本上围绕土地复垦、土地改良、工程开发建设及污染治理等方面展开，在地区人地矛盾激化、土地利用不合理导致环境破坏严重的情况下实行，其目的从最初的提高土地生产能力、保护耕地、改善人民生活，逐渐延伸到保护自然景观和生态环境上(表 3-1)。

表 3-1　发达国家表土剥离的基本情况概览

国家	依附活动	开展时间	背　景	法令依据	主要政策目的
美国	矿区土地复垦	20 世纪 70 年代	作为联邦政府支柱性产业的煤炭开采业，在促进工业增长的同时，也造成了土地破坏和环境污染。	《露天采矿与复垦法》《基本农田采矿作业的特殊永久计划实施标准》。	保护自然景观和环境，恢复因采矿破坏的土地。
日本	土地改良、开发建设、污染治理	19 世纪末	国土面积有限，用地需求大；战后农村环境恶化，城市重建。	《土地改良法》、《农业振兴地域整备法》、《耕地整理法》、《城市规划法》、《农业用地土壤污染防治法》，以及《矿业法》等。	从战后初期的提高土地生产力，逐步转移到保护环境和美化景观等方面。

续表

国家	依附活动	开展时间	背景	法令依据	主要政策目的
加拿大	工程建设、矿山勘察和土地复垦	20世纪80年代	可用农地量少(7.5%),城市扩张占用大量优质农地,农民就业和生活堪忧;地产投机商对农地只占用不开发,影响农地的生产能力。	《加拿大环境保护法》(CEPA)、《矿业法》、《表土保护法》、《环境保护与改善法》(EPEA)、安大略省《地方法》、《安大略省矿山治理恢复规范》、《萨斯喀彻温省管线法》(1998)	资源环境的保护
英国	农用地土地改良	20世纪五六十年代	工业革命的迅速发展,“英国工业,其他国家农业”国际分工的施行,导致农业萎缩,二战后,为扭转农业衰落的局面。	《土壤处置实践指南》	维持和提高农用地的生产能力、保护生态环境
澳大利亚	矿区土地复垦	20世纪80年代	采矿活动对人们造成了严重的负面影响,人们逐渐认识到土地复垦在矿山开采补救中的重要作用。	《采矿法(1971)》	环境保护、生态目标、经济目标、社会目标

二 发达国家表土剥离的模式

(一)发达国家表土剥离的组织管理模式

1.政府主导型模式

政府主导型模式,顾名思义,即是由政府来组织和管理表土剥离的各项活动,政府主导从表土剥离的开展、执行和验收的整个过程。这种模式以美国为代表。在美国,表土剥离是矿区土地复垦过程中的一项活动,联邦政府和州政府均制定了与此相关的法律法规,如联邦政府《露天开采和复垦法》(*Surface Mining Control and Reclamation Act*,SMCRA),肯塔基州《露天采矿法》等。联邦政府设立露天采矿与复垦办公室(OSM)管理矿区的土地复垦工作,其制定了两套关于露天采矿环境保护的实施标准,一是1977年12月13日颁布的初期管理计划下的3项实施标准;二是1979—1983年期间颁布的12项永久计划实施标准(曹学章 等,2006)。这些标准规定了采矿作业中表土剥离的技术和验收规范,并规定美国任何一个州都必须建立关于基本农田表层土的剥离、存储、回填和重建的相关规定,农用地表土未进行剥离之前不允许进行任何开采活动,具有很强的可操作性。另外,美国政府对表土剥离整个过程严格控制,采矿许可证制度要求开展采矿活动的企业或个人必须提交详细的复垦规划,占用基本农田的必须制定关于表土剥离的规划,相关法律法规规定了表土剥离前土壤调查的具体要求、表土剥离的深度、各土壤层剥离方法及特殊开采活动中表土的处理(如山顶表土剥离物处理)等(Office of Surface Mining Reclamation and Enforcement,Department of the Interior,1983a; 1983b)。美国还制定了详细且严格的采矿用地表土剥离验收标准。

2.联合互动型模式

联合互动型模式,即表土剥离的原则、技术规程、验收监测由政府和行业协会共同决定,在实施过程中还要充分征求土地所有者及其他相关利益群体的意见。这种模式以澳大利亚为代表。同美国一样,澳大利亚的表土剥离主要依附于矿区土地复垦,有关政府部门(主要是环境局)和矿业界代表对澳大利亚土地复垦操作的全过程,包括土地复垦的设计原则、常规复垦技术规程等作出明确规定(国家土地管理局赴澳土地复垦考察团,1997)。在此基础上,澳大利亚已经形成了一整套有关采矿业的最佳实用环境管理办法,对表土剥离的深度、程序、条件作出了详细说明。此外,澳大利亚的土地复垦特别注重公众的意见,政府将矿业公司与土地所有者的谈判环节作为颁发采矿许可证的依据,土地复垦的相关方和矿业公司共同决定复垦后土地的利用方向,矿业公司随时可能因为土地复垦、环境保护等方面的问题遭到公众起诉(范树印 等,2008)。

3.规划主导型模式

一般说来,表土剥离的实施都需要符合土地利用规划和城市规划,也需要在政府的监督下开展,但"规划主导型"模式与上述两种模式的主要区别在于表土剥离体现在详细的规划中,并严格按照规划进行。这种模式以日本为代表。日本土地规划体系由国土综合开发规划、国土规划、土地利用基本规划和城市规划等构成,其中,土地利用基本规划是以国土利用规划为依据,进一步划分城市、农业、森林、自然保护等地域,各地域再进一步制定土地利用的详细规划(王静,2001)。在日本,《城市规划法》明确规定(都市计划法施行令,2014):"当开发的规模大于设定的标准时,为了保护开发区及周边地区的环境,规划中应采取必要的植被和表土保护措施。"除宏观规划上对表土剥离加以保证外,各种公共项目及建设活动中的详细规划更是为表土剥离提供了很好的指导,如北海道综合开发规划中,将客土事业作为一项长期开展的事业,"客土"建立在表土剥离的基础之上。

(二)发达国家剥离表土的利用模式

1.剥离表土的异地利用

剥离表土的异地利用,即某一地区的优质表土剥离后,直接或存储一段时间后作为客土用作他处,不再回填至原地,也包括对受损表土剥离以后的舍弃等。目前比较常见的单向表土剥离模式有土地改良中的表土剥离、土地复垦中的表土剥离、工程建设中的表土剥离以及污染治理中的表土剥离。如日本在污染治理中,剥离受污染地区的表土并覆盖或客入其他未受污染地区,各地根据地下水位、地质条件及污染程度等的不同,因地制宜选取填埋客土法或上覆客土法等;在土地改良中,剥离即将建设占用地区较为肥沃的表土,作为客土加入已经列为改良项目区的土壤中,是比较常见的表土利用方式(刘新卫,2008)。

2.剥离表土的原地利用

剥离表土的原地利用,即由于特殊需要,将剥离后的表土加以存储,待原地建设等活动结束后再将表土回填。矿产资源开发、因城市发展而进行的各种开发建设活动,采用的一般是双向表土剥离模式。如美国露天采矿中,如果矿区土地为基本农田,则在矿山所有人进行开采前,必须对农用土地的表土层进行剥离、存储和回填。澳大利亚矿业公司在开采过程中一般按照土壤发生层次进行分层剥离、分层堆放、分层回填。日本十分注重开发建设地区的表土剥离和再利用。在城市建设和工业建设中，挖取土方或堆积土方的深度（高度）超过1m、面积超过1000m^{2}时，对该挖取或堆积了土方的部分（道路路面部分、其他明显需要种植植被的部分、植物生长必须部分除外）必须采取表土复原、迁土、土壤改良等措施（都市计划法施行令，2014）。加拿大在管线建设中，首要任务就是规划表土剥离和存放，并在管线建成后将剥离存放的表土放回土地表层，以备耕种（*The Statutes of Saskatchewan*，1998）。

三 发达国家表土剥离的特征

发达国家表土剥离制度在与其自身的经济和城市化水平、土地所有制、文化相契合的情况下，也表现出相对一致的特点，主要体现在以下几个方面。

（一）目标综合化

在城市空间内，由于人们对于绿色空间价值认识以及土壤储水能力重要性认识的提高，城市与村镇的开发也会伴随着以土地景观为目的的表土需求的提高（Berthier et al.，2004；Hass and Zobel，2011）。查阅分析相关文献，发现各国开展表土剥离的目标除了最初的提高土地生产能力、保护有限的耕地资源外，还体现在维护社会大众权益、保护生态环境和美化景观上，即对经济目标、社会目标、生态目标的综合追求。如加拿大开展表土剥离，除了担心建设活动导致表土流失、表土压实外，一系列环境资源保护方面的法律也对表土剥离进行了详细的规定。美国《露天采矿与土地复垦法》的立法目的即是处理好环境保护和煤矿开采之间的关系，使生态环境不因煤炭开采而遭受破坏。而资源短缺的日本，在经历了几次大的污染事件后，表土剥离的目标从提高农业生产能力，逐渐延伸到环境保护。有学者认为，随着经济社会发展，特别是可持续发展观念下人们生态环境保护意识的不断增强，表土剥离的生态化特征日益明显（朱先云，2009）。

（二）主体多元化

纵观主要国家的表土剥离和再利用制度，发现发达国家的表土剥离逐步走向“多中心治理”。多中心治理理论是在公共管理研究领域出现的一种新的理论，其理论的创立者是以奥斯特罗姆夫妇（Vincent Ostrom and Elinor Ostrom）为核心的一批研究者（奥斯特罗姆等，2000）。其核心就是，在私有化和国有化两个极端之间，存在着多种可能的治理方式。“多中心治理”意味着公共产品的供给、公共事务的处理存在多个主体和多个机制，包括政府的行政机制、市场的竞争机制和第三部门自治机制（费月，2009）。发达国家表土剥离基本上由政府、企业（有的国家还有第三部门）、个人协作完成，主体明确且呈多元化趋势。如在日本土地改良中，除国土交通省、农林水产省和环境省及其下设的管理机构以外，各町、村还设立土地改良事业团体联合会，农民个人自发进行表土剥离的还给予适当优惠。澳大利亚的矿业协会与环境局共同制定土地复垦的原则、表土剥离的技术规程等，而土地复垦的整个过程都必须征求土地所有者及其他相关利益人的意见，经过表土剥离后复垦的土地的利用方向必须与大众协商。加拿大已经出现了许多与表土剥离有关的企业，致力于表土的生产、剥离、存储、运输等，大大提高了表土的循环利用效率。

(三)资金明确化

表土剥离是一项耗资巨大的系统工程,需要有充裕的资金才能保障其良性运行。各国的资金来源各具特色,但都有明确来源且都能充分保证剥离工作的正常实施。如美国政府设立了废弃矿山复垦基金,主要用于解决矿山开采引起的环境问题、矿区的清理及土地复垦等,基金来源于废弃矿复垦费、罚款、滞纳金、利息及个人、企业和其他社会组织的捐款等。日本的表土剥离事业得到了政府资金的大力支持,每年的政府开支都留有一部分专门用于国有土地改良及国土的保护及开发、农业基础设施建设等,如2012年土地改良补贴达540亿日元。此外,日本土地改良的资金还来源于金融机构和农户,但占的比重较少(刘启明,2009)。为了减轻农民在土地改良中的负担,日本政府规定:农民经总会表决后,可向国家设立的农林渔业金融公库申请长期低息贷款。其年息一般在2%左右,10年宽限期,15年还完,也即在相关工程受益后,农民可用25年时间还清贷款(刘新卫,2008)。由此可以推知,依附于这些活动的表土剥离事业,在资金上得到了保证。

(四)技术规范化

研究表明,通过工程措施将表土剥离和储存会对土壤的物理、化学和生物特性产生严重的不利影响,并通常会导致土地质量的大幅度下降(Harris et al., 1989; 1993),此外,土壤剥离处置过程会破坏种子本身,表土储存期会导致种子流失(Koch et al.,1996)。因此,考虑到表土剥离与储存对土壤特性的负面影响,表土必须在其剥离、处理和存储的过程中进行护理,以保持其有利的属性(Ghose,2001)。表土剥离作为一项专业化的活动,对表土的界定、表土的剥离技术、剥离深度、剥离后表土的存储、运输、表土回填的时机及方法等都有很高的要求。为了最大限度地保留表土的良好特性,各国均制定了相应的技术规范。如美国《基本农田采矿作业的特殊永久计划实施标准》规定了在基本农田上采矿作业的表土剥离应采取的措施和注意事项,包括:基本农田的表土必须在矿区被挖掘、爆破和开采前剥离出来;用于基本农田重建的表土和表土物质,其剥离和存储的最小深度必须达到48英寸(121.92cm)。若需要剥离更小深度,则必须与阻止根系渗透的亚表土层深度相当,在需要恢复原有土地的生产能力时,应剥离较大深度的表土(Valla et al., 2000)。《露天采矿活动的永久计划实施标准》和《地下采矿活动的永久计划实施标准》也对所涉及的表土剥离、存储、置换的事项作出了具体规定。加拿大在工程建设前期阶段,农业专家会决定表土剥离的深度,一般为6～12英寸(15.24～30.48cm)(Agriculture and Agri-Food Canada, 2011)。英国目前已经形成一套《土壤处置实践指南》(*Good Practice Guide for Handing Soils*),指南分15项内容,涵盖表土剥离、剥离土壤存储的堆积形态和拆解、土壤置换等方面,提出可以采用挖掘机和翻斗车、拖曳式铲运机、推土机和翻斗车、自推式铲运机等方法剥离表土,并对每一种方法的优劣和操作注意事项进行了详细的说明(Department for Environment, 2009)。日本在二战后就开始探索利用表土进行土壤改良,提出了有代表性的客土事业,如翻转客土、改良式翻转客土等;在工程建设中特别是公路边坡绿化上,日本还研发了客土喷播技术。

（五）实施法治化

表土剥离对于土地资源的保护、环境和生态系统的维持具有重要作用，这就赋予表土剥离公共性的特征。因而，表土剥离需要在政府的指导、计划、监督下进行，表土剥离和再利用制度比较成熟的国家都制定了与此有关的法律法规。美国与表土剥离相关的法律主要有联邦法律《露天采矿与土地复垦法》、露天采矿与复垦办公室制定的 3 项初期管理计划实施标准和 12 项永久计划实施标准，特别是《基本农田采矿作业的特殊永久计划实施标准》、《露天采矿活动的永久计划实施标准》和《地下采矿活动的永久计划实施标准》，此外，还有各州制定的法律和法规。加拿大有一套完整的资源环境保护法律法规，联邦政府和各级地方政府在环境保护、农业和食品生产、道路建设、管线建设等各个方面的立法中都有对表层土壤保护的规定，如《加拿大环境保护法》（CEPA）、《矿业法》、加拿大艾伯塔省《环境保护和改善法》（EPEA）、《萨斯喀彻温省管线法》（1998），从宏观和微观上对表土剥离作出了全面的规定（郭文华，2012）。其中，农业和食品部制定的《表土保护法》（1990），更是针对表层土壤保护的专门性法律，对表土的移动和剥离加以严格规范。日本虽然没有制定关于表土剥离的专门性法律，但多部法律相互补充、明确分工，对土地改良、农业环境保护、污染治理、城市规划涉及的表土剥离问题都进行了具体说明。

（六）空间分异化

发达国家的表土剥离表现出很强的空间分异化特征，具体说来：一是表土剥离空间尺度的差异。各国的表土剥离均强调表土性质、剥离深度、剥离技术在空间尺度上的差异，并鼓励各地区根据土壤的特点和本地区的发展水平，适当地开展表土剥离工作。如美国《基本农田采矿作业的特殊永久实施标准》和《山顶剥离的特殊永久实施标准》分别针对基本农田和山顶的特性，规定了表土剥离的技术方法。澳大利亚《采矿法》（1971 年）规定：采矿区剥离的土层深度可能在不同地区有所不同，但富含宝石或部分含有宝石的土壤，表土剥离的深度至少要 50m。二是表土剥离的空间关联性，主要体现在人流、物流的关联以及表土剥离的空间外部性。如在日本土地改良中，将即将开发建设地区的表土剥离出来，用于需要改良的地区，实现了表土在空间上的互动。表土剥离的空间外部性体现为：保障了周边地区农业的良性生产，将矿山开采、环境污染地区的危害降至最小，甚至转变为可供利用的土地资源。

四　代表性国家表土剥离对我国的启示

中国的表土剥离工作已开展多年，表土剥离的地方实践常见于国家重点建设项目工程（如重庆移土培肥工程）、城市开发建设（浙江省余姚市、贵州省等）、地区灾后重建（四川省绵竹市）和矿山资源开采活动中（吉林省工矿废弃地表土搬家造地的乾安模式）。

各地区根据土壤状况、行政机制要求等积极探索，初步形成了几种具有地方特色的表土剥离模式。其中，行政机制刚性要求型模式以重庆市移土培肥工程为代表，表土剥离作为政府的一项硬性规定，其调查、剥离、回填、验收等各个环节全部由政府负责实施，政府组织管理表土剥离利用的整个过程，并为相关活动提供充分的资金支持；行政和市场结合型模式以福建省为代表,表土的剥离、存储管理和再利用由政府各部门负责组织实施,政府对剥离的全过程进行协调、技术指导和验收管护。同时引入市场机制,在表土剥离的相关环节,如剥离成本、剥离后土壤供应等遵循市场经济规则运营;市场化运作型模式以浙江省余姚市为代表,表土剥离利用主要由市场上的主体(企业)来开展,并且运用"招拍挂"告知、签订协议、缴纳保证金等市场手段加以引导,吸引建设单位、相关企业积极投入表土剥离,通过市场竞争、监督管理等手段促进表土剥离工作的有效开展。

(一)当前中国表土剥离存在的问题

中国各典型地区的表土剥离取得了一定的成效,也形成了一些值得借鉴的经验。但当前我国的表土剥离仍存在着法律法规遇瓶颈、制度保障不力、技术规范缺乏、主体动力不足等问题。

1. 法律法规遇瓶颈

目前,《中华人民共和国土地管理法》对表土剥离的规定仅是弹性的,各地方政府可实施可不实施,使得表土剥离的力度不够。各地方规定在没有上位法支撑的情况下,尽管附带政府的强制性命令,仍显得权威性不够、法律依据不足。大部分地区有关文件尽管对各部门在表土剥离工作中的职责、剥离的深度、存储条件、运输注意事项、保证金制度、验收标准等有所要求,但相关规定的可操作性与发达国家相比仍有较大差距。

2. 制度保障不力

实施表土剥离必须有一套完整的制度保障体系,主要涉及政策、资金、技术等方面。目前国内相关的制度不够健全,主要体现在:一是政策方面,政府部门分工、建设用地单位的职能职责不够明确,相互之间衔接不紧密,与表土剥离相关的奖惩措施没有上升到制度层面。二是资金方面,表土剥离的资金来源、使用、管理应遵循的原则,资金的适用范围等都缺乏明确的制度规定。三是技术方面,我国尚没有制定类似于英国《土壤处置实践指南》的技术指导,对表土剥离的适用范围、验收以及剥离土壤的数量和质量、堆放技术等,都缺少相应的制度保障。

3. 技术规范缺乏

中国表土剥离缺乏相应的技术规范和工艺流程,这使得相关工作难以像发达国家那样精细开展,也无法保证剥离土壤的价值不减损。第一,各地区对于表土剥离的内涵、条件和类型了解不充分,相关工作因地制宜性不高。第二,表土剥离的调查、评价和规划程序不完善。项目实施前没能进行专业土壤调查,进行土壤制图单元描述,以保证土壤用途的相容性。第三,表土剥离利用的施工工艺不够明确,难以保证不破坏原土壤结构和土壤生物网。施工工艺也没有充分考虑有效土层厚度、土壤质地、砂砾石含量、土壤紧实度、潜育化程度、阳离子交换量、养分含量、地下水位、生物区系、地质地貌条件等影响因素。

4. 主体动力不足

地方政府和用地单位是表土剥离的主要实施方,其参与程度决定了该项工作的开展情况。地方政府出于当地经济发展和城市建设的需要,对招商引资项目都尽可能提供便利条件,在没有法律强制性规定的情况下,自然不愿在土地进行招、拍、挂以外提高用地的门槛,要求用地单位开展表土剥离,更不愿因表土剥离而影响项目的建设进程。用地单位在通过招、拍、挂等合法手续取得土地并向政府支付了土地价款后,就已经完成了在现行法律规定下补充耕地的法定义务。剥离、留存表土会增加其开发建设的成本，自然更不愿主动开展表土剥离工作。

(二)代表性国家表土剥离对我国的启示

代表性国家根据各自的国情施行表土剥离利用，其经验可在以下几方面为我国表土剥离工作的推行提供借鉴。

1. 建立完善相关法律法规

借鉴美国、加拿大、日本的做法，在国家和地方的不同层面分别制定相关法律法规和标准，既有综合性法律和标准，也有专项法规和技术标准。首先，宏观上应将我国有关表土剥离的指导性规定更改为硬性要求，提高各级政府、企业和专业公司、农民个人开展表土剥离的意识。其次，加紧制定我国有关表土剥离的专项法律法规，如表土剥离法、表土保护法等。再次，在专项法律法规和地方性法规中，对表土剥离的技术规程、标准规范给予详细规定，提高表土剥离的可操作性，力争将相关工作落到实处。

2. 综合运用多种行政手段

综合运用规划、行政许可、保证金、基金、技术指南等多种方法和手段推进我国的表土剥离。第一，积极制定表土剥离专项规划，服从于土地利用总体规划，与土地整理规划、土地整治规划等专项规划相辅相成。第二，将表土剥离利用与土地使用权证书、建设用地审批等挂钩，促使相关部门和建设单位积极开展表土剥离。第三，在建设单位开展表土剥离前，要求其缴纳一定的保证金，待剥离利用工作通过验收后返还保证金。对开展较好的单位，保证金折抵相应的费用。第四，借鉴各国普遍采用的基金制度，建立专项基金，实行专款专用，保证表土剥离工作充足的资金来源。第五，可以参照英国的做法，结合我国的土壤分布条件，出台与表土剥离相关的实践指南，规定剥离利用可以采用的设备、相关注意事项等，为开展精细化表土剥离工作提供指导。

3. 精细规定相关技术要求

各国表土剥离的最重要特点是因地制宜地开展各项工作。因此，我国应首先区分各项建设活动、土地改良事业、土地污染治理和矿产资源开发等不同类型，然后从调查、规划、剥离、存储、回填、复耕、生产力恢复、景观再造、生态养护等各个环节提出明确的质量和技术要求。对哪些土壤应该剥离利用，哪些土壤不应该剥离利用，以及对不同的类型如何进行剥离利用，存储的场地，存储土堆的高度、斜坡，回填的时机、客土的要求，生产力恢复情况的测量检测，景观再造和生态养护情况的调查等诸多方面的各个环节都进行明确的技术要求规定。

4. 充分明确政企职责分工

美国、加拿大和澳大利亚等国家，越来越重视通过企业和专业公司推进表土剥离利用，出现了与表土剥离有关的企业，致力于表土的生产、剥离、存储、运输等，大大提高了表土的循环利用效率。根据我国国情，可以在政府主导下，通过引入市场机制，加快建立一批与表土剥离相关的专业公司和企业，充分调动各级政府和企业两方面的积极性，把表土剥离作为一项长期的综合性事业经营，从制度上保证各项工作的有效开展。

本章对美国、日本、加拿大、英国、澳大利亚等代表性国家的表土剥离工作进行了梳理归纳，可更加清晰地理解这些国家表土剥离的模式、特征，更加综合地把握发达国家表土剥离经验给我国耕作层土壤剥离利用提供的借鉴。

本章总结了我国典型区域的表土剥离模式，剖析了目前面临的主要难题。借鉴代表性国家表土剥离的模式和特征，提出通过建立完善相关法律法规、综合运用多种行政手段、精细规定相关技术要求、充分明确政企职责分工等措施规范指导我国的表土剥离工作。

本章主要基于一种框架性的归纳梳理，在借鉴发达国家经验的基础上，对完善我国表土剥离工作提出了若干指导性的建议，但在具体实施中，需要结合各个地区不同类型的表土剥离特点，对表土剥离开展精细调查，并结合我国的地形特征、土壤特性、土地制度、政府的职能分工等因素，建立适合我国表土剥离的法律法规与技术规范，进一步明确表土剥离的主体和资金来源，以保障其可行性和可操作性。

第四章　中国耕作层土壤剥离利用的国情背景与现实意义

一　中国开展耕作层土壤剥离利用的国情基础

（一）耕地土壤具有“低、费、污”的特点

众所周知，土壤是人类赖以生存的基础，是发展经济和农业最重要的资源，农田生态系统还是消解城乡生活、生产废弃物，维持碳氮硫磷等物质循环最重要的基础。我国耕地资源紧缺是不争的事实，不仅人均耕地面积少（仅 1.43 亩），而且由于人口多，许多不宜农用的土壤被开垦为农田，耕地土壤整体质量偏低，中低产耕地土壤占 65％。

中国农业科学院张维理认为，“低、费、污”已经逐步成为我国耕地土壤质量新一轮的核心问题。“低”主要是指基础地力低，基础地力是指不施肥时农田靠本身肥力可获取的产量。据中国农科院土壤肥料研究所近年来在全国的田间定位实验与调查显示，我国各主要农区广泛存在的不合理耕作、过度种植、农用化学品的大量投入和沟渠设施老化已经导致农田土壤普遍性的耕层变薄，养分非均衡化严重，土壤板结，土壤生物性状退化，土壤酸化、潜育化、盐渍化增加，防旱排涝能力差，耕地土壤基础地力不断下降。优质耕地土壤是长期发育或多年培育的结果，通常土层深厚，富含有机质，水氧气热协调，保水保肥、耐旱耐涝、高产稳产，基础地力高。“费”是由于耕地基础地力下降，保水保肥性能、耐水耐肥性能差，对干旱、养分不均衡更敏感，对农田管理技术水平更苛求，因此土壤更加“吃肥、吃工、吃水，增加产量或维持高产，主要靠大量使用化肥、农药、农膜和灌溉用水”，导致“费”。分析显示，目前在全球高氮化肥用量国家中，我国是唯一的“增肥低增产”类型。“污”即耕地土壤污染，污染主要来源于工业和城市排污，农田农药、农膜等化学品的超高量和不合理使用，规模化畜禽养殖场高环境激素含量畜禽粪便和废弃物的不合理使用。张维理对我国农业面源污染的调查结果显示，我国污染土壤已占耕地面积的 1/5，污染最严重的耕地主要集中在耕地土壤生产性状最好、人口密集的城市周边地带和对土壤环境质量的要求应当更高的蔬菜、水果种植基地。

（二）耕地总体质量偏低

根据全国农业区划委员会的调查研究结果，我国耕地中，瘠薄耕地占 17.9％，渍涝水田

占4.1%，渍涝旱地占4.7%，盐碱耕地占2.9%，坡耕地占11.1%，风沙耕地占2.2%，缺水耕地占17%，其他障碍因素的耕地占7.9%。各种障碍因素的存在严重影响着我国耕地的质量，现有耕地中，共有高产耕地28552万 hm^2，占总耕地面积的21.54%；中产耕地49 341千 hm^2，占总耕地面积的37.24%；低产耕地5460万 hm^2，占总耕地面积的41.22%。中低产耕地面积占全部耕地面积的78.46%。中低产耕地比例相对较高。

国土资源部2009年12月24日发布的中国历史上第一份耕地质量等级调查与评定成果《中国耕地质量等级调查与评定》结果显示，根据自然条件、耕作制度、基础设施、农业生产技术及投入等因素综合调查与评定，我国耕地评定为15个等别，1等耕地质量最好，15等最差，全国耕地质量平均等别为9.80等，优等地、高等地、中等地、低等地面积占全国耕地评定总面积的比例分别为2.67%、29.98%、50.64%、16.71%。全国耕地低于平均等别的10至15等地占调查与评定总面积的57%以上；全国生产能力大于15吨/公顷的耕地仅占6.09%。中国耕地质量总体明显偏低。

研究发现，我国耕地质量等别呈现总体偏低、分布集中、经济发展区域与优质耕地分布区域在空间上复合等特点。我国中部地区和东部地区耕地平均质量等别较高，西部地区和东北地区耕地平均质量等别较低。

现今，我国优质耕地流失过快，并且存在补充耕地质量偏低、以次充好的现象，耕地质量整体下降，已经严重影响到我国的耕地生产能力，威胁国家粮食安全。因此，仅仅保证18亿亩耕地的数量是不够的，建设占用耕地“占一补一”必须从质量上寻求出路。

（三）耕地质量退化严重

中国人口众多，土地资源有限，特别是耕地资源十分短缺，而且随着社会经济的高速发展，耕地资源总量逐渐减少，质量也不断下降。影响我国耕地质量退化的因素主要有：水土流失、土壤沙化、土壤盐碱化、土壤养分贫瘠化以及因环境污染造成的耕地质量退化。

我国山地和丘陵占国土面积的2/3，降水多集中在夏季，加上垦殖历史久远，长期的开发使得植被遭受破坏，地表的抗蚀性低，容易发生水土流失。据全国第二次土壤普查资料，中国耕地的水土流失面积达4541万 hm^2，占全部耕地面积的34.26%；每年流失土壤约33亿t。在我国广大的干旱、半干旱地区，耕地沙化严重。全国沙化的耕地面积达255万 hm^2，其中轻中度沙化耕地面积214万 hm^2，重度沙化耕地面积41万 hm^2。中国盐碱化耕地面积达763万 hm^2，主要分布在华北区、西北干旱区和东北区，其中以华北区分布最广，面积达314万 hm^2。由于存在重用轻养，单位时间内向耕地投入的有效养分量不足以弥补同期作物从土壤中吸收的养分量，造成土壤养分贫瘠化，中国耕地的总体养分平衡指数为0.81，处于养分失衡状态。由于大气、水和土壤污染等的影响，据估计，全国受污染的耕地面积约为1000万 hm^2。

（四）各类非农建设活动占用大量耕地资源

近年来，我国各类非农建设活动占用了大量耕地资源。根据年度土地利用现状变更调查数据，1996—2006年来，我国耕地面积不仅大幅度减少，而且呈现持续减少的趋势。1997—2006年我国耕地减少1094万 hm^2，其中非农建设占用186.88万 hm^2（表4-1）。

表 4-1　1997—2006 年中国耕地面积变化状况(单位:$10^4 hm^2$)

年份	耕地总面积	耕地减少	其中	耕地净变化量	耕地净变化率(%)
			非农建设占用		
1996	13003				
1997	12969	46.22	19.23	−34	−0.26
1998	12930	57.54	17.62	−39	−0.3
1999	12920.55	84.2	20.5	−9.45	−0.07
2000	12824.31	125.34	16.33	−96.24	−0.74
2001	12761.58	82.99	16.36	−62.73	−0.49
2002	12592.96	202.74	19.65	−168.62	−1.32
2003	12339.22	288.09	22.91	−253.74	−2.01
2004	12244.43	80.03	14.51	−94.79	−0.77
2005	12208.27	59.49	13.87	−36.16	−0.3
2006	12177.59	67.4	25.9	−30.68	−0.25

2006—2011 年,全国共批准建设用地 295.6 万 hm^2,其中转为建设用地的农用地约为 200 万 hm^2,转为建设用地的耕地约为 120 万 hm^2。其中,2010 年和 2011 年,分别批准建设用地 53.9 万 hm^2 和 61.2 万 hm^2,其中转为建设用地的农用地分别为 33.77 万 hm^2 和 41.05 万 hm^2,转为建设用地的耕地分别为 21.19 万 hm^2 和 25.3 万 hm^2(图 4-1)。

图 4-1　2006—2011 年全国批准建设用地情况

各类建设活动占用了大量的耕地和其他优质农用地,除了对少量的耕作层土壤进行了剥离利用外,意味着大量的耕作层土壤伴随着隆隆的机器声在不断地消逝。可以预期,未来若干年我国仍将有大量耕地和优质农用地被建设占用,因此,加强耕作层土壤剥离利用迫在眉睫。

二　中国耕作层土壤剥离利用的重要意义

(一)耕作层土壤剥离利用是生态文明建设的内在要求

通过耕作层土壤剥离，将建设占用地或露天开采用地（包括临时性或永久性用地）所涉及的适合耕种的表层土壤进行剥离，并用于原地或异地土地复垦、土壤改良、造地及其他用途。土壤是大气、地下水和地表植被之间的过滤器和缓冲器，它可以使地下水免受污染、保障食物链稳定和保护生物多样性。人类从土壤中广泛存在的青霉菌中提炼出青霉素，为我们的生命提供了保障。可是人类现在仍然不知道将来是否还需要从土壤中获得其他新的基因来保障我们的生命，而且，从土壤中提炼出的基因在生化、生物技术和生物工程中变得日益重要。因此，耕作层土壤剥离利用，能显著增强地球生态产品的生产能力，是寻求与地球共生存的重要途径，是生态文明建设的内在要求，也是一种达到"天人合一"永续衍化的"和合共生"境界。它标志着人类的生存在"应然"与"必然"的调适中选择了具有历史使命和当代责任双重价值的诗意栖居之境——适然世界，同时也标志着人类进入了生态文明建设的新阶段。

(二)耕作层土壤剥离利用是美丽中国建设的重要依托

以修建道路、住宅、厂房、运动场所和垃圾排放地等为代表的城市化、工业化，无可逆转的排斥了土壤的其他用途。在这个过程中，肥沃耕作层土壤的丧失是永久性的，它削弱了土壤的多功能用途，毁灭了土壤的生物多样性，减少了后人使用土地的选择余地。一旦土壤的多功能性和生物多样性受到影响，地表水的循环和水的质量也会相应地受到影响。这种水循环的改变，会使区域土壤逐渐贫瘠化甚至被弃置不用，沙漠化或荒漠化过程随之加剧。最新研究表明玛雅文明的衰败就是因为人们耕种了大量严重缺铁的新开垦土壤，导致营养不良和短时间内婴儿的死亡率剧增，从而使人口在短时间内迅速减少。从这里我们也看到了调整土地利用方式本身所具有的不可知或不可控的方面，以怎样的方式导致了人口的衰落。我们更不难看到，最小程度的影响环境和最大力度的修复环境，是何等重要地关系到人类的健康和未来。这可能就是"朴真"与"本真"的审美维度，更可能是美丽中国建设所追求的审美存在境界。

被称为中国"三玄"的《周易》、《老子》和《庄子》，一个明显的共同特点是蕴含着深厚的生态美学思想。这种生态美学思想强调在人与自然同在的衍化过程中，需要持久地指向人与自然万物和合共生的美学境界和"天人合一"的终极旨归。耕作层土壤剥离利用，体现了追求天人契合、物我交融、情景互渗和意象混同的生态美学思想。积极而有序地推进耕作层土壤剥离利用，是一种与自然共生的态度和选择，是一种对原生态与存在美的灵性的保全，更是对"党的十八大"提出的建设美丽中国的最积极而又务实的响应。

（三）耕作层土壤剥离利用是保护耕地资源的有效手段

1. 优质耕作层土壤能缩短土壤熟化期，迅速恢复土壤肥力

耕作层土壤是珍贵的熟土资源，需要成千上万年的时间才能形成适宜植物生长的环境。从自然形成方面，自然风化 1cm 表土层需要 400 年时间，而风化成 30cm 耕作层，则至少需要 1.2 万年。较生土相比，熟土对作物的生长影响更大；在有机质含量方面，将生土培肥至熟土需 3～5 年的时间，滩涂土壤经培肥至熟土需 10 年左右的时间，如果在工程中能够保证充足的、优质的耕作层土壤资源，将缩短土壤的熟化期，迅速恢复所造土壤肥力，减少客土的熟化时间和费用，成效显著。

2. 耕作层土壤可用于增厚土层，改善作物的立地条件

中国地域辽阔，土层厚度在各区域有所不同。在土层薄的地区，土壤有效土层厚度是影响农作物扎根生长的限制性因素。因此，从增厚土层、改善覆土区立地条件的角度考虑，即使建设占用的是养分贫瘠的耕地，其耕作层甚至以下的土壤都可以剥离用于增加覆土区土壤的厚度，提高其蓄水抗旱能力。比如丘陵山区是典型的"有收无收在于土，多收少收在于肥"，新增耕地的立地条件是能否满足作物生长的要求，主要决定于土层厚度能否满足作物扎根需求，而产量高低取决于后期作物养分等的投入，所以土层薄的区域的覆土应强调以增加土层厚度为基础，养分多寡为辅助（徐艳 等，2011）。

（四）耕作层土壤剥离利用是提高耕地质量的现实要求

1. 耕作层土壤肥力高，提供作物所必需的养分和生长环境

耕作层土壤中含有大量植物所需的碳和氮等矿物元素、有机质以及微生物，是植被生长发育的营养库。其中矿物质直接影响土壤的物理、化学性质，是作物养分的重要来源之一。有机质则是衡量土壤肥力高低的一个重要标志，包括氮、磷、钾、硫、钙等大量元素和微量元素，是作物养分的主要来源，有机质还可改良土壤物理性质，提高黏重土壤的疏松度和通气性，促进土壤养分的转化，刺激作物生长发育。表土中含有大量植物生长所需的有机质氮和磷，表土去除导致有机物和基本矿物质组分（磷）目标水平的大幅减少，矿物质组分（氮，钾）甚至降至更低水平（Murphy et al.，2003）。

2. 耕作层土壤在物理结构上和物种保护方面具有优越性

耕作层土壤的优越性不仅仅体现在有机质含量的差异上，更重要的是在其物理结构（团粒结构）、物种保护以及土著微生物方面有着无可比拟的地方。团粒结构体是最适宜植物生长的结构体土壤类型，它在一定程度上标志着土壤的肥力水平和利用价值。其能协调土壤中水分和空气的矛盾；能协调土壤养分的消耗和累积的矛盾；能调节土壤温度，并改善土壤的温度状况；能改良土壤的可耕性，改善植物根系的生长伸长条件。另外，耕作层土壤中埋有丰富的本地植被的种子，是本地植被的种子库。研究发现，当耕作层土壤去除深度达到 30cm 时，土壤种子库含量将减少 60％～80％；当去除深度达到 50cm 时，种子库几乎完全消失（Hölzel et al.，2003）。

三　中国耕作层土壤剥离利用的基本原则

各类建设应尽可能不占或少占耕地，确需占用的，应做好耕地耕作层土壤剥离利用工作。开展剥离利用工作，应坚持以下基本原则：

1.规划优先原则

耕作层土壤剥离利用作为保证耕地“占补平衡”的重要举措，必须以相应的规划为支撑。具体来说，就是坚持规划先行，根据建设占用耕地情况和当地资源条件，对适宜开展耕地耕作层土壤剥离的区域和利用的区域提前做出规划安排。各地区在土地利用总体规划中增添专门针对耕作层土壤剥离利用的宏观指导性条款和要求，参照基本农田保护区规划、土地整治规划、土地复垦规划等土地利用专项规划，建立耕作层土壤剥离利用专项规划，对耕作层土壤调查、剥离、运输、存储、回填、管护等各个环节给出具体指导，确保此项工作的顺利开展。

2.统筹实施原则

耕作层土壤剥离利用必须深入贯彻落实科学发展观，走可持续发展之路，坚持统筹兼顾的根本原则。一是建设占用耕地与耕作层土壤剥离利用同步规划、同步实施、同步验收，保证此项工作的全面有序开展；二是耕作层土壤剥离利用与土地整治项目相结合，保证土壤剥离及利用时间、空间上的衔接，努力做到“宜剥尽剥，剥用同步”；三是统筹各方利益，保证耕作层土壤剥离利用既能满足建设单位的自身要求，又能够提高农地产量、提高农民收入，还可以保证耕地的“占补平衡”。

3.空间分异原则

根据国际国内经验，耕作层土壤剥离利用受到土壤条件、用地情况、空间分布等的限制，各地开展耕作层土壤剥离利用的方式方法也千差万别，因而，剥离利用必须因地制宜。在贯彻国家大政方针的前提下，鼓励各地区根据本地区的现实情况，制定符合自身条件的耕作层土壤剥离利用的政策措施、技术规范、监管管护等，合理剥离利用，保护生态，防止造成水土流失和安全隐患。

4.政府主导原则

耕作层土壤剥离利用涉及政府、建设单位、农民等多方主体，其公共性特征决定了必须由政府主导来确保整项工作的有效进行。政府主导意味着政府设定实施条件、技术规范、技术流程并负有监管的职责，但不排除市场机制的引入，实践证明，市场机制与政府主导相结合，是耕作层土壤剥离利用的最有效模式。因此，应当坚持政府主导，明确建设单位责任，维护农民合法权益，确保剥离利用顺利实施。

四　中国耕作层土壤剥离利用的类型

耕作层土壤剥离利用要考虑到客土的质量、土壤的再生性、剥离利用的经济性等因素，因此其类型和适用范围可以按照数量、质量、用地类型、需求、利用方式等统筹考虑。

(一)大型线性工程用地中的耕作层土壤剥离利用

大型线性工程用地,如铁路、公路、河道、管道等,除跨越地域广、用地规模大、涉及土壤类型丰富、远离和避让居民点且多穿越农田,用地时除河道用地回填率较小外,其他项目因原地回填、取土场回填等对耕作层土壤的自我消化率较高。因此,大型线性工程用地中,除污染性土壤及土壤等级较差不予剥离利用外,其余的耕作层土壤应全部剥离。此外,此类项目要特别注意取土场的设置,提前计划取土场的位置、面积、高度等,保证剥离后的耕作层土壤回填的经济性和可行性。

(二)工业集中区征地中的耕作层土壤剥离利用

工业集中区征地面积一般在 10～30hm^2,耕地比例较大,占 80%以上且土壤类型较一致,村庄居民点约占 20%(刘新秋 等,2011)。由于工业集中区是城市向城乡结合部的外扩,大棚、温室等精细化耕作的土地比例较高,土壤因人工肥力而使矿物质、有机质含量很高。但由于近郊农民进城务工后,不以农业为生,疏于土地经营,加之城乡结合部的生活性污染、工业性污染较为严重,土壤污染度较高。因此,工业集中区征地,必须在充分调查的基础上,有区别地甄别剥离。

(三)建设项目占用基本农田中的耕作层土壤剥离利用

随着城市化进程的加快,各地积极建设开发区、新兴工业园区,对基本农田的占用已不可避免。基本农田是耕地中的优质土壤资源,耕作层一般在 40cm 以上,土质肥沃、理化性质良好且拥有丰富的土壤生物,是必须要保护的耕作层土壤。因此,项目占用基本农田的,应对耕作层土壤全部剥离利用,必要时,可以考虑将原农业生态系统集体迁移。

(四)灾毁耕地邻近区的耕作层土壤剥离利用

由于自然界的破坏力,特别是近年来气候异常变化导致耕地因灾毁损、减少的数量加大,同时,近年来,随着生态环境的恶化,以及人类的掠夺性耕种及各种污染,导致土壤的耕层变薄,水冲、沙化、土壤板结、酸化、盐渍化和生盐渍化以及土壤污染,使得土壤退化,灾毁耕地的数量加大。对灾毁土地要及时就近移土改造,保证土壤性质的相似和相容性,尽快恢复原地的生态系统,特别是水冲区的邻近区域,被冲刷的土壤沉淀、淤积,应结合征地、用土的机会,逐渐将汇集了冲刷土层的表土进行剥离,归回和还原原地域。

第五章 中国耕作层土壤剥离利用的地方实践

虽然目前全国许多地方都已经陆陆续续开展耕作层土壤剥离利用工作，但浙江、贵州、吉林3个省份，开展耕作层土壤剥离利用探索工作较早，并且各具地方特色，如浙江宁波市对城乡建设用地增减挂钩项目建新区和其他建设用地项目区实施耕作层土壤剥离，用于拆旧区土地复垦、耕地开发、城市绿化等，并对暂时不能利用的耕作层土壤进行储存，并有效管理；贵州省将耕作层土壤剥离与利用直接对接，剥离土壤用于中低产田改造或耕地开发；吉林省结合公路建设、油井钻探开展剥离，就近堆放与有效利用。与此同时，这些代表性省份在指导该项工作过程中，制定了一系列耕作层土壤剥离利用管理制度和政策，指导各地的具体实践，如贵州省国土资源厅根据本省实际，发布了《贵州省非农业建设占用耕地耕作层剥离利用试点工作实施方案》，组织编制了贵州省《〈县级耕作层剥离利用专项规划〉编制指南》、《贵州省耕作层剥离利用工程指南》等技术规范。因此，本章选取浙江、贵州、吉林3个省份，重点介绍这些省份开展耕作层土壤剥离利用的基本情况和实践经验。

一 吉林省

（一）基本情况

吉林省位于东北地区中部，是国家重要的商品粮基地，不仅是世界三大“玉米黄金带”之一，还是我国“水稻黄金带”。吉林省现有耕地701万hm^2、人均耕地3.8亩[①]，以全国1/20的耕地，产出全国1/17的粮食，提供全国1/10的商品粮，最高年份为国家储存1/2的专储粮和出口粮，在保障国家粮食安全中占有十分重要的地位。

吉林省黑土地资源丰富，黑土区耕地超过110万hm^2。这些黑土地耕作层有机质含量高，土壤肥沃，农业生产条件十分优越。黑土区耕地占耕地总面积的20%，产出粮食占全省60%以上。保护好吉林省珍贵的黑土地资源，对于稳定粮食生产保障国家粮食安全意义重大。

吉林省经济发展热点地区和黑土区重叠度较高，集中在京哈铁路东西两侧的18个县市，区域内每年城市化建设、基础设施建设不可避免要占用一定数量的优质黑土地。同时，吉林省又是全国土地整治重点区域，共有未利用地143万hm^2，二调新增耕地145万hm^2中80%以上属于不稳定耕地，9—15等的低等别耕地占比97%，土地开发整理的潜力巨大，对

① 1亩≈666.7m^2，后同。

优质耕作层土壤的需求十分强烈。

基于这种土地资源禀赋和土地利用特点，既要保护稀缺的黑土地资源，确保吉林省肩负保障国家粮食安全重任的粮食生产能力不下降，并力争逐年提高，又要保障各类基础设施和城镇化、工业化的用地需求，促进经济社会持续健康发展，做到双赢、双保，就必须认真研究如何利用好这些优质的耕地资源。最初，吉林省想方设法让建设项目“搬家”，保留耕地，但在很多情况下，建设项目往往因其选址或选线的特殊要求，无法搬家；曾尝试让耕地“搬家”，但是耕地也无法真正的“搬家”。

如何让建设占用的黑土地耕作层土壤保留下来，保持优质耕地生产能力基本稳定，成为吉林省面临的一项重要课题。经过积极探索实践，权衡之后相对而言较好的办法和有效的解决途径，便是让耕地的耕作层土壤“搬家”，即实施耕作层土壤的剥离利用。

经过几十年坚持不懈的努力，吉林省耕作层土壤剥离利用，已经从最初仅应用于油田钻井用地复垦，逐步推广到高标准基本农田建设、菜田建设、工矿废弃地复垦等各类土地整治项目中，取得了明显成效。2006年，国土资源部在全国推广了吉林省的做法。近年来，吉林省强化耕地占补平衡，不断提升补充耕地质量，加大了耕作层土壤剥离利用工作力度。2012年，吉林省在土地整治重点区域选择了18个县(市、区)作为试点，进一步扩大耕作层土壤剥离利用范围，努力探索建立涵盖耕作层土壤剥离、存储、管理、交易、利用等全过程的工作机制。2013年，省政府下发了《关于推进建设占用耕地耕作层土壤剥离工作的意见》，在全省部署开展这项工作，并对耕作层土壤剥离范围、剥离条件、剥离方式、存储要求、土壤利用、鼓励政策等做出了明确规定，不断将这项工作推向深入。

截至目前，吉林省半数以上县(市、区)开展了耕作层土壤剥离利用工作，累计实施近百个耕作层土壤剥离项目，剥离耕作层土壤面积超过20万亩，剥离土方量超过5000万m^3，在保护大量珍贵黑土地资源的同时，不断提高了补充耕地质量，初步形成了具有吉林省特色的“表土剥离、移土培肥、改良耕地、提升质量、保护生态”的工作机制，对加强耕地保护、推进高标准农田和生态文明建设，促进农业增产、农民增收和农村发展发挥了重要作用。

(二)实践模式

经过多年的探索和实践，吉林省初步形成了具有特色的耕作层土壤剥离与利用模式，归纳起来，主要有五种模式。

第一种模式，是将耕作层土壤剥离与土地整治项目、高标准基本农田建设紧密结合起来。这种模式将剥离的优质土壤用于临近土地开发整理、工矿废弃地复垦、高标准基本农田建设等项目中，实行剥土和用土相挂钩，重点用于提升补充耕地质量，确保将耕地“占优补优”要求落到实处。这是吉林省各地普遍采用的模式。

第二种模式，是将耕作层土壤剥离与线性工程的临时用地复垦相结合。这种模式重点用于保护公路、铁路等线性工程临时占用的耕地，确保线性工程完工后，有足够耕作层土壤用于临时用地的回填和复垦，切实做到耕作层土壤“从哪儿来，到哪儿去”。

第三种模式，是将耕作层土壤剥离与新农村建设中村庄用地复垦相结合。这种模式一般以现代农业为依托，利用剥离耕作层土壤复垦村庄用地产生的新增耕地，重点用于建设温室大棚，发展高产高效农业。

第四种模式，是将耕作层土壤剥离与“菜篮子工程”建设相结合。这种模式一般适用于人均耕地少、菜地不足的山区，剥离的耕作层土壤基本没有受到任何污染。

第五种模式，是将耕作层土壤剥离与油田钻井污染防治及钻井用地再利用相结合。这种模式主要应用于吉林油田钻井、资源勘探用地的复垦和污染治理，这也是吉林省最早探索开展的模式。

（三）主要经验

吉林省是我国最早开展耕作层土壤剥离利用实践的省份之一，在长期的探索和实践中，获得许多宝贵经验，为此，国土资源部于 2014 年 9 月 28 日，在吉林市孤店子镇大荒地村举行了全国耕地耕作层土壤剥离利用现场会，来自全国国土系统的 200 余位代表总结和交流了土壤剥离与再利用的经验。吉林省的耕作层土壤剥离利用经验，归纳起来主要有以下几方面：

第一，坚持政府主导。尽管耕作层土壤剥离是法定义务，但目前仍然缺少强制措施。吉林省委省政府始终高度重视，在“十二五”发展规划、土地利用总体规划、年度一号文件中，都明确将耕作层土壤剥离利用作为保护耕地、提升耕地质量的一项重要保障措施。省政府专门下发文件对这项工作提出了明确要求并进行部署安排。对于耕作层土壤剥离的具体项目，整个过程都由市县级政府组织，并发挥主导作用。

第二，把握六个关键环节。一是明确工作条件，确定哪些项目占用耕地必须实施耕作层土壤剥离；二是做好前期准备，由国土会同农业等部门科学制订剥离实施方案，确保剥离工作有序开展；三是实施剥离，由用地单位严格按照剥离方案，对建设占用耕地耕作层土壤进行剥离；四是规范存储，由地方政府或国土部门科学设置存放点，指定专人管理；五是强化利用，将耕作层土壤剥离与利用结合起来，重点提高补充耕地质量，提升地力，切实发挥优质耕作层土壤作用；六是抓好验收，按照剥离面积大小，实行省市县分级验收。

第三，统筹剥离和利用。耕作层土壤剥离不是目的，剥离土壤的再利用才是整个工作的落脚点。对此，吉林省重点研究寻找耕作层土壤剥离与利用的结合点，将土壤剥离与高标准基本农田、土地开发整理、工矿废弃地复垦、矿山地质环境治理、城市绿化等用土工程紧密结合起来，将土地整治重点区域和建设项目占用耕地集中区域对接起来，做到土壤剥离与利用相衔接，取土与覆土相匹配，努力做到土壤边剥边用、供需结合。

第四，坚持行政与市场相结合。耕作层土壤剥离和利用的一个核心问题，在于如何平衡各利益相关者之间的利益分配和共享，努力做到让剥离者和利用者各有所得。在实际工作中，吉林省注重发挥行政手段和市场调节两个方面的作用，分类引导，共同推进。对于利用剥离耕作层土壤提高补充耕地质量、改善农业生产条件的整治项目，主要通过行政手段，由地方政府组织国土、农业、财政等部门科学论证立项，在剥离和利用方面，给予财政支持；对于利用剥离耕作层土壤实施土地复垦、绿植等生产经营性的，主要是发挥市场机制作用，由社会投资主体购买剥离的土壤，实行有偿使用；对于利用剥离的土壤实施城市绿化等用途的，根据实际情况，由市县政府自行确定剥离和利用方式。总之，将行政手段和市场调节相结合，使政府、土壤剥离者、土壤利用者、土地承包人等相关利益主体都各有所得，提高各方主体参与耕作层土壤剥离利用的积极性和主动性。

第五，完善约束和激励机制。约束机制主要包括四个方面：一是将耕作层土壤剥离作为建设用地审查报批的重要条件，不符合要求的，不予批准用地；二是严格规定土地整治项目新增耕地的验收标准，对于耕作层土壤厚度小于 25cm、有效土层厚度小于 50cm 的，不予通过验收，以扩大对耕作层土壤的需求；三是将耕作层土壤剥离工作列入年度耕地保护目标责任书，未完成任务的，年末考核不予通过；四是对于符合耕作层土壤剥离条件的单独选址项目，需要存储一定的复垦保证金，没有按照要求完成耕作层土壤剥离和复垦的，保证金不予退还，等等。

激励机制主要包括四个方面：一是按照剥离耕作层土壤面积的一定比例，给予建设用地指标奖励；二是土地整治项目使用耕作层剥离土壤的，可以列入项目预算，从新增建设用地使用费中列支；三是对于耕作层土壤剥离区距离耕作层土壤存放点和用土区距离较远的，经当地政府同意，可以给予适当补贴；四是剥离耕作层土壤实行有偿交易，所获收益再专项用于补助该项工作。

二　贵州省

(一)基本情况

贵州地处我国西南云贵高原，是全国唯一没有平原支撑的省份，山地和丘陵占全省面积的93%，喀斯特地貌占全省面积的62%，山多、石多、土少、优质耕地更少，耕作层土壤尤为稀缺，农业耕作条件差。2013年全省耕地面积6822万亩，人均耕地1.67亩。按照国家耕地质量15个自然等级标准，贵州省没有1～7等的上等、中上等耕地，8、9等耕地652万亩，是贵州省的优质耕地，全省人均仅0.16亩。相对集中连片的五千亩以上坝区耕地更少，仅有165块，面积175万亩。贵州要实现全面建成小康社会，达到人均0.5亩旱涝保收地目标，还需要建设高标准基本农田1398万亩。

贵州省优质耕地大多分布在城镇村庄周边、交通沿线，非农建设占用难以避免。目前贵州进入了加快发展、后发追赶的战略机遇期，年均占用耕地20万亩以上，多为良田好土。虽然土地开发补充的耕地实现了数量平衡，但质量差、地块分散、生产半径大，广种薄收，甚至出现撂荒现象，开荒造地更是对生态造成威胁，容易造成新的水土流失。

在贵州，实现“双保”尤为艰难：保耕地既要保数量红线(6556万亩)，又要保质量红线(人均耕地0.5亩旱涝保收地)；保发展，既要保证工业化强省，城镇化带动战略目标的实现，又要保生态文明建设。如何破译“双保”两难，贵州省积极探索“双保”新办法、新举措，创造性地进行了工业建设向山要地、城镇建设增减挂钩、建设项目用地实施耕作层土壤剥离再利用等措施的探索和实践，取得一定成效。

耕作层土壤剥离再利用对于缺土少地的山区来说，是一个非常有效的耕地保护措施。为此，贵州省根据本省自然资源背景与土地利用状况等实际情况，选择了16个县和部分单独选址项目开展试点。这些试点项目主要包括以织金县为代表，探索全面实施、持续推进经验，解决谁为剥离利用主体，怎样系统推进、建立整套管理制度；以仁怀机场、安贞公路项目为代表，探索单独选址项目实施经验。在试点取得阶段性成果的基础上，省政府在织金县召开现场会，总结经验，全面推广。

迄今贵州省共剥离非农建设占用耕地5.5万亩，利用土地面积6.96万亩。剥离耕作层土壤1359万m^3，已利用1199万m^3，临时存储160万m^3。剥离耕作层土壤主要用于裸岩石砾地开发、低丘缓坡等未利用地开发、城乡建设用地增减挂钩复垦、灾毁地复垦、中低产田土改良，实现新增中等以上质量耕地 1.25 万亩，改良中低产田土 2.78 万亩，剥离耕作层土壤利用区的耕地质量普遍得以提高 2～3 个等级。

（二）主要经验

1. 政府主导，建立耕地保护共同责任机制

省人民政府办公厅下发《关于转发省国土资源厅省农委贵州省非农业建设占用耕地耕作层剥离利用试点工作实施方案的通知》（黔府办发〔2012〕〔22 号），明确了责任主体和工作部门，即：耕作层土壤剥离利用工作由县级人民政府负责组织实施，县级国土资源、农业部门负责具体管理，县级土地整治机构或建设用地单位负责具体实施，并接受省、市（州）国土资源、农业部门指导和监督。省国土资源厅、省农委负责制定相应的实施规程和技术规范。

按照省政府的要求，各市、州成立领导小组，明确部门责任，并将其纳入政府耕地保护目标考核体系。省长与各市（州）长，市（州）长与市（县、区、特区）长签订责任目标，建立政府为主导，国土、农业、水利、住建、财政、烟草、交通等部门的共同责任机制。

为保证工作规范，贵州省国土资源厅制定了《贵州省国土资源厅关于印发〈（×××建设用地项目）耕作层剥离利用方案〉（试行）格式文本的通知》（黔国土资发〔2013〕〔30 号）、《贵州省国土资源厅关于非农业建设占用耕地耕作层剥离利用有关问题的通知》（黔国土资耕保函〔2013〕〔109 号），对建设项目“一书四方案”[①]的补充耕地方案进行补充完善。

2. 试点探讨，摸索推广经验

省政府高度重视试点工作，由分管副省长和国土资源厅厅长分别亲自担任仁怀机场、威宁机场耕作层土壤剥离利用工程领导小组组长、副组长，亲自审定试点方案，亲自到现场调研，极大地推进了试点工作。

贵州省指导各地按照应剥尽剥、快剥快用的原则，结合当地自然条件、项目特点，探索建立了两种耕作层土壤剥离利用试点模式：

（1）以县为单位，全面摸索、统筹推动模式

该模式以织金县的耕作层土壤剥离利用为代表。织金县位于乌蒙山典型区，山高坡陡，生态脆弱，优质耕地稀缺，裸岩石砾未利用地较多，财政困难，农民贫困，在乌蒙山区具有一定的代表性。织金县县委书记将其作为书记一号工程亲自部署，县长任组长，分管副县长具体抓，县政府成立耕作层土壤剥离利用办公室，制定了全县耕作层土壤剥离利用专项规划、实施办法、年度实施方案，并对与耕作层土壤剥离利用相关的水资源利用进行评价。

按照“城镇批次用地由财政出资，单独选址用地由企业出资”的原则落实耕作层土壤剥离利用资金，将耕作层土壤剥离费用计入建设用地成本。从土地出让金中按每亩 2 万元预留剥离费用，同时整合农业、林业、水利、交通等各类项目资金，综合使用。县政府对相关部门、乡镇实行“一把手”责任倒查考核。政府与用地单位协调，共用建设、剥离、运输等工程车辆，尽量减少工程建设中的矛盾。

织金县根据自身山区地形，以城镇新区、工业园区为中心，以 10km 为利用区半径；以使

---

① 建设项目“一书四方案”，是指建设项目用地呈报说明书、农用地转用方案、补充耕地方案、征用土地方案、供地方案。由市、县国土资源行政主管部门根据有关材料编写，并逐级上报至有批准权的人民政府审批。

群众耕种受益为出发点，确定利用区；以县城新区、保障房小区为剥离区，确定相邻的三甲乡城乡建设用地挂钩复垦项目、官寨乡小妥倮村裸岩石砾地开发和低产田土改造为利用区；以工业园区为剥离区，确定周边重大土地整治项目为利用区。

织金县2012年完成的三甲试点项目，使2个乡3个村，共374户1300余人受益，人均增加耕地0.6亩，粮食亩均增产400kg以上，新增耕地由专业合作社指导群众种植精品蔬菜，亩均产值可达万元以上。中低产田土增土培肥区域，从近期干旱情况看，比未改造的区域耐旱性更强、长势更好，与原种植玉米相比，人均收入预计增加800元以上。当地群众十分拥护。往日“石旮旯”变为“高产地”，新增耕地质量与剥离区耕地质量相当，解决了难以在裸岩石砾地上新增耕地和山区土地开发不能出高质量耕地的问题。

目前，织金县耕作层土壤剥离利用总投资1.2亿元，已完成投资1290万元。剥离耕地5990亩，剥离耕作层土壤118万m^3，新增耕地2500亩，改良中低产田土1700亩。

(2)单独选址项目模式

①仁怀机场模式

贵州省仁怀市是国酒之乡，也是国土资源部确定的低丘缓坡等未利用地开发试点县，石漠化区域较广。仁怀市按照单独选址项目“谁用地、谁剥离”的原则，明确仁怀民用机场公司是耕作层土壤剥离主体，落实剥离资金，负责剥离、运输。仁怀机场耕作层土壤剥离总投资1880万元，耕作层土壤剥离环节的资金由用地单位承担且已列入项目预算。市政府落实整治资金，组织实施土地整治项目，解决剥离耕作层土壤的利用。耕作层土壤利用环节的资金主要来源于县级土地整治专项资金。

仁怀机场占用耕地2566亩，剥离耕作层土壤52万m^3。通过一年的实施，在石旮旯地中新增耕地547亩，亩产收入可达840元。改良中低产田土988亩，中低产田土增土后耕作层平均厚度在30cm以上，耕地质量提高2个等级，亩产收入提高480元。1130人受益，增加总收入93万元，人均增地0.48亩，人均增收823元。

②安贞公路模式

安龙县是贵州省石漠化程度较深的典型地区，裸岩石砾未利用地多。安龙县政府将公路建设占用耕地耕作层纳入客土源管理，启动安贞公路耕作层土壤剥离利用工作，在安贞公路沿线就近规划土地整治项目，充分利用公路建设占用的耕地耕作层土壤，“就地取材、变废(土、石)为宝(耕地)”。在土地开发项目区，将土地平整产生的大量石料，用于项目区土埂、沟渠、水池、道路等的建设，将剩余石料运往表土剥离的公路建设工地，用于公路建设。将公路建设占用耕地耕作层土壤，搬运到土地开发项目区造地，实现了建筑材料互换利用，既节约了整治项目投资，又充分利用了各种资源，促进了资源的节约集约利用。

安贞公路耕作层土壤剥离利用总投资950万元，主要来源于县级土地整治专项资金。公路建设占用耕地6200亩，剥离耕作层土壤165万m^3，新增耕地5000亩，改良中低产田土2000亩，项目区人均增地0.65亩，人均增收680元。

3.规划引导，完善五个结合

科学规划是工作能否顺利开展的重要前提。贵州省在工作之初，就要求各地要科学编制土地整治规划和耕作层土壤剥离利用方案。耕作层土壤剥离利用方案必须符合土地利用总体规划和土地整治规划，与省百万亩高标准基本农田建设规划相衔接；要根据建设用地和土地整治布局，进行整体规划、统筹安排、分期实施。在实施中，努力完善五个结合：与土地整治项目相结合，实现有的放矢、即剥即用；与耕地占补平衡相结合，实现占优补优；与城乡建设用地增减挂钩相结合，实现耕地搬家；与向山要地相结合，实现国土空间优化；与中低产田土改造相结合，实现百万亩高标准基本农田建设目标。

4. 综合利用，降低剥离利用成本

建设用地项目与土地整治项目常常存在时空上的差异，为解决利用半径过大、运输成本过高、剥离利用难以为继的问题，贵州省指导各地按照即剥即用、用保结合的原则，合理确定剥离利用半径，将剥离的耕作层土壤，就近用于土地开发复垦、中低产田土改造、其他农用地改良及绿化等方面，有效控制了利用成本，确保剥离利用顺利进行。

5. 调研指导，完善相关技术规范

2014 年贵州省国土资源厅成立督查组，对相关市、州的耕作层土壤剥离利用情况进行实地督查调研，督查发现各市、州虽能按要求全面开展耕作层土壤剥离利用工作，但经省政府批准的项目按所编制上报的耕作层土壤剥离利用方案执行情况不够理想。经分析，除了政府积极性不高、资金困难等诸多共同原因外，还缺乏统一规划和技术规范的指导。

贵州省国土资源厅根据实际工作情况，建立和完善贵州省耕作层土壤剥离利用相关技术规范，相继出台《〈县级耕作层剥离利用专项规划〉编制指南》、《贵州省耕作层剥离利用工程指南》等技术规范。

6. 严格管理，确保实施到位

(1)严控入口关

在工作中，将耕作层土壤剥离再利用作为用地审批的重要内容，进行严格审查，运用"一张图"审查非农建设项目是否占用五千亩以上坝区优质耕地，是否有切实可行的耕作层土壤剥离利用措施和确保实施到位的有效措施。

①确需占用万亩以上坝区优质耕地的，占用耕地数量及耕作层土壤剥离方案由所在县(市、区、特区)政府报市(州)政府同意，经省政府批准同意后，再按程序报批用地。

②占用五千亩以上坝区耕地的，占用耕地数量及耕作层土壤剥离方案由所在县(市、区、特区)政府报经市(州)政府同意，省国土资源厅批准同意后，再按程序报批用地。

③从规划上严格控制占用坝区耕地。严禁以调整土地利用总体规划为由，占用五千亩以上坝区耕地；严禁在五千亩以上坝区设立城市新区和各类开发区、园区；严禁公路、铁路等线性工程穿过五千亩以上坝区核心区；严禁在五千亩以上坝区耕地范围新批准宅基地；严禁扩大五千亩以上坝区现有的建设用地规模。

对于选址确有困难、无法避让确需占用坝区耕地的重大民生工程及国家、省战略性工程等非农用建设项目，在符合土地利用总体规划、城乡建设规划和供地政策的前提下，要组织专家委员会对项目选址确需占用坝区耕地的合理性、必要性等进行论证。

(2)严抓实施关

①对占用坝区耕地强化耕地数量和质量占补双平衡，严格执行占优补优耕地占补平衡措施，耕地开垦费要按非农建设占用耕地收费标准的两倍收取，耕作层土壤实行全剥离全利用。省厅对占用万亩坝区耕地耕作层土壤剥离利用方案执行情况进行抽查，市(州)国土资源局要对占用五千亩至万亩坝区耕地耕作层土壤剥离利用情况进行抽查和监督。目前省厅已开展对相关建设用地报件进行踏勘，对可调整的选址项目提出少占不占坝区耕地的措施。

②加大坝区耕地高标准基本农田建设力度，优先实施五千亩以上坝区耕地整治，通过土

地平整、田间道路、农田水利建设，加大地力培肥和耕地环境治理力度，力争2020年前全省五千亩以上坝区耕地质量提升1个等级以上。

(3)严肃查处乱占滥用坝区耕地行为

县级国土资源执法监察人员每月一巡查，乡(镇)国土资源所每周一巡查，每个坝区到聘请一名协管员每天巡查，利用现代信息手段进行视频监测监控，严格监控耕作层土壤剥离再利用和耕地保护情况。

7.政策激励，促进工作常态化

贵州省从资金奖励、指标奖励、项目倾斜三个方面，实行了四项奖励措施：一是土地出让金的20%用于剥离利用；二是协调财政按每亩500元对利用耕作层建成的高标准基本农田进行补助；三是建设用地指标奖励项目实施好的地区；四是土地整治项目优先安排到耕作层土壤剥离再利用区域。

(三)实施成效

1.破解了耕地占优补劣老难题

贵州省山多、土少，优质耕作层土壤更少。一方面，建设项目大多占用好的耕地，耕作层被当作建筑垃圾丢掉；另一方面，补充耕地不仅质量差，分布边远、零碎，生产半径较大，甚至导致撂荒，而且对生态保护造成很大压力。占优补劣、占近补远、占整补零的问题一直困扰着贵州省，成为老难题。通过开展耕作层土壤剥离利用工作，把原有浪费的优质耕作层土壤充分利用起来，用于未利用地开发、工矿废弃地复垦，补充优质耕地；用于中低产田土改造，建设高标准基本农田；杜绝无序垦荒客土加剧水土流失，促进生态建设，从根本上实现占优补优，补后可种，当年可收。

2.创新了耕地保护模式

耕作层土壤剥离利用是一项全新的工作，必须把它融入经济社会发展事业中统筹考虑。贵州省坚持将耕作层土壤剥离利用工作与现代农业产业园区建设、示范小城镇建设、农田水利建设、村村通公路、新农村建设等相结合，坚持"功能整装、整体设计、区分工程实施主体、共同推进"的原则，坚持由县级政府负责统筹国土、住建、水利、农业、发改、财政(农发)、烟草、交通等相关部门，整合各部门资金共同投入。通过试点示范、试点带动，探索建立了政府统筹、国土搭台、各业共建、群众参与、整体推进的耕地保护新模式。

3.提升了耕地资源质量

如何保住贵州省的坝区耕地，提高贵州省农村人口的粮食自给能力，保障本省粮食安全一直是贵州省耕地保护工作的头等大事与头等难题。通过开展耕作层土壤剥离利用工作，贵州省已经找到了解决这一难题的办法，即以剥离利用耕作层来确保新增耕地质量和改良中低产田土；以严格控制开荒造地来保护生态环境；以耕作层土壤剥离利用措施，控制随意调整规划与占用优质耕地，从而构建耕地数量、质量、生态并重保护的新格局。通过把耕作层土壤剥离利用与土地整治项目相结合，与城乡建设用地增减挂钩项目相结合，做到应剥必剥、即剥即用、减少存储，避免造成新的流失和废弃。通过这些措施的实施，耕地资源质量得到大幅提高。

4.取得了耕地保护成果

耕作层土壤剥离再利用，有利于促进经济发展方式的转变，有利于资源的节约集约利用，也有利于资源的可持续利用。耕作层土壤剥离利用后，宝贵的耕作层土壤不再被随意压占、破坏、丢弃，而是向土地整治项目集中，向基本农田保护区集中，向石漠化治理区集中，得到永续利用。以往城镇新区、工业园区在征地过程中，群众因心疼土地被压占而阻工的情况不再出现。土地整治利用区因为有优质耕作层土壤覆土，耕地质量有保障，群众倍加珍惜，主动支持、参与项目建设。项目区建成后，当地群众也能从土地整治项目中受益，实现了农民增收、农业增效、农村发展。

（四）典型案例

1. 普定县城关镇斗篷村耕作层土壤剥离试点项目

普定县城关镇斗篷村耕作层土壤剥离试点项目建设规模 173.19 亩，新增耕地 170 亩，可用于占补面积 170 亩，总投资为 125.3 万元，项目区完成的工程主要包括：新修田间道 1294m，$60m^3$ 水池 2 座，土壤来源主要是普定县新二中建设和金融大街修建占用耕地的耕作层土壤剥离，共剥离利用表土 $56638m^3$。该项目区现已全部种上葡萄。

图 5-1　普定县城关镇斗篷村项目区利用剥离土壤利用前

图 5-2　普定县城关镇斗篷村项目区利用剥离土壤利用后

2. 普定县城关镇后寨村长坡耕作层土壤剥离试点项目

普定县城关镇后寨村长坡耕作层剥离试点项目建设规模 117.98 亩，建成后新增耕地 105 亩，可用于占补面积 105 亩，预算总投资 104 万元，项目区土壤来源主要是工业园区开发建设占用耕地的耕作层土壤剥离，共剥离表土 21000m^3，现项目还在施工中(截至 2014 年 3 月)。

图 5-3　普定县城关镇后寨村长坡项目利用剥离土壤前

图 5-4　普定县城关镇后寨村长坡项目利用剥离土壤后

3. 普定县马官镇贾官村中低产田土改良利用剥离耕作层土壤试点项目

普定县马官镇贾官村中低产田土改良利用剥离耕作层土壤试点项目建设规模 50 亩，预算总投资 45 万元。项目区属于普定县农业示范园园区，也是贵州省“5 个 100 工程”中 100 个高效农业示范园区，项目区土壤来源主要是三校（党校、职校、普定县第二高中）建设过程中占有耕地的耕作层土壤剥离。目前共剥离表土 35000m^3，该项目是中低产田土改造，改造后使得贾官村项目区 50 亩土地耕作层都在 80cm 以上。

图 5-5 普定县马官镇贾官村中低产田土改良试点项目利用剥离土壤前

图 5-6　普定县马官镇贾官村中低产田土改良试点项目利用剥离土壤施工中

三　浙江省宁波市

（一）基本情况

浙江省宁波市位于我国长江三角洲南翼，是东南沿海重要的港口城市。宁波人多地少、耕地资源稀缺。根据土地利用变更调查数据显示，至2014年初，全市拥有耕地仅355.7万亩，人均占有耕地不足0.57亩，远远低于全国平均水平。近年来，宁波市人民政府高度重视耕地保护工作，通过与“一把手”签订市、县、镇、村四级耕地保护工作目标责任书，层层分解落实耕地保护目标任务，同时，还积极引导建设项目利用低丘、缓坡、荒滩等未利用地和尽量利用劣等农用地，有效减少对平原地区优质耕地的占用。尽管如此，每年仍有约3万亩的耕地被批准建设占用。

耕地耕作层土壤是土地资源最宝贵的组成部分，是耕地综合生产能力的关键所在。从2008年开始，宁波市政府逐步有重点地推进建设占用耕地耕作层土壤剥离与利用工作，先后在宁波余姚市、鄞州区、奉化市等地试点并推广。最近几年，完成新增建设用地耕地耕作层土壤剥离约3万亩，剥土厚度30～50cm不等，剥离优质耕作层600多万m^3，其中大部分耕作层已用于围涂造地、农村土地整治、灾毁耕地修复、违法用地拆除复耕等再利用工程。

（二）主要模式

宁波市所辖的余姚市、鄞州区先后结合当地地形地貌，在建设占用耕地耕作层土壤剥离与利用方面进行了积极的探索和实践。按照耕地耕作层土壤剥离后再利用的不同形式，摸索出了四种模式。

1.用于滩涂围垦后新垦耕地的地力提升模式

作为沿海城市，宁波市滩涂未利用地资源相对丰富。在沿杭州湾滨海地带的余姚市和慈溪市，新实施的围涂造地项目，因土壤含盐量相对较高，淡化需要一个过程，农业种植效益不高。两地按照建设标准农田的要求，通过加大对“沟、渠、路”等配套设施的投入，再将剥离的耕地耕作层土壤覆盖到围涂造地上，较好地改良了土壤质地，实现当年围垦造地当年种植丰收的目标。垦造的耕地也达到了高标准基本农田的要求。

在围涂造地项目的耕作层土壤覆盖中，需要重点解决剥离土壤运输问题。由于围涂造地区块较大，土壤尚未完全硬化，自然沉降较为明显，大型挖掘机等工程车容易陷进去。为此，当地进行了探索性实践，工程车沿项目区主干道向道路两侧倒土，然后延伸出多个分支，沿各个分支一路向前铺板材以防止沉陷，再沿分支向两侧倒土，依次推进，将大片围涂区块切分成多个小田块，逐个填土。

2009年，余姚市在刚完工的围涂造地项目区内2358亩土地上，覆盖了79万m^3耕作层（厚度约50cm），土壤质地得到较大改善，肥力得到有效提升。项目区土地出租给了当地的一家绿色食品有限公司，成立了食品加工基地，发展现代农业和观光农业，实行规模经营，种植了榨菜、西兰花等农作物，长势良好，不仅带来了可观的经济收益，而且还带动了当地的旅游产业发展。

2.用于低丘缓坡开发新造耕地的地力提升模式

宁波市的山地丘陵资源较为丰富，也是近年来开发耕地后备资源的重点区域。在低丘缓坡项目上耕地耕作层再利用的主要程序是：首先利用原有的山坡地表土实施坡改梯造地工程，形成水平梯田；然后在块石驳坎、沟渠路配套工程结束后，将平原地区建设占用剥离后堆放的优质耕作层运到项目区，通过小型挖掘机等将耕作层土壤运至每格梯田进行平整，局部地块采用人工平整，覆土厚度在30cm到50cm不等，能够较快提升新垦造耕地质量。这种模式以鄞州区为典型代表。虽然土地租金普遍达到每亩600元以上，有的甚至上千元，但当地村民仍抢着承包。重点发展高山蔬菜、白茶等绿色有机农作物，经济效益超过一般平原地区的农田。

3.用于废弃矿山、宅基地等建设用地复耕项目模式

随着宁波经济社会发展、基础设施建设的推进，建筑石料利用量保持较高水平，石料开采后的废弃矿山也越来越多，迫切需要复垦再利用。这种模式以余姚市四明山革命老区较为典型。废弃矿山复垦的基本工序是：先对采挖完石料之后的山塘空地进行平整，然后根据项目规划设计对主要田块布局逐个田格进行覆土，覆土时要先覆十几厘米的生土，再将运过来的优质耕地耕作层土壤覆盖30cm以上，同时还根据废弃山塘地形，在项目区四周布置截水沟，在主要道路边布置排水沟，防止水土流失。那些原本无法正常利用的废弃地以及杂草丛生的闲置地等，铺上肥沃的耕地耕作层土壤后不久就变成了上好的良田。种上油菜、土豆、蚕豆、玉米、茄子等农作物，长势茂盛，田园风光盎然。如余姚市马渚镇沿山村废弃矿山复垦项目，复垦新增耕地面积24亩，覆盖耕作层土壤9600m^3(厚度约60cm)。项目竣工后，当地群众争相承包，经济效益与一般平原区的农田效益基本相当。

4.用于土地整理项目耕地质量提升模式

土地整理项目耕地耕作层土壤再利用的主要程序是：在实施土地整理工程前，将项目区原有的耕作层土壤进行剥离后集中堆放，待田块平整、道路沟渠等基本工序到位后，再将集中堆放的耕作层土壤重新覆盖回田块。这种模式以象山县、奉化市为典型代表。如：象山县泗洲头镇杨大场村近500亩的连片土地，原有地貌复杂，田块零碎不规则，部分田畈无交通道路和进排水设施，大片耕地处于半种植半荒芜状态。2009年，象山县投入资金722万元，在该村实施了土地整理项目，同时将原有近30cm厚的耕作层进行了剥离，共剥离土方92214m^3，平整土地后再进行覆土。该项目的实施带来了明显的成效，既提高了耕地质量，又增加了有效耕地面积。

(三)主要经验

1.加强领导，健全工作机制

为了推进建设占用耕地耕作层土壤剥离与利用工作，所辖有关县(市)、区政府都分别成立了由分管领导任组长，监察、国土、发改、财政、农林、审计等部门为成员的耕作层土壤剥离再利用工作领导小组，下设办公室，统一领导、统一推进。镇乡(街道)政府为建设占用耕地耕作层土壤剥离与利用项目的实施主体。

2.因地制宜，科学合理规划

科学编制建设占用耕地耕作层土壤剥离与利用规划，是科学与有序地开展耕作层土壤剥离利用的前提。相关县(市)、区在操作过程中注重规划好三个“区”：一是规划好取土区。

依据土地利用总体规划，对城市建设和重点工程建设等非农业建设占用耕地的数量与布局进行预测，结合各县(市)的乡镇行政区划，规划好近期和中远期的取土区。二是规划好堆土区。依据符合土地利用总体规划，结合土地开发整理、矿产开发、城市储备地块具体位置等，规划好耕作层土壤堆场，确定堆放点的辐射范围，同时注重对堆场的保护，防止水土流失等。三是规划好覆土区。覆土区要求土地权属无争议，符合保护生态环境和区域生态系统的要求，尽可能结合围涂造地、土地开发整理、新农村建设、矿山复垦等项目，按就近原则及时利用剥离的耕地耕作层土壤。

3.规范管理，强化政策保障

政策引导是实施建设占用耕地耕作层土壤剥离与利用的重要基础。宁波市政府制定了专门文件，要求"全市全面推进建设占用耕地耕作层土壤剥离与再利用工作，所有农转用建设项目应当将占用耕地的耕作层进行剥离，用地垦造耕地项目、高标准基本农田建设项目、农村土地综合整治项目建设用地复耕等"。有关县(市)、区政府出台了《建设占用耕地耕作层土壤剥离与利用工作实施办法》，国土、财政等部门配套下发了《建设占用耕地耕作层土壤剥离与利用工作实施细则》等。在实践中，宁波市逐步探索出了一系列的工作流程和规范操作程序。首先，建设用地单位在项目供地前，向乡镇提出剥离申请，并签订剥离协议，明确剥离数量、时间等；其次，乡镇作为实施主体，向县级工作领导小组申报立项，并负责工程招投标、组织实施、工程监管以及组织初验；再次，县级国土、农业、财政等部门实行联合验收，验收时对剥离的厚度、面积进行丈量，并跟踪核实剥离土方是否全部运到指定的再利用区域或临时堆场，临时堆场由乡镇建立并落实专人进行日常管理，包括外围加固、管理房、告示牌、摄像监控等建设；最后，结合各地实际需求，按照就近原则用于各类土地整治工程、新农村建设等，使用时由使用单位自行承担运输费用，乡镇负责免费提供表土，并做好土方量台账管理。

资金保障是实施建设占用耕地耕作层土壤剥离与利用的先决条件。宁波市有关县(市)、区政府制定了《建设占用耕地耕作层土壤剥离与利用专项资金管理办法》，分别按新增建设用地每亩2万～3万元不等的标准，收取建设占用耕地耕作层土壤剥离经费，对于出让的土地，在土地出让金中提取；对于单独选址建设项目和划拨用地，直接向用地单位收取，费用列入项目建设成本。建立耕作层土壤剥离与利用专项资金，统一管理、专账核算，专项资金支出包括耕地耕作层土壤剥离工程款、集中堆放储存点的土地征用费或租赁费、项目建设维护、日常养护和管理人员的工资开支等相关费用，同时还明确了新增建设占用耕地耕作层土壤剥离资金的支出标准和操作程序等。

4.注重激励，严格考核奖惩

为全力推进建设占用耕地耕作层土壤剥离与利用工作，有的县(市)区出台了相应的激励政策，如将利用耕作层新增的耕地面积和因改良土壤而使耕地质量提高的耕地面积，配套奖励一定比例的年度新增建设用地计划指标。对新垦造耕地的制定相应的优惠承包政策，在一定期限内免交承包款，期满后在招标的前提下，承包款优惠10%～20%等。有的县(市)区还将耕作层土壤剥离再利用工作列入乡镇年度工作目标考核，对未按规定实施耕地耕作层土壤剥离与再利用验收不合格的，暂停办理建设项目供地手续或量化核减下一年度新增建设用地计划指标等。

第六章　中国耕作层土壤剥离利用的成本测算

《土地管理法》第32条规定：县级以上地方人民政府可以要求占用耕地的单位将所占耕地耕作层的土壤用于新开垦耕地、劣质地或者其他耕地的土壤改良。《土地复垦条例》第十六条规定：土地复垦义务人应当首先对拟损毁的耕地、林地、牧草地进行表土剥离，剥离的表土用于被损毁土地的复垦。同时，该条例第三十九条规定：土地复垦义务人未按照规定对拟损毁的耕地、林地、牧草地进行表土剥离，由县级以上地方人民政府国土资源主管部门责令限期改正；逾期不改正的，按照应当进行表土剥离的土地面积处每公顷1万元的罚款。尽管《土地管理法》和《土地复垦条例》都对耕作层土壤剥离利用有明确规定，国土资源部在多个政策文件中均强调做好耕作层土壤剥离利用工作，许多地方政府及其相关部门也都认识到耕作层土壤是农业生产的物质基础，是粮食综合生产能力的根本保障，耕作层土壤剥离利用是增加剥离土壤利用区的土层厚度、改善土体构型、提高养分水平，从而提升耕地质量的重要手段，也是保护耕地优质资源，促进耕地占补平衡的重要措施，但是，目前全国只有12个省份以及部分市、县开展了耕作层土壤剥离利用工作（高世昌 等，2014）。许多地方认为剥离利用成本高是制约开展耕作层土壤剥离利用的主要原因。为此，本章内容将主要参考和引用国土资源部土地整治中心的高世昌、陈正、孙春蕾对全国代表性地区耕作层土壤剥离利用成本的调研数据，从耕作层土壤剥离利用成本的内涵界定、成本构成、分项费用、成本高低的影响因素、成本的比较分析、降低成本的政策措施等方面，深入分析我国耕作层土壤剥离利用中的成本问题。

一　耕作层土壤剥离利用成本的内涵界定与成本构成

耕作层土壤剥离利用工作主要由耕作层土壤调查、土壤评价、土壤剥离、土壤运输、土壤储存、土壤管护和土壤利用等7个环节组成。因此，耕作层土壤剥离利用成本则可以界定为完成耕作层土壤剥离利用工作各个环节所发生费用的总和，具体包括7项费用，即土壤调查费用、土壤评价费用、土壤剥离费用、土壤运输费用、土壤储存费用、土壤管护费用和土壤利用费用。有的学者认为还应包括利用区地貌景观造型。若耕作层土壤剥离和利用两个区域能够同步对接，且剥离和利用土方量均衡，则可减少土壤储存和管护两个环节及其发生的费用。

1. 土壤调查费用

调查是开展耕作层土壤剥离利用的前提。耕作层土壤剥离利用调查为表土剥离利用这一特定的目的和用途服务，因此，属于专项土壤调查的范畴。根据利用方式的不同，表土剥离利用可分为剥离表土的异地利用和剥离表土的原地利用。如果其利用方式为剥离表土的异地利用，因该种方式的表土剥离区和利用区分属于不同区域，那么不仅需要调查剥离区的土壤状况，还需要对表土利用区的土壤状况进行调查。如果其利用方式为剥离表土的原地利用，因该种方式的表土剥离区和利用区属于同一区域，那么仅需调查剥离区的土壤状况。此外，耕作层土壤剥离利用调查还应包括剥离土壤堆放区和存储区的调查。但是，调查的重点是拟剥离耕作层土壤状况的调查。

耕作层土壤调查应利用当地最新的土地调查、土壤调查、土地质量地球化学调查、耕地后备资源调查、土壤污染状况调查等成果，并结合耕地质量等级调查与评定、耕地地力调查等成果，以及结合土地利用总体规划、建设规划、土地整治规划和高标准农田建设规划等时序安排，初步选择耕作层土壤剥离区、储存区和回覆区，同时开展土壤调查。

依据土地利用现状图，结合图斑或耕作田块单元，选择调查样点。土壤调查样点的确定可参照相关土壤调查技术规程的规定，也可根据实际情况自行制订。土壤调查的内容主要包括污染状况、土层厚度、土壤质地、容重、pH 值、有机质、土壤类型、剖面结构等，土壤污染状况主要包括镉、汞、砷、铅、铬、铜、六六六、DDT 等。各地也可参照 GB 15618—2008 的规定选择土壤污染调查指标，有特殊需求的可增加土壤调查指标。在进行剥离区耕作层土壤调查评价时，视当地实际情况可增加辅助指标，具体包括土壤容重、孔隙度、全氮、有效磷、速效钾等。当上述指标不符合 GB/T 30600—2014 等规定时，应在耕作层土壤回覆时提出土壤改良措施。

剥离区的调查应依据建设占用耕地有关规划、计划，初步确定耕作层土壤剥离区域，开展土壤调查。根据当地实际情况可增加土壤类型、土壤剖面构型、土壤养分状况等调查指标。储存区的调查应依据剥离区和回覆区的耕作层土壤利用计划，初步选择储存区位置和范围，并对用地类型、土地权属现状、地形条件、水文条件、地质灾害等指标进行调查。回覆区的调查应依据剥离区和回覆区的耕作层土壤利用计划，初步选择回覆区位置和范围，征求当地群众意见，剥离区周边有回覆需求的，优先就近回覆；也可结合土地整治项目确定回覆区；还可结合城市绿化需求安排回覆区。

因此，土壤调查费用主要是针对耕作层土壤剥离区、储存区和回覆区的表土层，特别是对剥离土壤的土层厚度、土壤质地、容重、pH 值、有机质、土壤类型、剖面结构以及污染状况等进行调查所发生的费用，为剥离土壤的评价提供数据来源。

2. 土壤评价费用

耕作层土壤剥离利用评价是在耕作层土壤调查的基础上进行的土壤质量评价的，主要包括拟剥离区耕作层土壤的评价和待利用区耕作层土壤的评价，还包括剥离土壤存放场所的评价。评价的主要目的是拟剥离区的耕作层土壤是否适宜剥离，待利用区耕作层土壤与拟剥离区的耕作层土壤在主要土壤性状等方面是否匹配，以及存放场所是否适宜存放拟剥离土壤。《土地复垦条例》第十六条规定：禁止将重金属污染物或者其他有毒有害物质用作回填或者充填材料。因此，对拟剥离区的耕作层土壤的污染状况进行评价，是耕作层土壤剥离利用评价的重要内容之一。

剥离区耕作层土壤评价主要包括土壤厚度、质地、pH 值、有机质含量等指标是否符合相应的规定值，以及土壤中的铅、镉、汞、砷、铬、铜、六六六、DDT 等表征土壤污染状况的有害物质含量,其各项指标值是否满足相应的规定值。当上述指标不满足规定值时,应选择其他剥离区域,或提出对剥离区土壤改良措施后,再进行剥离利用。

因此,耕作层土壤评价费用主要是对表征剥离土壤的有机质成分等质量状况指标的评定以及土壤污染情况的检验、测定所发生的费用,为剥离土壤有效利用提供科学根据,特别避免因污染土壤再利用造成第二次或大面积土壤污染。例如,《关于泉州至南宁高速公路柳州(鹿寨)至南宁段改扩建工程复垦表土剥离及利用试点的实施方案》(以下简称广西方案)确定对沿线土壤选取22个土壤试样点,委托广西大学农学院土壤检测分析中心按《土壤环境质量标准》(GB15618—1995)进行理化性状指标分析所发生的费用。

3. 土壤剥离费用

耕作层土壤剥离是指采取机械或人工措施,对耕作层土壤进行挖掘搬移的过程,包括放线、清障、剥离和临时堆放等施工技术环节。在耕作层土壤剥离中,应采取分区与分层剥离措施,以保持分层土壤理化性状的稳定,并减少对土壤结构的破坏。当剥离区地面较平整且土层较厚时,可采用机械施工;当剥离区面积较小、地面起伏大且剥离土壤的土层较薄时,可采用人工施工。

因此,耕作层土壤剥离费用是指耕作层土壤剥离单位或个人按照耕作层土壤剥离利用技术标准,依据剥离范围和厚度,制订施工组织实施方案,采用机械和人工方式,开展土壤剥离工作所发生的费用。目前我国耕作层土壤剥离利用技术标准仍在研究制订中,各地耕作层土壤剥离工作较为粗放,主要采用挖土机机械与推土机等工具,采取一次性开挖方式剥离,很少按照土壤的成分实施分层剥离,各地剥离方式的区别主要在于开挖的土层厚度不同。由于各地耕地质量差异较大,耕作层土壤厚度不一,有的地方土壤较为匮乏,特别是贵州地区,在剥离时常常将适宜耕种的心土层也挖掘利用,而有的地方则剥离有机质含量较高的耕作层土壤。从全国各地看,有的地方剥离30cm,有的地方剥离50多厘米,有的地方剥离80～100cm。剥离厚度不同,采取的施工机械也就不一样,土壤剥离的亩均成本差异也较大。该类费用的计算如广西方案,该方案调查了22个剥离点,剥离厚度为20～60cm,剥离费用按照《土地开发整理项目预算定额标准》计算。

目前,各地开展耕作层土壤剥离利用没有技术标准遵循,施工工序缺乏规范,按照耕作层土壤性质分层剥离、分层利用的做法较少,基本上是采取一次性开挖,使得耕作层土壤与心土层土壤混合,降低了有效保护耕作层土壤的意义,这样的剥离被人形象地称为"挖出的是一堆烂泥土",失去了应有的利用价值。当然,分层剥离与分层利用必然会增加施工的复杂性,需要增加一定的成本。

4. 土壤运输费用

耕作层土壤运输是指依据耕作层土壤剥离利用方案,将已剥离的耕作层土壤运送到回覆区或储存区的活动,也包括将耕作层土壤从储存区运送至回覆区,包括装车、运输和卸土等环节。在耕作层土壤运输过程中,应根据运输距离的长短和交通条件,合理选择运输机械。运输机械可选用自卸汽车、铲运机、翻斗车,近距离运输也可选用装载机、推土机等。

因此,耕作层土壤运输费用是指剥离的土壤通过机械或人力等方式运输至土壤利用区域或暂时储存区域所发生的费用。该项费用主要取决于运输土方量、运输距离和各地人工定额的差异。从目前实地调查了解的情况来看,运输费用是耕作层土壤剥离利用的最为主要的费用。所以,土壤运输应遵从线路最短、成本最低的原则,以减少土壤运输环节的费用,从而降低整个耕作层土壤剥离利用的成本。

5. 土壤储存和管护费用

耕作层土壤储存是指对已被剥离的、且暂时不被利用的耕作层土壤，进行临时堆放、存储的活动，包括储存区清基平整、土壤堆放、坡面修整、土堆管护等环节。因此，耕作层土壤储存费用主要发生在剥离后的土壤不能做到“即剥即用”，土壤剥离和利用项目时间上不能同步对接或剥离土壤在利用区仍有剩余的情况下，需要暂时储存而发生的费用，包括堆放场地租赁费、土壤堆放设施建设费用和管护人员经费等。该项费用根据实际发生情况计算，不同耕作层土壤剥离利用项目，土壤储存和管护费用的差异很大。

6. 土壤回覆利用费用

耕作层土壤回覆利用是指将已剥离的耕作层土壤用于耕地开发、土壤改良等的活动，包括回覆利用区的放线和清障、回覆利用区的田面平整、剥离土壤的卸土和摊撒、土壤摊铺后回覆利用区的平整和翻耕等环节。因此，耕作层土壤回覆利用费用是指对耕作层土壤回覆利用区域进行覆土方案设计、利用区现场清理和必要整治发生的费用，以及土壤覆盖所产生的费用。利用区域覆盖新的耕作层土壤，涉及覆土规划设计，需要确定覆土布局、覆土厚度，往往需要对沟渠清理、建设挡土设施等，均需要发生相关费用，有的地方还会涉及利用区域规模较大的工程建设。

耕作层土壤回覆利用应有严格的技术标准，如壤质土在覆盖前应把原表土犁松，覆土完成后，平整土面，而黏性土壤需要打碎后覆盖使用；水稻土应先浅耕 10～20cm，作为新造地的犁底层，然后覆盖新的耕作层土壤，并在保持 10cm 以上水深的条件下，再通过几次犁耙，使土壤充分起浆，让其自然沉淀，以填补犁底层的裂隙。但目前缺乏覆土技术标准，各地普遍采取推土机直接将耕作层土壤推平方式，因此，该项费用目前主要根据推平土壤方式套用预算定额计算。

从耕作层土壤剥离利用成本构成分析可知，影响耕作层土壤剥离利用成本的因素包括许多方面，根据调查了解，关键是剥离费用、运输费用和回覆利用费用三项费用。

二　耕作层土壤剥离利用成本调查

由于各地耕作层土壤资源禀赋和剥离利用情况差异较大，且人们的认识差异明显，为便于调查结果可比较和分析，兼顾调查对象的代表性，在调查时，选取全国不同区域的案例，要求调查人员按照统一的调查条件，开展案例调查，并结合当地实际测算成本，同时收集 2013 年上海市耕作层土壤剥离利用研究报告的成本情况作为参考。本次调查案例共计 12 个省份，费用主要考虑耕作层土壤剥离费用、运输费用和回覆利用费用三项。

（一）调查条件设定

1. 统一工程量计量基准

建设用地占用耕地的耕作层土壤剥离的标准单位面积设定为 1 亩，基准剥离厚度为 50cm，即 330m^3 的耕作层土壤；剥离土壤设定为“即剥即用”，不考虑储存环节，基准运输距离 10km；将耕作层土壤覆盖在回覆利用区耕地上，覆盖厚度按照 33cm 左右一次性推平，覆盖面积约 1000m²。回覆利用区规划设计、场地清理、沟渠处理和挡土设施建设等费用不考虑在内。

2. 统一施工机械与方法

施工方法采用推土机推土(一、二类),推土距离 70～80m;采用 2m³ 装载机挖装自卸汽车运土,运距 9～10km;采用推土机推平土壤,推土距离 70～80m。施工条件设定为正常施工,不考虑二次转运、下雨、夜间施工等异常情况。

3. 统一成本计算标准和方法

各地要求均按照《土地开发整理项目预算定额标准》(2012 版),分别计算耕作层土壤剥离费用、运输费用和回覆利用费用三项费用,并结合当地实际,计算需要发生的总费用,包括间接费、管理费、利润和税金等。

(二)成本调查结果分析

1. 各地成本调查结果汇总

根据 12 个省份的耕作层土壤剥离利用成本调查案例,对调查结果进行汇总,具体情况如表 6-1 所示。

表 6-1　典型地区耕作层土壤剥离利用成本调查汇总表

序号	地区	成本							备注
		合计	剥离费用		运输费用		回覆利用费用		
		元	元	%	元	%	元	%	
1	贵州 4 县平均值	27341	1908	7.0	11738	42.9	13695	50.1	4 县包括:织金、普定、仁怀、安龙
2	重庆市	18667	4000	21.4	11667	62.5	3000	16.1	含宅基地复垦费用
3	河南新乡	18500	1000	5.4	16500	89.2	1000	5.4	部分运距超 10km
4	浙江宁波	15330	5500	35.9	9000	58.7	830	5.4	储存费用 900 元
5	福建福州	14917	2076	13.9	11372	76.2	1469	9.9	
6	河北唐山	14905	1832	12.3	11241	75.4	1832	12.3	
7	吉林 3 县平均值	14671	2495	17	10430	71.1	1746	11.9	3 县包括:长春、辽源、双阳
8	广西南宁	13340	2067	15.5	9828	73.7	1445	10.8	
9	上海市	13320							不参加统计
10	甘肃酒泉	12856	1983	15.4	9464	73.6	1409	11	
11	四川绵竹	5040	960	19	3000	59.5	1080	21.5	
12	山西平朔	4557.3							不参加统计
平均(元/亩)		15557	2382	15.3	10424	67.0	2751	17.1	
平均(元/m³)		47.1	7.2	15.3	31.6	67.0	8.3	17.1	

根据上表中的数据,以亩均耕作层土壤剥离利用成本为对象,可知:

(1)各地剥离利用成本差异较大。成本的差异主要受运输费用、施工方法和人工费用三个因素影响。成本最高的是贵州省,主要原因是回覆利用费用 13695 元,占了成本的

50.1%，该项费用包含了利用区土地整治工程费用；成本低的有2个省份，四川绵竹县主要是就近利用，运输费用较少；山西平朔是在工矿区内剥离和再利用，运输费用少。

(2)调查省份剥离利用成本大多在1.2～1.8万元，剥离利用成本平均为1.5万元左右。按照目前建设用地市场价格分析，如果土地出让成本分别为3000万元/亩、100万元/亩、30万元/亩，而耕作层土壤剥离利用成本1.5万元/亩，分别仅占土地出让成本的0.05%、1.5%、5%。因此，将剥离利用成本高作为推进耕作层土壤剥离利用工作的托词，理由并不充分。

2.耕作层土壤剥离利用主要成本分项分析

耕作层土壤剥离利用成本主要由剥离费用、运输费用和回覆利用费用等三项费用构成。

运输费用是耕作层土壤剥离利用成本中最主要的部分。一般而言，剥离利用成本构成比例大致为剥离:运输:利用＝1∶4∶1。运输费用占总成本的2/3，调查的10个省份(除上海、山西外)运输费用平均为10424元，平均占总成本的67.0%。剥离与利用费用较为接近，分别为2382元和2751元，两项合计只占总成本的1/3。

剥离方法对成本有较大影响。从调查省份看，剥离费用占总成本的5.4%～35.9%之间，平均为15.3%。河南新乡、贵州省的4县剥离费用最低，分别是5.4%和7.0%，其施工方法是将可利用的土壤一次性开挖，剥离量较大，但没有或很少实施分层剥离。浙江宁波的剥离成本最高，达到35.9%，究其原因，主要是因为其采用的施工方法是分层剥离，实施工序较复杂，相应地成本也较高。这样虽然提高了耕作层土壤剥离的成本，但一定程度上避免了不同分层的土壤容易混杂在一块，能较好地保持分层土壤理化性状的稳定，并减少对土壤结构的破坏。目前全国许多地区开展的耕作层土壤剥离利用，因缺乏统一的剥离利用施工方法要求，特别是对土壤分层剥离缺少明确的要求，一定程度上影响了剥离利用质量。

人工费用占总成本比例较低。尽管各地按照相同的假设条件，相同的预算定额，调查成本差异较为明显。除了施工方法和运输距离导致的差异外，人工费用有一定影响，但不是主要影响因素。据河北省唐山市的测算，人工费用仅占总成本的2.5%左右，每亩人工费约为375元。

(三)耕作层土壤剥离利用直接效益的地方案例

1.中低产田得到改造

运用剥离的耕作层土壤改造中低产田，能够在短时间内达到高标准农田产能，有效增加社会农产品总供给。如河南省卫辉市唐庄镇十里沟造地项目，结合南水北调工程主干渠挖出的巨大土方量，用于十里沟造田，新增耕地1700多亩，解决了当地农民人多低少的矛盾。该项目竣工后第一年，种植的小麦平均亩产413kg，玉米平均亩产452kg，每年增加净收益200万元以上。如果利用的是生土，即使通过增施有机肥等土壤改良，也需要5至8年才能改造成熟土。按5年计算，若农民在生土上种植，则要少收小麦和玉米350万千克以上。

甘肃省嘉峪关市耕作层土壤剥离利用造地项目，结合西气东输、西油东送、G30连霍高速公路、兰新铁路第二线等国家重点项目建设，对征收的1200亩耕地，实施耕作层土壤剥离利用。剥离土壤160万m^3，在戈壁荒滩上造地，建成优质耕地1714亩，既缩短了土壤熟化时间，又提高了补充耕地的质量，采取剥离利用和未剥离利用造地的收益差异明显。2007年，文殊镇石桥村新造地50亩，当时没有开展耕作层土壤剥离利用，农户种的植玉米亩产只有200kg左右；2009年，峪泉镇安远沟村实行耕作层土壤剥离利用造地160亩，当年农户种植玉米亩产达到450kg。

2. 与造地结合获得收益

将耕作层土壤剥离利用，与土地开发和农地垦造相结合，充分利用剥离土壤，能够在合理周期内形成投资收益，实现项目投资回报。如宁波市鄞州区利用耕作层土壤，改变原先荒芜杂乱的山坡地，发展高山蔬菜、白茶等绿色有机农作物，经济效益超过一般平原地区的农田，土地租金达到600元/亩以上，有的土地租金超过1000元/亩，且租金呈上涨态势。2009年，余姚市利用79万m^3耕作层土壤，在滩涂土地上覆盖50cm厚，造地2358亩，土壤质地得到较大改善，肥力有效提升。项目区土地出租给当地一家绿色食品有限公司，发展现代农业和观光农业，种植榨菜、西兰花等农作物，不仅带来了可观的经济收益，而且还带动了当地旅游业发展。

3. 售卖剥离土壤获得收益

通过耕作层土壤剥离利用，将剥离出来的部分优质土壤进入市场进行交易，实现优质资源有效利用，直接显化剥离土壤的资源价值。如长春市双阳区耕作层土壤售价40元/m^3，远高于当地剥离成本7.5元/m^3。宁波市运用“市场化”手段，将耕作层土壤用于城市绿化用土、苗木种植地土壤改良等，实现资源充分利用。

三　我国部分地方耕作层土壤剥离利用项目的成本测算

耕作层土壤剥离利用项目实施方案的重要内容是土壤剥离利用成本的测算，以及与此相关的土壤剥离地类、面积、厚度、土方量、运输距离、富余土壤存储、土壤回覆利用等。本节内容选取广西桂林—柳州—南宁高速公路(简称“桂柳南高速”)项目作为典型案例，分析耕作层土壤剥离及利用成本的测算。

(一)项目用地基本情况

广西“桂柳南高速”是国家“7918”高速公路网的重要组成部分，路线全长约156.5km，原路基宽24.5～28m，该项目对原有道路进行拓宽改建，修建为双向8车道和双向10车道。本项目途经广西柳州市的鹿寨县、鱼峰区、柳江县，以及来宾市兴宾区，项目地处广西中部的山丘区，为岭南山脉的西段，越城岭的中部东侧。沿线地形、地质条件复杂多变。路线自鹿寨至柳州段经过地区多低山微丘区，仅局部地形起伏较大；自柳州至陶邓段路线经过区域多平原微丘地形，部分为岩溶谷地平原，地面起伏不大。

图6-1　项目沿线的地形与地貌

项目区土壤类型多，主要为红壤、石灰(岩)土、水稻土、冲积土等。由于成土母质以花岗岩、砂页岩为主，形成的土壤土质疏松，在植被较好的地方，土壤结构较为稳定，但若失去植被的保护，土壤胶结体则迅速流失，土壤沙砾化严重，持水能力差，易发生水土流失。

(a)

(b)

(c)

(d)

图 6-2 项目区不同地点土壤层状况 (a)鹿寨县;(b)柳江县;(c)鱼峰区;(d)兴宾区

本工程主线占地面积1094.36hm²，其中占用耕地面积375.30hm²（水田49.83hm²、旱地325.47hm²），占用园地面积12.27hm²，占用林地113.46hm²，占用草地17.59hm²。本工程取、弃土场等临时用地占地面积124.28hm²，其中占用耕地面积69.17hm²（水田2.68hm²，旱地66.49hm²），占用园地面积3.25hm²，占用林地31.81hm²，占用草地10.69hm²。根据广西农用地分等定级结果，拟建公路沿线4个县、区耕地质量等级情况在3等至12等，从土壤取样分析结果，可知水田及旱地的耕作层土壤质量最好，养分较均衡。

本工程经过的桂中地区是广西石漠化地区之一，耕作土层大多比较浅薄，工程沿线经过县区存在大量中低产田，利用本工程占用耕地的耕作层土壤进行土壤改良，增加耕作层厚度，可改造中低产田，提高耕地质量。同时，可利用本工程剥离出来的耕作层土壤，提高沿线地区通过土地整治项目而新增耕地的质量。

（二）项目耕作层土壤剥离利用情况

1.耕作层土壤剥离地类与剥离厚度分析

通过对沿线土壤资料的分析，结合实地踏勘、挖取剖面查看、取样分析等，确定本次工程对主体及临时工程占用耕地和园地的耕作层土壤进行剥离，实施耕作层土壤剥离的水田总面积53.09hm²，旱地总面积398.11hm²，园地总面积17.40hm²。

通过对耕作层土壤等级的分析，以及土壤抽样检测分析结果，结合现场挖取土壤剖面查看等方式，拟定本工程占用的土地中，水田耕作层土壤可剥离40cm厚，旱地耕作层土壤和园地耕作层土壤可剥离30cm厚。

(a)　　(b)

图6-3　项目沿线耕作层土壤剖面　(a)水田；(b)旱地

2.耕作层剥离土壤土方量平衡分析

项目耕作层土壤剥离量为144.34万m³，其中永久性用地剥离122.35万m³，临时用地剥离21.99万m³。剥离土壤先用于主体工程边坡绿化利用16万m³和临时工程复垦利用32.00万m³。富余的土壤方量为96.34万m³，扣除5%的损失，可利用的土壤为91.52万m³，主要用于工程沿线10km范围内的土地开垦项目的土壤改良工程，对新增耕地采取覆盖0.1～0.15m厚的耕作层土壤，项目沿线土地开垦项目土壤改良需使用土壤量为79.86万m³，按5%的损失计，则需耕作层土壤量为84.06万m³。本工程的富余耕作层土壤能满足本次规划土地开垦项目土壤改良工程的需要。

3.运输距离

本次耕作层土壤剥离利用的范围均在主线红线或附近1km范围内，主体边坡绿化及临时用地复垦也在以上范围内，因此，这两类工程使用剥离土壤的运输距离可忽略不计算。利用富余耕作层土壤进行土壤改良的土地开垦项目，主要分布在工程沿线10km范围以内，因此本次耕作层土壤剥离利用的运输距离设定为10km范围内。

4.存储方式

本项目耕作层土壤剥离总方量144.34万 m^3，富余方量96.34万 m^3，对于富余方量的耕作层土壤采用集中存储方式，按照设计要求，存储期间需在存储区设置防护措施，防止土壤的流失或发生垮塌。措施如下：

(1)存储区四周或储存区汇水处沿坡脚外侧50cm开挖排水沟，以排除雨水及渗水。根据现场实际地形排水沟按地势做成一定坡度，沟底宽0.4m，顶宽1.2m，深0.4m，内边坡比1∶1。

(2)存储区在地势较低处坡脚采用临时挡土墙(麻袋装土)拦挡加固，防止水土流失，编制装土挡土墙根据耕作层土壤回填进度，采用人工分层堆码，并与回填边坡设计坡度保持一致；挡墙采用梯形断面，顶宽0.6m，下底宽1.2m，总高1.0m，边坡比1∶0.3。

(3)储存的土壤堆放高度为2.0m，顶部向外侧做成一定坡度，外边坡坡比取值1∶2，确保稳定。

5.耕作层土壤剥离与利用工程量估算

(1)主体工程边坡绿化类利用耕作层土壤工程量

该类型耕作层土壤剥离利用需要采取的工程措施有推土机推土、挖掘机挖掘与汽车装运土、麻袋土挡土墙防护、土工布覆盖、修建临时土质排水沟、人工整平等。具体工程量如表6-2所示。

表6-2 主体工程边坡绿化类利用耕作层土壤工程量表

序号	工程内容	单位	工程量
1	推土机推土(耕作层土壤剥离)	万 m^3	16.00
2	挖掘机挖掘与汽车装运土	万 m^3	16.00
3	麻袋土挡土墙防护	m	3648
4	土工布覆盖	m^2	42666.7
5	修建临时土质排水沟	m	10653.6
6	人工整平	万 m^3	16.00

(2)土地复垦类利用耕作层土壤工程量

该类型耕作层土壤剥离利用需要采取的工程措施有推土机推土、挖掘机挖掘与汽车装运土、麻袋土挡土墙防护、土工布覆盖、修建临时土质排水沟、推土机回覆耕作层土壤整平。具体工程量如表6-3所示。

表6-3 土地复垦类利用耕作层土壤工程量表

序号	工程内容	单位	工程量
1	推土机推土(耕作层土壤剥离)	万 m^3	21.99
2	挖掘机挖掘与汽车装运土	万 m^3	10.01
3	麻袋土挡土墙防护	m	5014
4	土工布覆盖	m^2	58646
5	修建临时土质排水沟	m	14643.6
6	推土机回覆耕作层土壤整平	万 m^3	32.00

（3）土地开垦类利用耕作层土壤工程量

该类型耕作层土壤剥离利用需要采取的工程措施有推土机推土、挖掘机挖掘与汽车装运土、麻袋土挡土墙防护、土工布覆盖、修建临时土质排水沟。具体工程量如表 6-4 所示。

表 6-4　土地开垦类利用耕作层土壤工程量表

序号	工程内容	单位	工程量
1	推土机推土（耕作层土壤剥离）	万 m^3	96.34
2	挖掘机挖掘与汽车装运土	万 m^3	91.52
3	麻袋土挡土墙防护	m	21965
4	土工布覆盖	m^2	256901
5	修建临时土质排水沟	m	64147
6	推土机回覆耕作层土壤整平	万 m^3	91.52

（三）项目耕作层土壤剥离利用成本预算

根据上文计算确定的耕作层土壤剥离利用工程量，以 2012 版《土地开发整理项目预算定额标准》计算各类型土壤利用的工程施工费用，计算结果如以下表 6-5、表 6-6、表 6-7 所示。

表 6-5　主体工程边坡绿化类利用耕作层土壤工程施工费概算表（单位：元）

序号	定额编号	单项名称	单位	工程量	综合单价	合　计
1		主体边坡土方工程				2815215
1.1	10302 换	耕作层土壤收集，推土距离 0～10m（推土机 74kW）	$100m^3$	1600.00	104.14	166624
1.2	10218 换	$1m^3$ 挖掘机挖装，自卸汽车运土，运距 0～0.5km（自卸汽车 5T）	$100m^3$	1600.00	879.17	1406672
1.3	10332	建筑物土方回填，松填不夯实	$100m^3$	1600.00	436.61	698576
1.4	11053	土工布铺设，平铺	$100m^2$	426.67	1273.45	543343
2		土质排水沟				83407
2.1	10364	小型挖掘机挖沟渠土方（Ⅰ、Ⅱ类土）	$100m^3$	34.09	588.93	20077
2.2	10331	原土夯实	$100m^2$	163.15	388.17	63330
3		临时挡土墙（麻袋装土）				314291
3.1	03053	麻袋土填筑	$100m^3$	32.83	6761.38	221976
3.2	03054	麻袋土拆除	$100m^3$	32.83	2811.92	92315
总　计						3212913

表 6-6　土地复垦类利用耕作层土壤工程施工费概算表　　（单位：元）

序号	定额编号	单项名称	单位	工程量	综合单价	合　计
1		主体边坡土方工程				2332566
1.1	10302 换	耕作层土壤收集，推土距离 0～10m（推土机 74kW）	$100m^3$	2199.23	104.14	229028

续表

序号	定额编号	单项名称	单位	工程量	综合单价	合　计
1.2	10219 换	$1m^3$ 挖掘机挖装，自卸汽车运土运距 0.5～1km(自卸汽车 5T)	$100m^3$	1000.89	1022.54	1023450
1.3	10302 换	耕作层土壤覆盖，推土距离 0～10m(推土机 74kW)	$100m^3$	3200.12	104.14	333260
1.4	11053	土工布铺设，平铺	$100m^2$	586.46	1273.45	746827
2		土质排水沟				27597
2.1	10364	小型挖掘机挖沟渠土方(Ⅰ、Ⅱ类土)	$100m^3$	46.86	588.93	27597
3		临时挡土墙(麻袋装土)				432043
3.1	03053	麻袋土填筑	$100m^3$	45.13	6761.38	305141
3.2	03054	麻袋土拆除	$100m^3$	45.13	2811.92	126902
总　计						2792206

表 6-7　土地开垦类利用耕作层土壤工程施工费概算表　　(单位：元)

序号	定额编号	单项名称	单位	工程量	综合单价	合　计
1		复垦点土方工程				19108314
1.1	10302 换	耕作层土壤收集，推土距离 0～10m(推土机 74kW)	$100m^3$	9633.81	104.14	1003265
1.2	11053	土工布铺设，平铺	$100m^2$	2569.02	315.55	810654
1.3	10224 换	$1m^3$ 挖掘机挖装自卸汽车运土，运距 4～5km(自卸汽车 10T 挖装松土)	$100m^3$	9152.12	1889.66	17294395
2		土质排水沟				502205
2.1	10364	小型挖掘机挖沟渠土方(Ⅰ、Ⅱ类土)	$100m^3$	205.27	588.93	120890
2.2	10331	原土夯实	$100m^2$	982.34	388.17	381315
3		临时挡土墙(麻袋装土)				1336657
3.1	03053 换	麻袋土填筑	$100m^3$	197.69	6761.38	1336657
总　计						20947176

通过以上计算，本方案确定的耕作层土壤剥离及利用工程，总投资概算为 2695.23 万元。其中用于主体工程边坡绿化工程施工费投资概算为 321.29 万元，平均每方土投资 5.85 元；用于土地复垦工程施工费投资概算为 279.22 万元，平均每方土投资 3.92 元；用于土地开垦工程施工费概算为 2094.72 万元，平均每方土投资为 9.21 元。

第七章　中国耕作层土壤剥离利用效益的非市场价值评估

耕作层土壤是自然界风化并凝结人类劳动，经过几百年甚至几千年形成的，是耕地的精华和重要的人类历史遗产。耕作层土壤的质量是衡量耕地质量的重要指标。优质耕作层土壤能够缩短外运土方和原地土壤等培肥熟化时间，能够增厚土层，改善作物的立地条件。耕作层土壤中含有丰富的C和N等矿物元素、有机质以及微生物，是植被生长发育的营养库，更重要的是耕作层土壤在物理结构（团粒结构）、物种保护以及土壤微生物方面有着无可比拟的地方。

耕作层土壤剥离利用是提高土地生产能力，保护优质土壤资源，保护土壤生物多样性的重要途径。发达国家耕作层土壤剥离基本上围绕土地复垦、土地改良、工程开发建设及污染治理等方面展开（朱先云，2009），其目的从最初的提高土地生产能力、保护耕地、改善人民生活，逐渐延伸到保护自然景观和生态环境上，且呈现出显著的目标日益综合化的趋势，即除了追求经济效益外，更加追求环境、生态和景观美化。这些社会效益、生态效益和人文效益均不能通过市场交易的形式实现，也无法通过传统的市场价值评估方法衡量。目前，国内有关耕作层土壤剥离利用效益的分析很少，特别是对耕作层土壤剥离利用效益的非市场价值的研究。少数的分析基本上是运用间接的市场评估方法，核算资金投入和作物产量的变化得出市场价值的模糊结论。国内外对耕作层土壤剥离利用效益非市场价值评估的相关研究基本缺失。

本章的主要研究目标是选择试验模型在耕作层土壤剥离利用效益非市场价值评估中的理论与应用，并以浙江省余姚市为例，展开实证研究。具体研究内容包括以下几个方面：

（1）通过广泛的文献查阅，在梳理和把握国内外学者关于耕作层土壤剥离利用的非市场价值与选择试验模型的应用等方面的相关研究进展的基础上，结合环境资源研究等相关基础理论，提出耕作层土壤剥离利用效益非市场价值的基本理论。

（2）在阐明耕作层土壤剥离利用效益非市场价值的基础上，探究并阐述本研究的理论基础，系统介绍选择试验模型的基本原理、关键问题及注意事项；分析选择试验模型用于分析耕作层土壤剥离利用效益非市场价值的可行性，并重点介绍MNL模型（Multinomial Logit Model，MNL），探讨该模型应用的关键问题。

（3）在对模型进行深入分析的基础上，以浙江省余姚市的耕作层土壤剥离利用为例，开展实证研究。首先，通过问卷调查的方式搜集第一手数据资料，分析受访居民对耕作层土壤剥离利用效益的认知情况；然后，运用MNL模型分析受访居民对于耕作层土壤剥离利用效益非市场价值的认知偏好及其可能的异质性来源，评估受访居民的支付意愿，得出非市场价值；最后，分析受访居民零支付意愿的原因及其影响因素。

一　耕作层土壤剥离利用非市场价值评估的相关研究进展

国内有关耕作层土壤剥离的研究基本上停留在经验梳理的初级阶段，少量有关耕作层土壤剥离利用施工工艺的研究基本上限定在矿山开采等活动中，更多的是强调矿山开采的效益而不是耕作层土壤剥离利用本身。发达国家对耕作层土壤剥离的研究更多是微观尺度上的，大多数遵循一个基本一致的思路，即经过相关活动中耕作层土壤的剥离利用，分析其对土壤物质、作物产量等方面的影响。国内外对耕作层土壤剥离利用效益非市场价值的分析基本缺失，国内有些地方尝试通过核算资金投入和作物产量计算耕作层土壤剥离的效益，这只是一种市场效益的模糊估算，远没有考虑耕作层土壤剥离利用效益的非市场价值。

（一）耕作层土壤剥离利用效益非市场价值的内涵研究进展

1. 耕作层土壤剥离利用效益生态价值的内涵研究

20 世纪 40 年代以来，生态系统概念和理论的提出和发展为人们认识生态系统结构和功能、了解生态系统服务（Ecosystem Services）功能和生态资产（Ecological Assets）提供了科学基础。1970 年，学者们列出了自然生态系统对人类的“环境服务”功能。著名生态学家 Costanza, et al. 在全球生态系统价值研究中，将生态系统价值划分为空气调节、气候调整、水源涵养、土壤形成与保护、废物处理、生物多样性维持、食物供应、原材料生产、休闲娱乐共 9 类（Costanza，1997）。

发达国家对生态价值的研究主要涉及资源环境的价值、生态系统服务的非市场价值。Krutilla（1967）最早提出资源非市场价值的概念，认为这类价值的存在源于公众对保护资源有支付意愿（Willingness to Pay，WTP）或接受意愿（Willingness to Accept，WTA）。非市场价值相当于生态学家所认同的某种物品的内在属性，它与人们是否使用它没有直接关系。英国经济学家 Pearce 将环境资源价值分为使用价值和非使用价值两部分。使用价值包括直接使用价值、间接使用价值和选择价值，非使用价值包括遗赠价值和存在价值（张志强等，2001）。

目前，最新的并且得到国际广泛认可的生态系统服务功能分类系统是由 MA（新千年生态系统评估，Millennium Ecosystem Assessment，MA）工作组提出的分类方法。MA 的生态服务功能分类系统将主要服务功能类型归纳为生产、调节、文化和支持四类功能，如图 7-1所示。

土地利用方式的变化引起土地利用类型、面积和空间位置的变化，直接影响生态系统所提供服务的大小和种类。同时土地利用的变化还改变了自然景观面貌及景观中的物质循环和能量分配，它对区域气候、土壤、水量和水质的影响也是极其深刻的，这些影响会从生态系统服务功能价值的变动中表现出来（白晓飞，陈焕伟，2003）。

耕作层土壤是生物圈、大气圈、岩石圈、水圈、土壤圈和智慧圈等多个圈层交互作用的结果，是地球生态系统的关键界面。耕作层土壤剥离利用作为一种重要的土地利用方式，耕作

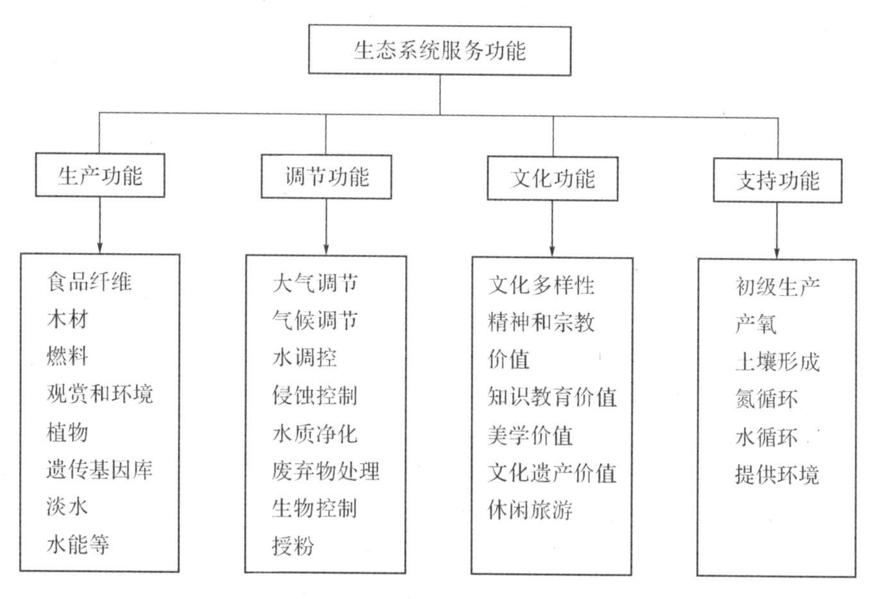

图 7-1　生态系统服务功能分类

层土壤在挖掘、剥离、存储和回填的过程中引起的生态环境变化非常显著，由此造成的生态价值变化也很明显。

2. 耕作层土壤剥离利用效益社会价值的内涵研究

土地，尤其是农地，除了具有生产功能、承载功能、增值与保值功能等，也具有社会保障功能。1998 年经济合作发展组织（OECD）举行农业部长会议界定了农业的多功能性，认为农地除了基本的提供食物与纤维的功能外，农业活动也能形成和改变景观，提供保护生物多样性等环境利益，促进乡村的社会经济发展。联合国粮食及农业组织（FAO）于 2000 年也提出农地对社会的主要效益包括：环境维护、消除贫穷、粮食安全、缓冲危机、乡村社会存续与文化多样性等方面。

结合代表性国家耕作层土壤剥离再利用的实施情况及相关研究，耕作层土壤剥离利用效益的社会价值可以理解为耕作层土壤剥离利用实施后所产生的社会效应，其涉及范围广，具有明显的间接性、潜在性和滞后性，且易与市场价值、生态价值交叉。总的来说，耕作层土壤剥离利用的社会价值包括：社会保障价值（就业保障价值）、社会安全价值（粮食安全）。

耕作层土壤剥离利用的社会保障价值主要体现在两个方面：一是耕作层土壤剥离利用的过程需要大量的专业技术人才和操作工人，有些国家还催生出一批生产耕作层土壤的企业，如加拿大 Envirem 技术公司专门生产包括富含有机质的耕作层土壤、有机肥、防治土壤流失的覆盖物等产品（郭文华，2012），耕作层土壤剥离的市场化趋势使得其就业保障的功能逐渐凸显；二是现阶段耕作层土壤剥离的主要实施对象是建设占用的大量农地、矿山开采地区，耕作层土壤利用主要为了改良土壤、治理污染土地等，因而耕作层土壤剥离能够保存耕地资源的优质部分，延续农地的社会保障功能（包括基本生活保障、养老保障、医疗保障、就业保障），这些功能衍生出农地的社会保障价值（李英，2011）。

耕作层土壤剥离利用的社会安全价值指其为社会的安定和其权属安全，使社会发展处于一种能够为人类所接受的健康、稳定、高效、无威胁的状态而做出的贡献（李英，2011），主要体现在两个方面：一是对粮食安全的推动，发达国家大量研究表明，耕作层土壤剥离利用能够增加粮食作物的产量；二是人们因耕作层土壤剥离再利用而获得的对作物产量、生活保障的心理安全感。

3.耕作层土壤剥离利用人文价值的内涵研究

据考古研究，早在公元前五千年，我国先人就已经在黄河流域和长江中下游一带开始治土治田、培育土壤肥力。在几千年的文明史进程中，先后采取了多种措施（高低畦整地、区田种植、代田法、修建梯田、绿肥轮作等）保土培肥（张志勇，2007），为人类提供珍贵的生产生活场所。因此，耕作层土壤凝聚了人类从古至今的辛劳和智慧，是人类珍贵的历史遗产和情感宝库，映照着人类的文明，具有不可忽视的人文价值。

（二）非市场价值评估方法（NMV）研究进展

非市场价值评估方法主要分为替代市场法，或称揭示偏好法（Revealed Preference，RP）和模拟/假想市场法，或称陈述偏好法（Stated Preference，SP）（见图 7-2）。

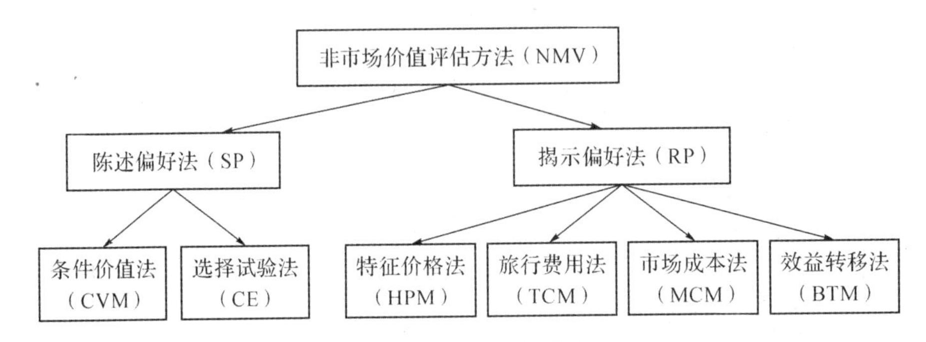

图 7-2 非市场价值评估方法

揭示偏好法常应用于无法直接获得市场信息，但可以从市场上其他商品的信息获知的价值，主要包括特征价格法（Hedonic Price Method，HPM）、旅行费用法（Travel Cost Method，TCM）、市场成本法（Market Cost Method，MCM）、效益转移法（Benefit Transfer Method，BTM）等。揭示偏好法属事后评价方法，即只有在消费者已经消费了被评估物品的情况下使用，因此仅能推估当期使用价值，难以包含资源非市场价值中的选择价值，因此不能完整评估物品或服务的非市场价值（蔡银莺等，2006）。

陈述偏好法又称假想市场法或构造市场法，适用于缺乏真实市场数据，甚至无法通过间接市场来获取价值的状况，其依靠假想市场诱导消费者对自然资源或服务的偏好进行评估（江冲 等，2010），主要包括条件价值法（Contingent Valuation Method，CVM）和选择试验法（Choice Experiment，CE）。

大量研究表明，陈述偏好法优于揭示偏好法（Scarpa et al.，2003；Bartels et al.，2004；Adamowicz et al.，1998），主要在于：①由于替代市场有时并不存在，陈述偏好法常常是唯一可用的方法；②陈述偏好法直接测量支付意愿（Willingness to Pay，WTP），而对于没有市场价格的公共物品，只有人们的支付意愿才能表达出与它们相关的全部效用；③陈述偏好法评估的是总经济价值（不仅包括使用价值，还包括非使用价值）。

1.条件价值法及其缺陷

条件价值法是指在假想的市场上，通过被询问者的回答直接得出自然资源价值。它是一种通过问卷调查方式引导被调查者偏好，进而实现非市场物品价值评估的特殊方法。通过对一系列假设问题的回答，被调查者表达出他们为获取或储存一定数量非市场物品的支付意愿（WTP），或者不再拥有或完全使用非市场物品的接受意愿（WTA）。根据被调查者在假设市场中表达出的 WTP 或 WTA，建立数学模型，达到为非市场物品估价的目的（Brookshire and Randall，1978）。

过去几十年，陈述偏好法在非市场价值评估领域获得了越来越多的认可。陈述偏好法中，条件价值法是环境经济学中应用最广泛的方法。1986 年美国联邦政府内务部正式规定，在评价自然环境损失过程中，当损失程度不能用市场法评估时可以采用 CVM。20 世纪 80 年代以来，西方国家对 CVM 的理论方法与应用研究得到了迅猛发展，目前 CVM 已广泛用于各种公共物品和相关政策的效益评估，价值评估对象涉及林地宿营、狩猎、自然资源保护、灾害损失、医疗风险、文化古迹、政策效益等众多领域（Hanemann，1984）。

条件价值法的广泛应用，常令我们忽略了其缺陷和不足（Portney，1994；Carson et al. 2001）。大量研究表明，由于该方法本身的局限性，不可避免会产生一些偏差（Mackenzie，1993；Bedate，et al. 2012），其主要包括：①信息偏差；②支付方式偏差；③起点偏差；④假想偏差；⑤部分—整体偏差；⑥不反映偏差；⑦问题顺序偏差；⑧嵌入性偏差；⑨抗议性偏差；⑩调查方式偏差；⑪停留时间偏差；⑫调查者偏差；⑬肯定性回答偏差；⑭策略性偏差等。

针对 CVM 存在的各种偏差，许多学者提出了纠正偏差的策略（张志强 等，2003；李广东 等，2011），如针对信息偏差、假想偏差和嵌入性偏差，提供详尽的背景信息及采取图文并茂的方式。针对支付方式偏差和投标起点偏差，预调查可以更好地避免。但学术界对于 CVM 的批评从未间断，对其研究的有效性和可靠性尚有争议（Venkatachalam，2004）。

2. 选择试验模型（CE）

选择试验模型是通过在假想市场情形下，人们对支付意愿（WTP）相关问题的回答评估商品或服务的非市场价值（Bennett and Adamowicz，2001）。选择试验模型也称为联合分析（Conjoint Analysis，CA）、分散选择模型（Discrete Choice Modeling，DCM）、陈述偏好选择法（Stated Preference Choice Experiment，SPCE）、陈述偏好分散选择模型（Stated Preference Discrete-Choice Experiment，SPDCE）。

选择试验模型的理论基础，一是随机效用理论（Random Utility Theory，RUT）（McFadden，1974），该理论认为政策制定者是理性的，个人根据预算限制作出自身效用最大化的选择；二是 Lancaster 的消费者选择理论（Lancasterian Consumer Theory）（Lancaster，1966），该理论认为物品或服务的效用由其属性或属性水平决定，消费者基于自身对物品或服务属性的偏好做出选择，人们的每个选择都可以表示为不同属性状态的组合。CE 通过为人们提供由不同属性状态组成的选择集（Choice Sets），让人们从每个选择集中选出偏好最大的方案，然后运用计量经济学方法，分析不同属性的价值以及由不同属性状态组成的各种方案的相对价值。

大量研究表明 CE 优于 CVM（Boxall et al.，1996；Rossi et al.，2011）。CE 与 CVM 相比主要有以下几方面的优点：①CE 与以属性为基础的消费者理论相一致，属性及属性水平的变化是估值的依据，因而能提供更丰富的信息；②CE 可以用来评估多属性物品或“复杂”物品的单个属性的偏好，测算人们对不同属性的边际支付意愿（Marginal Willingness to Pay，MWTP），而 CVM 仅能评估人们对能够掌握的整体问题的偏好（Kallas et al.，2013）；③CE

拥有针对范围敏感性(scope sensitivity)的内在测试功能(Hanley et al.,1995);④CE能够减少CVM的常见偏差,如策略偏差与肯定性回答偏差;⑤CE具有最小化框定问题的能力,因此,能够更好地将替代效应整合进选择模型中,更好地反映真实的市场行为,对整体支付意愿的评估更可靠。

MNL模型是选择试验数据分析的最基本方法(McFadden,1974)。MNL假定消费者是同质的,可以用最大似然估计进行参数评估。但已有研究表明,MNL有许多缺陷(Phanikumar and Maitra,2007):①不相关替选方案的独立性隐含着方案间的部分替代性;②样本中的偏好异质性假定意味着效用方程中所有属性的系数对于所有受访者来说都是一样的;③独立性的假定在时间上会产生误差。

近年来,人们对选择试验模型的参数估计的能力不断增强,在MNL模型的基础上,发展出更复杂的模型。目前应用最多的是随机参数Logit(Random Parameters Logit,RPL)模型或称Mixed Logit(ML)模型。ML模型克服了MNL模型的诸多不足之处,但MNL和ML模型在实践中究竟哪一个的效果更好,学者们得出了不同的结论。有些学者发现估计之间存在较大差异,另一些学者发现两者之间存在相似的结果,因而,在使用MNL模型和ML模型时应该具体问题具体分析。本研究运用最常使用且操作简单的MNL模型对结果进行评估。

发达国家对CE应用研究的起步较早且发展迅速。选择试验模型法最早由Louviere and Hensher(1983)和Louviere and Woodworth(1983)应用于交通运输和市场营销领域。20世纪90年代中期,Adamowicz、Boxall、Hanley、Carlsson等开始尝试将选择试验模型法应用于资源和环境的非市场价值评估。如今,CE已被广泛用于市场营销、交通运输、非市场物品(旅游、娱乐文化资源、医疗卫生、环境资源)的价值评估及政策效益的评估。

在非市场物品价值评估中,学者们研究了人们对环境物品(Birol et al.,2006)、文化资源(Choi et al,2010)、旅游资源(Correia et al.,2007)、生态系统服务(Bliem et al,2012)、珍稀动植物的支付意愿(Wallmo,2011;Wattage et al,2011)。如Birol et al(2006)以希腊的Cheimaditida湿地为例,运用选择试验模型研究了人们对于湿地属性的偏好异质性,为相关政策的制定提供指导性建议。

在政策效益评估中,选择试验模型得到了广泛且成熟的应用。研究范围涵盖植树造林、退耕还林、固体废弃物管理、老年人医疗保险、改善污水处理设施、燃油税专款专用、大坝建造、风能项目的实施等诸多政策及项目工程。这些对于政策的制定和完善,提供了重要的定量信息。国内外运用选择试验模型评估政策效益的案例如表7-1所示。

表7-1 国内外运用选择试验模型评估政策效益的实例

作者	相关政策	应用地域	样本容量、调查方式	内容	计量模型
Sælen and Kallbekken,2011	燃油税专款专用	挪威	1147名挪威选民,全国在线调查	民众就专款专用对燃油税税率增加支持度的影响	ML
Pek and Jamal,2011	固体废弃物处理	马来西亚	873户享有固体废弃物处理技术的城市居民,面对面访谈	几种废物处理技术的非市场价值	MNL

续表

作者	相关政策	应用地域	样本容量、调查方式	内容	计量模型
Sasao,2004	垃圾填埋场选址	日本盛冈市	2218,发放问卷	公众偏好及社会成本	Dummy 模型
Rossi et al, 2011	森林管理	美国的几个州	173,随机发送电子邮件	森林土地所有者对特定森林管理措施的偏好	异方差极值模型(HEV)
Juutinen et al, 2011	公园管理	芬兰 Oulanka 国家公园	473,公园实地	将生态和娱乐纳入公园管理的边际支付意愿、福利分析	条件 logit(CL),随机参数 logit(RPL)
Rambonilaza and Dachary-Bernard,2007	土地利用规划	法国布列塔尼地区	284 个本土居民、230 个游客	三种景观的公众偏好、居民和游客对景观偏好的差异	CL
Katia Karousakis et al,2008	路边垃圾服务	伦敦	188 户伦敦居民,公共场所面谈	支付意愿	CL
Vecchiato and Tempesta,2012	植树造林工程	威尼斯	152,面对面交谈	社会效益、支付意愿	MNL 和 ML
张蕾等,2008	退耕还林	中国黄土高原地区	北京、西安、安塞各 200 户,面谈	环境效益的非市场价值	MNL 和 ML
Han et al,2008	大坝建造	韩国	804,面对面访问	多种环境效益的非市场价值	MNL

(三)非市场价值评估的实证研究进展

近年来,成本效益分析(Cost-Benefit Analysis, CBA)逐渐成为评估公共投资工程的标准方法。发展所带来的环境和社会影响被纳入成本效益分析的框架,非市场价值评估技术为这些影响的价值评估提供了思路(Rolfe and Windle,2003)。另外,为了在政策方案中做出公正的比较,一项政策的所有结果都应该被衡量而不仅仅是那些可以在市场上交易获得货币价值的结果(Boyer and Polasky,2004)。

非市场价值评估获得了极大的发展,评估方法的应用范围从最初的环境资源的价值评估,到生态系统服务的非市场价值及近年来逐渐兴起的对政策效益的估算,都取得了很好的效果。

在自然资源及其提供服务的非市场价值评估上,国内外学者探讨了水质量改善(Bateman et al.,2009;Brouwer et al.,2010)、耕地资源保护(蔡银莺 等,2006;江冲 等,2011)、湿地(Pate and Loomis,1997)等的非市场价值。对于生态系统服务的非市场价值,国内外学者除了对民众对海洋保护区、城市内河生态系统(张翼飞,2008;赵军,杨凯,2004)、森林生态系统(Adger,1995)、地下水生态系统(McClelland et al.,1992)等各种生态系统的支付意愿进行考察外,还研究了濒危物种保护的价值(Loomis and White,1996)、生态系统服务的旅游娱乐价值(Lindsey et al.,2005)。

近年来,除了对各种环境物品及政府提供的公共物品或服务的非市场价值(Bedate et al.,2012)进行评估外,国内外学者开始着手分析相关政策效益的非市场价值(表 7-2)。如张蕾等运用选择试验法评估了中国退耕还林政策环境效益的非市场价值，对于退耕还林政策的进一步实施提供了重要的指导和借鉴（张蕾等，2008）。Meyerhoff 等运用选择试验模型评估了德国“自然为本”造林导致生物多样性变化的效益（Meyerhoff et al.，2009）。

表 7-2　国内外非市场价值评估实证研究个案

一级类	二级类	案例	方法	作者
自然资源保护	水质量改善	水框架指令背景下运用多标准分析评估水质量改善的非市场价值	CE	Martin-Ortega and Berbel，2010
	湿地	新英格兰湿地保护的公众意愿及其经济价值	CVM	Stevens et al.，1995
	耕地资源	基于选择试验模型的耕地资源非市场价值评估	CE	陈佳，2011
生态系统服务功能	生态系统服务功能	全球生态系统服务功能价值评估	CVM	Costanza et al.，1997
		美国地下水生态系统保护价值评估	CVM	McClelland et al.，1992
		西班牙加泰罗尼亚地区生态系统服务的非市场价值评估	空间价值转移分析	Brenner et al.，2010
	旅游娱乐价值	南非四个国家公园对 Lycaon pictus 野狗的旅游价值评估	CVM	Lindsey et al.，2005
	保护区	海洋保护区的非使用价值评估	CE	McVittie and Moran，2010
	（濒危）物种保护	基于选择试验模型的海洋濒危物种的地位改善分析	CE	Wallmo and Lew，2011
		大雁保护的非市场效益评估：面谈和群组方法的对比研究	CVM	Macmillan et al.，2002
		肯尼亚当地黄牛的价值评估：陈述偏好法和揭示偏好法的对比研究	CE 和特征价格法	Scarpa et al.，2003
其他公共物品	博物馆	文化产品事前事后评估的偏好和预期比较	CVM	Bedate et al.，2012
	教育资源	教育资源信息化的非市场价值及其测评方法研究	构造测评模型	杨雷，张晓鹏，2009
	公共图书馆	公共图书馆的理性选择和价值评估	CVM	Aab et al.，2002
政府政策效益	文化遗址保护	本土文化遗址保护的价值评估	CM	Rolfe and Windle，2003
	政策效益	中国退耕还林政策成本效益分析	CE 和价值外推法	张蕾等，2008

综上所述，运用选择试验模型开展耕作层土壤剥离利用效益的非市场价值评估，在理论上和实践上都是可行的。

首先，理论上来说，耕作层土壤剥离利用效益本质上是政府提供给公众的公共物品，具有选择试验模型法最关键的实施要素——属性及属性水平。同时，耕作层土壤剥离利用的生态和社会效益使其具有不可忽视的非市场价值，人们从耕作层土壤剥离利用中获得的效用及效用变化与效用最大化理论和随机效用理论相一致。这些使得使用选择试验模型对其非市场价值评估是可行的。

其次，从实践上来说，经过对国内外非市场价值大量研究实例的梳理，发现非市场价值评估方法不仅应用于环境资源、生态系统服务等环境物品的非市场价值，也应用于博物馆、文化教育资源等公共物品及相关政策效益的非市场价值评估，这为耕作层土壤剥离利用效益的非市场价值评估可行性提供了最直观的借鉴。同时，越来越多的学者运用选择试验模型评估人们对于政策及其效益的偏好和支付意愿，这进一步为该研究的可行性提供了支撑。

二　耕作层土壤剥离利用效益非市场价值评估的理论

（一）耕作层土壤剥离利用效益非市场价值评估的理论基础

1.效用价值论

与 CVM 一样，CE 也以效用价值论为基础。效用价值论从物品满足人类欲望的能力或人对物品效用的主观心理感受，来解释价值及其形成的经济理论。该理论认为物品的稀缺性是形成价值的前提，价值来源于效用，效用是物品满足人类需要的能力。新古典经济学将边际理论纳入到分析中，认为稀缺性与效用相结合才是价值形成的充分必要条件。西方经济学多以帕累托最优、帕累托改进、希克斯补偿等作为主观效用的评价尺度。

耕作层土壤作为重要的自然资源，其剥离利用能够满足提高土地生产能力和人类永续使用的需要，因而根据效用价值论，耕作层土壤剥离利用效益显然是有价值的。

2.消费者选择理论

选择试验模型的另一个理论基础是 Lancaster 的消费者选择理论。该理论假定消费者的选择是由特定商品和服务所带来的效用和价值决定的，而效用和价值则来源于商品和服务的属性（Lancaster，1966）。目前，大多数选择试验模型都以此为依据，认为任何物品都可以用一组要素及这些要素不同水平的组合来描述。

3.环境资源价值理论

目前资源环境经济学界的主流观点认为，资源环境的总经济价值分为使用价值和非使用价值。使用价值包括直接使用价值、间接使用价值和选择价值，非使用价值包括馈赠价值和存在价值。

使用价值指任何同资源环境使用功能相联系的价值。直接使用价值即可以被提取、消费或者直接享用的物品或服务的价值。间接使用价值，也被称为不可提取的使用价值或功能性价值。选择价值是指当代人为了避免后代人失去利用环境资产的机会而保存或保护某一资源所做出的支付。非使用价值又称无形价值，包括能够满足人类精神文化和道德需求的价值。存在价值是人们为使某一资源环境存在而愿意支付的费用，是人们单纯从某种东西的客观存在中所获得的价值。馈赠价值是人们希望将某些价值留给后代而得到的价值。

根据资源价值论的观点，耕作层土壤作为一种重要的自然资源，耕作层土壤剥离利用除了具有使用价值（自然生产力功能、经济收益功能）外，还具有巨大的非使用价值，如社会保障价值（养老、失业、医疗等保障功能）、社会稳定价值（粮食安全功能）、生态价值（生物多样性、土壤肥力保存）和人文价值等多种价值。

(二)耕作层土壤剥离利用效益非市场价值的基本理论

1. 耕作层土壤剥离利用效益非市场价值的内涵界定

价值在经济学上的概念植根于现代福利经济学。新古典福利经济学认为,个人追求福利最大化或效用最大化,其福利标准实质上是以市场交换为基础的效用最大化。个人福利可用其效用来表示(Loomis and Walsh,1997),个人为追求效用最大化,就必须在非市场物品和服务所带来的效益与将这些资源和要素输入用作他用所带来的成本之间进行权衡,并进行适当的调整。从这个意义上说,耕作层土壤剥离利用的非市场价值就是指用户对耕作层土壤剥离利用的认识、态度、偏好和行为的反映,可以看作是用户的效用。

从环境资源学的观点来看,耕作层土壤是重要的自然环境资源,耕作层土壤剥离利用等附着于其上的非市场服务的经济价值是总经济价值的重要组成部分,具体表现为非市场使用价值和非使用价值两部分。非市场使用价值可能包括景观或环境美学属性的改变价值以及现在不被享受而待将来使用的选择价值。非使用价值仅仅来自于物品或服务的存在(Louviere, 2000),即使人们并不打算使用这种物品与服务,也愿意为其支付。

2. 耕作层土壤剥离利用效益非市场价值的构成

耕作层土壤剥离利用效益的总价值包括市场价值和非市场价值。其中,市场价值指其经济产出价值,目前多以耕作层土壤剥离利用后作物产量的变化衡量;而耕作层土壤剥离利用效益的非市场价值是指无法通过市场交易实现而又客观存在的价值,包括社会价值、生态价值和人文价值。耕作层土壤剥离利用效益的社会价值主要体现在就业保障、粮食安全保障和维护社会稳定等方面;生态价值主要体现在维护生物多样性、改善土壤肥力;人文价值主要体现在文化遗产价值、知识教育价值和景观美学价值等方面(见图 7-3)。

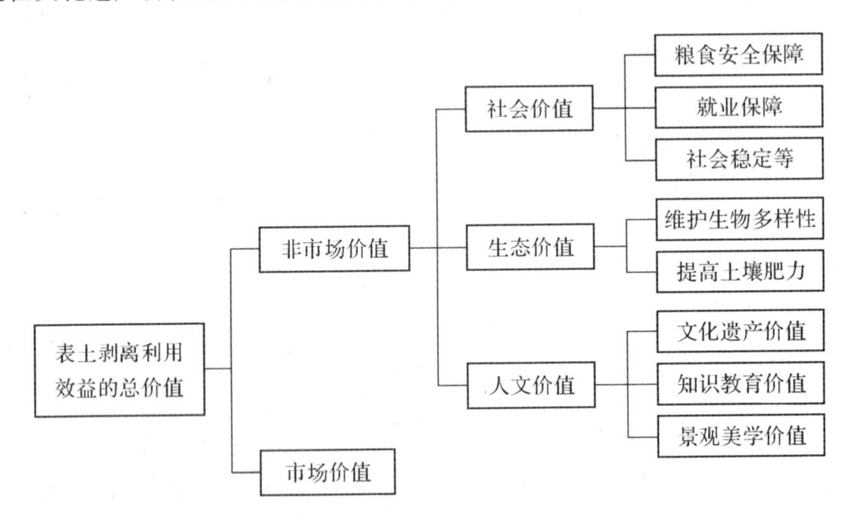

图 7-3 耕作层土壤剥离利用效益的总价值

三　耕作层土壤剥离利用效益非市场价值评估的方法——选择试验模型法

(一)选择试验模型的基本原理及其关键问题

1. 选择试验模型的基本原理

本研究采用选择试验模型评估耕作层土壤剥离利用效益的非市场价值。选择试验模型以随机效用最大化理论为基础,运用虚拟市场直接度量消费者的偏好和支付意愿。

一般来说,选择试验模型需要经过界定产品或服务的属性水平,选择试验方案,创建选择集,测量和评估用户偏好等几个步骤。它通过问卷的形式为被调查者提供由物品的不同属性状态组合而成的选择集,让被调查者从每个选择集中选出自己最喜好的一种方案,研究者可以根据被调查者的偏好,运用经济计量学模型分析出不同属性的价值以及由不同属性状态组合而成的各种方案的相对价值。

在进行公共物品评价时,选项 i 的效用与物品或服务的属性(Z)和被调查者的社会、经济及属性特征(S)有关,可以表示为:

$$U_{in} = V(Z_{in}, S_n) + \varepsilon(Z_{in}, S_n) \tag{1}$$

其中,U_{in} 表示个体 n 选择 i 选项的潜在效用;$V(\cdot)$ 是确定性分量,即可观测效用部分;$\varepsilon(\cdot)$ 是误差分量,$\varepsilon(\cdot)$ 表示随机项或者不可观测效用部分。Z_{in} 为个体 n 选择 i 选项的属性特征;S_n 为个体 n 的社会经济特征。

由于存在随机误差项而无法准确预测效用,因此产生了选择的概率。对于所有 j 个选项,个体 n 选择 i 选项的概率可以表示为:

$$P(i/C) = P\{V_{in} + \varepsilon_{in} > V_{jn} + \varepsilon_{jn}; i \neq j, j \in C\} \tag{2}$$

其中,C 表示全部选择集。V_{in} 和 V_{jn} 为间接效用函数;ε_{in} 和 ε_{jn} 为随机效用函数。

2. 选择试验模型应用中的关键问题

选择试验模型在应用过程中,一些关键性问题需要引起特别重视,主要包括以下四个方面:

(1)属性及属性水平的确定

属性及属性水平的确定是开展选择试验模型设计的第一步,也是其核心过程。现有研究大多通过文献调研或者焦点人群组访问,逐步修正,确定评价对象的属性及属性水平。总的来说,属性水平的确定需要注意以下几方面问题:

一是属性的相关性。研究中确定的属性必须具有相关性,合理的属性应既能充分反映受访者的偏好,又与政策制定者相关,否则,就需要进行适当的调整。可以通过事先沟通的方式,了解政策制定者和受访者的认知偏好,对需要关注的属性进行精确提炼。

二是属性的数量。已有研究表明,属性数量的增加会对受访者的选择能力产生不利影响,加大认知负担。由于受访者需要参与到多个属性方案中来,他们常常会根据其中的一个属性或者一部分属性做出选择,从而缩短补偿过程(Scarpa et al., 2003)。Green 认为,将属性限定在 4 个是最合适的,但这种主观上舍去属性的做法过于武断,而且可能导致结论不精确(Green,1974)。因此,需要在所有相关属性与工作复杂性之间进行权衡(Blamey,1997),选择最相关的属性是确保可靠结果的关键。

三是属性的可测量性和可感知性。将属性与人们更容易发现并对做选择更有意义的效益联系起来是很关键的(Blamey,1997)。但在确定属性时,在更容易检测的属性和与人们联系更紧密的效果属性之间,采用前者能够保证科学上的确定性。因此,需要进行综合考虑。

四是属性水平的表达。目前,属性水平主要有定量和定性两种表达方式,并且,在大多数环境下,应优先选择定量方式(Bennett and Adamowicz,2001),因为定量表达更精确直观,更有优势。

(2)问卷设计

属性及属性水平确定以后,就需要进行问卷设计。首先要确定问卷调查的方法,并据此确定问卷的形式。已有的问卷调查方法包括:邮件、网页、电话、委托专门调研公司及一定程度的有偿面谈等。问卷调查方法的确定要综合考虑待解决的问题以及预算。

问卷调查方法确定以后,就需要对属性及属性水平进行组合。包含所有组合的排列叫全因子设计(Fulll Factorial Design),比如某一物品包含两种属性,属性 1 和属性 2,属性 1 有两个水平等级,记为 X、Y;属性 2 有三个水平等级,记为 A、B、C,因此全因子设计共有 6 种组合,分别是 XA、YA、XB、YB、XC、YC。随着属性和属性水平的增加,全因子设计的组合越来越多,以致使受访者产生认知负担。部分因子设计(Fractional Factorial Design)和平衡不完全区组(Balanced Incomplete Block,BIB)常被用来解决这一问题,但需要专门的统计软件实现。

问卷的内容大同小异,主要包括四部分:问卷简介、受访者基本认知情况、选择试验、受访者的社会经济特征。其中,问卷简介主要说明本次调查的目的和意义,以吸引被调查者参与;受访者基本认知情况,即了解受访者对研究问题的基本认知情况;选择试验是整个问卷中最核心的部分,主要通过一个选项卡模拟市场,进而了解受访者对评价对象的支付意愿,出示选项卡之前常常需要对选择集进行解释并对问卷的填写加以说明,以减少相关的误差;受访者的社会经济状况主要包括受访者的性别、年龄、受教育水平、职业、收入等信息。

(3)样本的确定

样本及样本容量的确定是选择试验模型应用中的另一个关键问题。样本容量的确定要综合考虑调查区域的情况及试验设计的结果,并能够保证样本的随机性和代表性。

(4)模型估计

受访者所作出的每个选择,都是一系列数据,都表明其偏好。最简单最常用的 CE 分析模型是 MNL 模型,并常常借助 Spss、Limdep、SAS、Stata、Eviews 等软件包进行统计分析。

3. 选择试验模型的注意事项

选择试验模型在实施过程中,受访者的一些行为可能对评估结果产生不利影响,主要包括假设性偏好和字典序列选择。

(1)假设性偏好(Hypothetical Bias)

由于假想市场和真实市场的显著差异,在运用陈述偏好法评估受访者的支付意愿(WTP)时,潜在的问题是存在假设性偏好,这是因为人们在面临假想的购买决策时,倾向于与真实购买行为表现不一致。研究表明,假设性偏好普遍存在(Chang et al.,2009;List and Gallet,2001)且来源多种多样,其中,最大的来源是信息供应,尤其是受访者不了解评价对象时。研究过程中,学者们试图采用多种方法修正假设性偏好。

有些学者在调查中运用廉价协商(Cheap Talk),即通过向受访者充分说明假设偏好的存在及其产生原因,以期其进行自我修正,廉价协商由 Cummings and Taylor(1999)提出,被认为是缓解假设性偏好最有效的方法。还有一些研究运用校正方程以减少假想支付和真实支付之间的偏差(Blackburn et al.,1994),另有一些学者将类似的校正方程与回应的表达确定性联系起来(Ready et al,2010)。

尽管本研究的 CE 数据可能也存在一些假设性偏差,但对本研究的目的影响不大。通过精心设计的问卷和预调查,受访者感觉到研究具有可信度和真实性,是事前缓解假想偏好的重要组成部分。

(2)字典序列选择问题(Lexicographic Choices)

字典序列偏好最初由 Georgescu-Roegen(1954)提出,主要是指政策制定者首先会考虑与第一级属性(最重要属性)相关的方案,并且仅仅关注这些方案,而后才会考虑与次级属性最相关的方案,以此类推。在此过程中,属性是按照其优先度进行考量的,方案的选择规则恰似字典中字母的排序规则一样。学者们(Rizzi and Ortuzar,2003)研究了字典序列选择对评估结果的影响,发现陈述偏好法中的字典序列选择主要表现为:一是简化回答问题的方式(Rouwendal and Blaeij,2004),二是属性水平的差异不足以使受访者作出选择(Rizzi and Ortuzar, 2003);三是受访者的偏好本身是呈字典序列的(Carlsson and Martinsson,2001)。

其中,简化回答问题的方式可能与对属性的变化不敏感有关,即缺乏动力,研究表明,复杂性促使受访者运用决策启发法简化其选择(Mazzotta and Opaluch,1995),字典序列选择的剔除能增加研究结果的可靠性(Rouwendal and Blaeij,2004)。如果属性水平的差异不足以使受访者作出选择,可以通过扩大属性水平的间隔来加以修正,然而,对于本身呈字典序列的消费者偏好,则不应排除。

(二)选择试验模型解释的计量方法

研究采用 MNL 模型进行结果评估。MNL 模型是选择试验模型中最基本的模型。假定随机误差项满足独立同类型分布(IID)条件并具有不相关备选方案的独立性(IIA),则选择 i 选项的概率 $P_{(i)}$ 可以用 MNL 模型估计:

$$P(i)=\frac{\exp\mu V_i}{\sum_{j\in C}\exp\mu V_j}$$

其中,$V(i)=V_i=V(Z_i,S)$

V_i 是效用函数,Z_i 是物品或服务的矢量,S 是市场物品及社会经济特征的矢量,μ 是尺度参数,典型情况下假定 $\mu=1$(意味着误差方差恒定)。

个人间接效用函数 V_{ni} 的方程是一个累计求和结构,只包括选择集里的属性部分:

$$V_{ni}=C+\sum\beta_k\cdot Z_k,i=1,\cdots,K \tag{4}$$

式中,C 表示选择项的特定常数(ASC);β 是系数,Z_k 表示选择集中 k 个属性矢量。ASC 表示存在于受访者选择中、系统的但是无法观测的因素。换言之,ASC 解释了与属性和经济社会变量无关的差异。

间接效用函数综合了态度特征、社会经济与属性或者 ASCs(包括了模型中受访者异质性）的相互作用，其表达式为：

$$V_1 = ASC + \sum \beta_k \cdot Z_k + \sum \theta_p \cdot X_p + \sum \varphi_{kp} Z_k X_p + \sum \omega_p C X_p \tag{5}$$

式中，$\beta,\theta,\varphi,\omega$ 表示系数。

$k=1,\cdots;\boldsymbol{K},\boldsymbol{Z}_k$ 表示与选项有关的 k 个属性的矩阵；

$p=1,\cdots;\boldsymbol{P},\boldsymbol{X}_p$ 表示与个人相关的 p 个特征属性的矩阵；

$\boldsymbol{Z}_k\boldsymbol{X}_p$ 表示选项属性和个人特征属性的交互矩阵；

$\boldsymbol{CX}_p$ 表示个人特征属性与 ASC 交互的矢量。

在 MNL 模型估计的基础上，资源或环境物品各个属性的价值（WTP）可表示为：

$$WTP = -\frac{\beta_{\text{sttribute}}}{\beta_{\text{M}}} \tag{6}$$

式中，$\beta_{\text{sttribute}}$ 为资源或环境物品各属性项的估计系数；β_M 为收入的边际效用，通常用成本项的估计系数表示。

模型也可以用来估计不同选择之间变动的补偿剩余：

$$CS = \frac{1}{\beta_{\text{M}}}(V_0 - V_1) \tag{7}$$

式中，β_{M} 表示商品价格属性的系数，V_0 表示维持现状可能获得的效用，V_1 表示改变现状可能获得的效用。CS 为补偿剩余（Compensating Surplus），表示公共物品状态变化所带来的福利。

研究表明，MNL 模型主要有三个方面的缺陷（Phanikumar and Maitra，2007）：一是不相关备选方案的独立性表明方案间存在比例替代；二是样本中的偏好异质性假定表明效用方程中所有属性的系数对所有受访者而言是相同的；三是随着时间的推移，独立性假设会产生误差。

选择试验模型设计中积累了丰富经验，也产生了一些需要注意的问题。为了确保研究结果的精确性，本研究在属性选择、偏差修正及模型估计上给出了特别安排。

首先，属性选择上，除了运用焦点人群组开展传统的讨论外，还要求参会者对预采用的属性进行打分，排序后确定受访者最关注的属性，通过与政策制定者相关的属性进行结合对比，确定研究中的最关键属性。这既可以确保属性的相关性，也可以减轻受访者的认知负担。

其次，偏差修正上，提前告知受访者可能出现的假设性偏差，以期其进行自我修正。此外，调查过程中，针对 CE 的填写规范及必要信息给予详细说明和指导，减少因误解产生的偏差。

再次，模型估计上，避免违反模型的独立不相关属性。

四　耕作层土壤剥离利用效益非市场价值评估实证研究：以浙江省余姚市为例

（一）研究区域概况

1. 区域自然条件概述

（1）地理位置

余姚市位于东经 120 至 121 度，北纬 29 度至 30 度。中心地理坐标为东经 121°09′、北纬 30°30′。地处长江三角洲南翼，东与宁波市江北区、鄞州区相邻，南枕四明山，与奉化、嵊州接壤，西连上虞市，北毗慈溪市，西北于钱塘江、杭州湾中心线与海盐县交界。距宁波国际机场和大型港口宁波北仑港分别仅半小时和 40 分钟车程，至杭州萧山国际机场只有 1 小时车程，经沪杭甬高速公路去上海也只需 2 个半小时，经杭州湾跨海大桥到上海仅需 1 小时，余姚已纳入上海"二小时交通圈"。姚江为浙东运河一段，水陆交通便捷。

(2)土地资源状况

余姚属浙东盆地山区和浙北平原交叉地区，东西极距 58.5km，南北极距 79km。总面积 1526.86km²，其中山地、丘陵 805.09km²，占 52.73%，平原 432.51km²，占 28.33%，水域 289.26km²，占 18.94%。地势南高北低，中间微陷。南部为四明山区，山峦起伏，散布大小不等的台地和谷地。中部为姚江冲积河谷平原，有弧山残丘，点缀两岸；北部为钱塘江、杭州湾冲积平原，全市耕地 59.14 万亩，园地 9.47 万亩，林地 78.46 万亩。素有"五山二水三分田"之称。全市土壤类型多样，共有 6 个土类、14 个亚类、46 个土属、86 个土种，盐土、潮土、水稻土、红壤、黄壤等由北到南依次分布。南部低山丘陵以红壤、黄壤为主；中部平原系水稻土；滨海平原系钙质潮土和盐土。全市土壤有机质含量、全氮含量中等，磷、钾含量比较丰富，土壤微酸性居多，约四分之三的土壤其代换性、保水保肥性能均较好，适宜各种林木和农作物的生长。

(3)气候条件

余姚市属亚热带海洋季风区，冬、夏季风交替显著，日照充足，雨量充沛，温暖湿润，四季分明。多年平均日照 2061.0 小时，多年平均气温 16.3℃，常年最冷 1、2 月，最热 7、8 月，境内气温垂直变化明显，无霜期 252 天。多年平均降水量 1382.34mm，年蒸发量约 950mm。常年风向以东南风为主，西北风次之，年平均风速 2.7m/s。全境属亚热带海洋性季风区，阳光充沛，温暖湿润，四季分明，雨热同步。2012 年平均气温 17.3℃，最高气温 40℃，最低气温－4.3℃，日照时间 1798.4 小时，总降水量 1989.6mm(创历年最大值)，自然条件优越。山区溪流众多，水力资源较为丰富。姚南山区萤石、高岭土和花岗岩资源丰富，有开发价值。

2. 研究区社会经济发展状况

2012 年末余姚市全市户籍人口 83.45 万人。2013 年全年实现地区生产总值 749.63 亿元。固定资产实现高速增长，全年完成固定资产投资 440.06 亿元，增长 21.7%。全年共实现社会消费品零售总额 341.29 亿元，增长 13.5%。全市实现公共财政预算收入 106.34 亿元，下降 5.8%，其中中央级财政收入 46.70 亿元，下降 8.7%；地方财政收入 59.64 亿元，下降 3.3%。全年实现自营进出口总额 83.24 亿美元，增长 6.9%，其中自营出口总额 65.00 亿美元，增长 9.5%，自营进口总额 18.24 亿美元，下降 1.2%。居民收入城乡居民收入持续增加。2013 年城镇居民人均可支配收入 40938 元，农村居民人均纯收入 19864 元，分别比上年增长 10.0%和 10.5%，城乡收入之比为 2.06∶1。城镇居民恩格尔系数 35.6%，农村居民恩格尔系数 45.9%。

3. 研究区耕作层土壤剥离开展情况

浙江省余姚市积极探索耕作层土壤剥离利用的新途径、新技术，建设用地耕作层土壤剥离工程率先在临山镇开展。2006 年，临山镇制定出台了《关于新批建设项目占用耕地须进行耕作层剥离的实施意见》(临政〔2006〕〔82 号)，并先后在 329 复线、国昌公司新建厂房、余姚风机总厂扩建厂区等建设项目中，共剥离土方 11.85 万 m³，用于废弃山塘复耕，整理土地面积97.05亩。总结出挂拍告知、签订协议、指导施工、检查验收、制度约束等五项完整程序指导实施耕作层土壤剥离工作。

2008年，余姚市根据临山镇的成功经验，制定了《余姚市建设占用耕地耕作层土壤剥离和优质耕作层保护利用实施办法》(余土资发〔2008〕〔37号)，明确了耕作层土壤剥离的领导和参与部门，项目实施步骤，资金来源和保障以及相应的奖惩措施，为耕作层土壤剥离工程在全市的开展提供指导。

截止到2013年3月，已实施耕作层土壤剥离项目173个，剥离土地面积8139亩，剥离土方163万m^3，造田造地4267亩，走在全省前列。然而，目前耕作层土壤剥离利用费用较高，据有关部门测算，1亩地剥离30cm的耕作层土壤后，运到5km以外的项目区上再利用，以实际值计，每亩剥离和搬运成本需4300元，每增加5km，剥离和搬运成本每亩增加2000～3000元。余姚市临山镇废弃矿山复垦项目增加耕作层土壤剥离利用费用为3500/亩(蔡洁，2007)。耕作层土壤剥离利用的较高成本使得很多专家学者和政府部门开始反思其实施的必要性，此时，评估除传统意义上的经济价值以外的非市场价值，就变得尤为迫切。

(二)属性选择

1. 焦点人群组访问

焦点人群组是为研究者挑选和召集的一组人，从个人的经验对研究涉及的主题进行讨论并提供建议(Powell and Single，1996)。2013年12月，本研究针对选择试验模型调查问卷中的关键问题组织了两个焦点人群组会议，每组配备了解耕作层土壤剥离利用开展情况的人员1名，每组7人，两组会议在同一个上午举行，各两个小时。

开展焦点人群组会议的主要目的是：

(1)框定耕作层土壤剥离利用所带来的主要效益，识别用于选择集的属性。

(2)提高参会者对耕作层土壤剥离利用及其效益的了解程度，为问卷设计提供参考。

(3)了解与会者愿意为耕作层土壤剥离利用效益的支付意愿，明确支付方式和支付数量。

(4)与会者对预采用的属性进行打分排序，确定最终的属性及属性水平。

焦点人群组会议分为三个阶段，每个阶段的主要议程如表7-3所示。

表7-3　焦点人群组访问的主要议程

阶　段	历　时(min)	议　程
1	60	一般性讨论，框定主要效益
2	30	议定重要效益(属性)
3	20	支付问题
4	10	对重要属性打分排序

首先对余姚市耕作层土壤剥离利用进行了一般性讨论，与会者们关注的效益各不相同，大致包括以下6个属性，其中生态属性3个(土壤肥力、生物多样性、土层厚度)、社会属性1个(就业保障)、文化属性1个(景观美学体验)、经济属性1个(支付意愿)，初步设定对其进行描述如下(如表7-4所示)。

表 7-4　初步讨论设定的属性及状态值

属　性	描　述
土壤肥力	土壤中有机质含量
生物多样性	植物和动物种类数
土层厚度	耕作层厚度
就业保障	耕作层土壤剥离相关企业和专业技术人才数
景观美学体验	景观美学体验
支付意愿	耕作层土壤剥离专项基金

在焦点人群组访问的过程中，有些参会者指出，耕作层土壤剥离利用的社会价值和人文价值虽然存在，但是目前看来，与其切身利益不大，他们更关注耕作层土壤剥离的生态效益，尤其是土壤肥力。在土壤肥力的描述上，与会专家指出，有机质含量作为物理属性，运用到选择试验模型中可以保证科学性，但是难以测量且与受访者的主观感知相差较远，建议改为耕地地力。

与会人员最后讨论的是支付问题。两组最后都没有就耕作层土壤剥离利用效益的支付意愿达成一致，有些与会者认为耕作层土壤剥离具有公共性质，相关资金应该政府来支付，还有的与会者指出，开发建设者占用了优质耕地，按照“谁开发谁支付”的原则，应该由他们支付所需费用。但也有一些参会者认为，每一个享受到耕作层土壤剥离巨大效益的人都应该为其支付资金，但他们担心自己付出的费用得不到合理使用，在众多的支付方式中，他们更倾向于建立耕作层土壤剥离专项基金。在提到支付数额时，与会者意见不一致，总的来说，他们目前所能支付的费用最多为年收入的 0.5%。

最后，与会者根据自己的理解，对框定的属性进行排序，要求选出自己最关心的 3 个属性，选中的三个属性中排序第一的得 5 分，排序第二的得 3 分，排序第三的得 1 分，打分结果表 7-5 所示。

表 7-5　焦点人群组访问框定的属性及其排序

属　性	得　分	排　名
耕地地力	52	1
生物多样性	36	2
景观美学	20	3
就业保障	11	4
土层厚度	7	5

2. 属性及其状态值的确定

根据焦点人群组访问的情况，结合现有的研究成果，并对浙江大学的专家、余姚市国土局的有关负责人进行访问，确定了最终的属性及属性水平(表 7-6)。

表 7-6 属性及其状态值

属性	描述	L1	L2	L3	L4
土壤肥力	耕地地力等级	5	4	3	2
生物多样性	动植物种类	1500	1600	1700	1800
景观美学	景观美学体验	差	一般	好	很好
支付意愿*	耕作层土壤剥离专项基金(元)	0	50	100	150

注：*10 年支付期内每年每户的支付金额。

本研究最终选取了 2 个生态属性、1 个人文属性、1 个经济属性。生态属性包括土壤肥力和生物多样性。耕地地力等级是描述耕地质量的综合性指标，也是土壤肥沃与否的标准。现有研究表明，余姚市耕地以二级田为主，全市总耕地面积 58.5 万亩，其中一级田 3.3 万亩，占 5.6%；二级田 31.4 万亩，占 53.7%；三级田 22.8 万亩，占 39.0%；四级田 0.9 万亩，占 1.5%(王飞，周志峰，2011)。经与生产实际情况拟合，一级田、二级田为一等田，即高产稳产良田，农田土壤肥力较高、基本无低产障碍因子，综合生产能力达到吨良田水平；三级田、四级田为二等田，即中产田，即在近年内，通过采取地力培肥、土壤改良综合措施，可将地力提升到一等田水平；五级田则土壤养分严重失衡，或存在严重土壤障碍因子，需经过长期土壤改良、地力培肥，可提升到二等田，甚至到吨良田综合生产能力水平。本研究将废弃山塘等地设定为五级田，考虑到耕作层土壤移土培肥的长期性和余姚市的土地资源状况，改良耕地地力的最好水平为二级田。生物多样性用动植物种类数来衡量，范围为 1500～1800。

人文属性用景观美学体验衡量。余姚市的耕作层土壤剥离利用主要集中在废弃的山塘等地区，改良后的山塘可种植农作物，农业景观覆盖率增加，景观美学体验不断改善。

经济属性是指以货币形式表示的支付意愿。支付是选择试验模型的重要组成部分，受访者根据假想的市场方案，综合考虑自己的收入和各项支出，而后做出选择。

(三)问卷设计及调查

1. 问卷设计

调查问卷主要由三个部分组成。第一部分是向受访者介绍耕作层土壤的基本概念、本次研究的背景资料，调查受访者对耕作层土壤剥离利用的认知情况；第二部分是向受访者介绍余姚市耕作层土壤剥离利用的开展情况、问卷方法，调查受访者的支付意愿；第三部分是受访者社会经济特征的调查，包括性别、职业、家庭人口数等(见表 7-7)。

表 7-7 问卷主要内容

第一部分	介绍基本的背景信息，了解认知情况
第二部分	支付意愿调查
第三部分	受访者的社会经济特征调查

为了了解受访者对问卷表述的理解情况以及问卷内容对调查结果的解释情况，本研究开展了 2 次小规模的预调查，根据预调查的结果对问卷的内容进行修正，使其可知性更好。

预调查的结果表明，大部分的受访者认为原有选择集中“耕地地力等级”难以直观理解，景观美学体验的各个属性“差”“一般”“好”“很好”又过于抽象。为了改善这种状况，本研究最终采用文字图形结合的方式制作选项卡，增加受访者对属性及属性水平的理解度。

2. 问卷调查方法及逻辑

本研究的相关利益人群为余姚市的城乡居民。余姚市辖 6 个街道、14 个镇、1 个乡，272 个行政村、52 个社区。本研究计划抽取 65 个样本村、15 个社区，同时保证每个样本村或社区均匀分布到各个街道或乡镇，每个样本区随机抽取 5 户，累计发放问卷 400 份。

选项卡是研究的重要组成部分，决定研究结果的准确程度。本研究采用 SPSS17.0 中的正交试验设计选项卡中所需选项，然后去除不合实际的和强势的备选项，只保留正交项，最后确定 16 组选择题。这些选择题被分成 4 套，每一套有 4 组，因此问卷共有 4 个版本。每组选项卡中，方式 1 代表保持现状，其他两个选项代表改变现状。在调查访问中，4 组选择题将被均匀地使用。每个版本的不同之处在于其中属性水平的变化。同时，为了提高受访者对选项卡的理解程度，采用文字和图片结合的方式对属性及其水平进行说明，选项卡的一个案例如表 7-8 所示。

表 7-8　选项卡(举例)

	方式 1 (保持现状)	方式 2 到 2030 年	方式 3 到 2030 年
耕地地力等级	 5	 2	 3
动植物种类	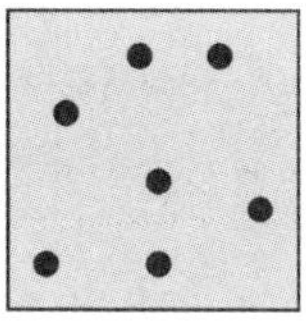 1500	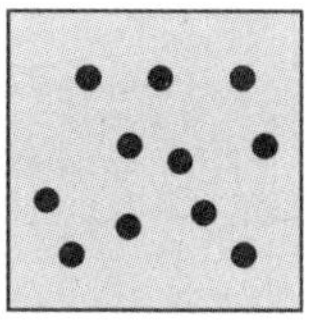 1600	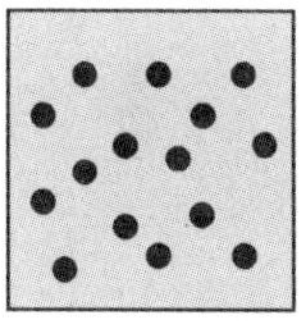 1700
景观美学体验	 差	 很好	 一般
耕作层土壤剥离专项基金(元)	¥　0	¥　50	¥　100
您选择(限选 1 项)	1(　　)	2(　　)	3(　　)

表 7-8 中，方式 1 代表保持现状，即耕地地力等级为 5 级，基本不能种植作物，动植物种类数为 1500 种，景观体验较差的情形，但此时不需要支付任何费用；方式 2 假定到 2030 年耕地地力等级提高到 2 级，表现为粮食产量大幅度提升，动植物种类数增加至 1600 种，景观美学体验很好，但每年每户需要为此支付 50 元；方式 3 假定耕地地力等级提高到 3 级，产量有一定程度的提高，动植物种类数增加至 1700 种，景观美学体验由差改良为一般，但每年每户需要为此支付 100 元。

在调查中，访问员特意提醒受访者，做出选项时考虑自己的收入和其他方面的支出。此外，对填写问卷时可能出现的偏差给予解释，引导受访者积极修正这些认知偏差。

3. 受访者的社会经济特征

本次调研采取入户调查和网络访问相结合的形式，共完成问卷 400 份，收回有效问卷 390 份，无效问卷 10 份，问卷回收率达到 97.5%，统计结果如图 7-5 所示。

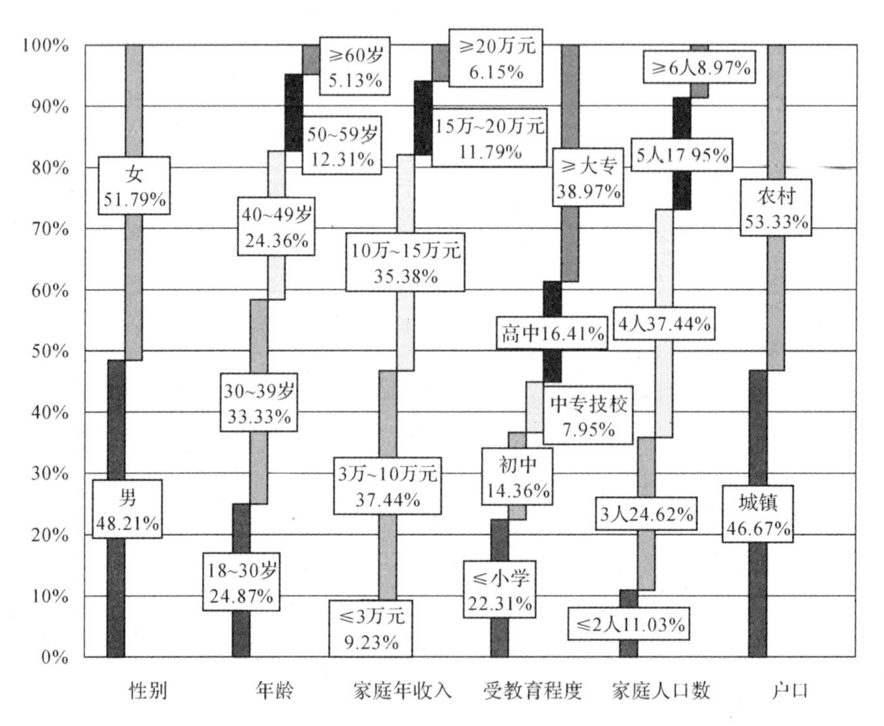

图 7-5　受访者的社会经济特征

从图 7-5 可以看到，本次调研的性别比例和城乡居民分布较为接近，受访者的年龄以中青年居多，18～49 岁的受访者占总数的 82.56%，他们是社会生产经营活动的主力，对耕作层土壤剥离的认知情况对本研究非常重要。

此外，受访居民的受教育程度总体偏低。大专及大专以上仅占总数的 38.97%，初中及以下的受访者占 36.67%。从受访者的家庭人口数来看，4 人家庭最多，占 37.44%，3 人家庭次之，为 24.62%，其他从高到低依次为 5 人家庭 17.95%，2 人及以下家庭 11.03%，6 人以上家庭 8.97%。可见，样本的家庭规模总体适中。

受访者的年收入总体较高，年收入 10 万元以上家庭占比 53.33%，超过总人数的一半，3 万元以下的仅为 9.23%。

(四)城乡居民对耕作层土壤剥离利用效益的认知情况

1. 城乡居民对耕作层土壤剥离开展情况的认识

问卷的第一部分，主要用于摸清城乡居民对耕作层土壤剥离利用的了解情况，结果如表 7-9 所示。总体来说，受访居民对耕作层土壤剥离利用工作的了解程度低于预期。城镇居民对耕作层土壤剥离的了解低于农村居民，且农村中仅 64.9%的居民了解耕作层土壤剥离开展情况。农村居民对耕作层土壤剥离的了解情况分布不均匀，在已经开展了耕作层土壤剥离的地区，居民对耕作层土壤剥离较为熟悉，但尚未开展耕作层土壤剥离的地区的居民则表示不了解耕作层土壤剥离。

表 7-9　城乡居民对耕作层土壤剥离开展情况的认知

问题	选项	城镇居民		农村居民	
		频数	百分比(%)	频数	百分比(%)
对耕作层土壤剥离利用是否了解	了解	65	35.71	135	64.9
	不了解	117	64.29	48	35.1
耕作层土壤剥离利用的开展是否必要	有必要	160	87.91	191	91.83
	没必要	10	5.50	12	5.77
	不清楚	12	6.59	5	2.40
您所在的地区有没有开展耕作层土壤剥离	有	12	6.59	90	43.27
	没有	170	93.41	103	56.73

当问到耕作层土壤剥离利用工作是否有必要时，87.91%的城镇受访居民和 91.8%的农村受访居民表示很有必要。调查还发现，大多数的城镇居民认为所在地区没有开展耕作层土壤剥离，只有 43.27%的农村居民认为所在地区开展了耕作层土壤剥离。

2.城乡居民对耕作层土壤剥离利用效益的认知

在调查中，要求受访者选出耕作层土壤剥离利用可能产生的效益，并对其进行排序(见表 7-10)。

表 7-10　城乡居民对耕作层土壤剥离利用效益的认知

效益(多选)	城镇居民			农村居民		
	频数	百分比(%)	排序	频数	百分比(%)	排序
耕地面积和地力等级提高，粮食产量增加	167	91.76	1	202	97.12	1
保护耕作层土壤相关的动植物和微生物，保护生物多样性	115	63.19	2	98	47.12	3
耕作层土壤能改善农业景观，有助于农业文明教育	75	40.76	3	147	70.67	2
耕作层土壤是珍贵的人类历史遗产，应该被保护	63	34.62	4	60	28.85	4

研究表明，大多数城镇居民和农村居民认识到耕作层土壤剥离提高耕地地力等级的效益，其比例远高于其他几项。然而，城镇居民中只有 40.76%认识到耕作层土壤剥离能够改善农业景观，维护农业文明；农村居民中仅有 47.12%认识到耕作层土壤剥离对动植物种类的影响。城镇居民和农村居民对耕作层土壤剥离利用效益的认知存在差异。

3.城乡居民对耕作层土壤剥离费用负担责任的认知

研究发现，城乡居民对耕作层土壤剥离利用费用负担情况的认知较为一致，即都认为政府和开发建设者应当共同承担相关费用，并且认为政府应该承担全额费用的城镇居民占

23%,农村居民占21%,调查中这些受访者认为,耕作层土壤剥离不能靠开发商的自觉,政府必须承担相应的责任(见图7-6)。此外,大多数城乡居民拒绝由农户支付费用,他们认为耕作层土壤剥离的费用应该从现有税收中支付,在他们已经缴纳税收的情况下,要求他们再缴纳耕作层土壤剥离相关的费用是不合理的。

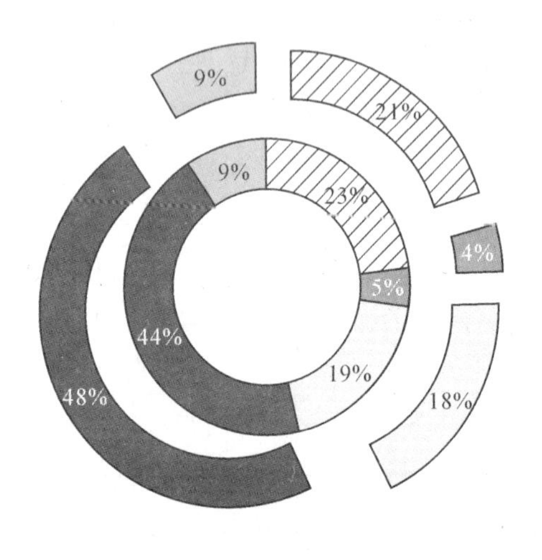

图7-6 城乡居民耕作层土壤剥离利用费用负担责任的认知(内环:城镇居民,外环:农村居民)

4.小结

对受访者关于耕作层土壤剥离利用开展情况的认知研究表明,城乡居民对耕作层土壤剥离了解程度总体偏低,农村居民的了解程度高于城镇居民。大多数受访者表示耕作层土壤剥离的开展很有必要,对城镇和农村居民的对比发现,相对而言,城镇居民更关注生物多样性效益,农村居民更关注农业景观和农业文明的教育,城乡居民对于耕地地力等级的关注度最高。

调查表明,城乡居民认为,政府在耕作层土壤剥离中应该承担主要责任,开发商也应该为耕作层土壤剥离利用支付一定的费用,在耕作层土壤剥离利用中要求农户支付相关费用将会导致不满。

(五)耕作层土壤剥离利用效益的非市场价值

1.模型变量及其解释

在应用相关模型进行拟合前,需要将问卷中的非实数变量赋值。模型中使用的变量及其代码值如表7-11所示。

表7-11 变量及其解释

变量	变量解释
被解释变量	
选择变量	1=选中选项,0=未选中选项

续表

变量	变量解释
属性变量	
土壤肥力	耕地地力等级
生物多样性	动植物种类数
景观美学体验	差＝0，一般＝1，好＝2，很好＝3
支付	每年每户支付的金额
ASC	替代常数项：选择1赋值0，选择其他两项赋值1
非属性变量	
年龄	受访者年龄（岁）：18—30岁＝1，30—39岁＝2，40—49岁＝3，50—59岁＝4，60岁以上＝5
性别	受访者性别：男＝0，女＝1
收入	家庭年收入（元）：3万元以下＝1，3万—10万＝2，10万—15万＝3，15万—20万＝4，20万元以上＝5
工作	农村居民中农业相关职业＝1，其他＝0；城镇居民中，行政事业单位人员＝1，其他＝0
教育	大专及以上＝1，其他学历＝0
行为	支持支付＝1，其他＝0
态度	虚拟变量：城市建设发展和耕地保护之间，更倾向于城市建设发展赋值为1，更倾向于耕地保护赋值为0

2. 城乡居民对耕作层土壤剥离利用效益非市场价值的认知偏好

本研究采用Stata 12.0软件对样本进行最大似然估计。研究先后应用两个MNL模型，模型1是基础模型，只考虑选择方案中的属性变量及其水平对结果的影响。模型2除考虑属性变量外，还加入了受访者的社会经济特征，以考察非属性变量对选择结果的影响。

MNL模型1中3种选项（选择1、选择2、选择3）的效用函数可以表示为：

$$V_i = ASC - \alpha_1 \times \text{耕地地力等级} + \alpha_2 \times \text{动植物种类数} + \alpha_3 \times \text{景观美学体验} - \alpha_4 \times \text{支付意愿} \tag{7}$$

其中，$i = 1, 2, 3$；ASC为替代常数项，取值为0或1。

MNL模型2中3种选项的效用函数可以表示为：

$$V_i = ASC - \alpha_1 \times \text{耕地地力等级} + \alpha_2 \times \text{动植物种类数} + \alpha_3 \times \text{景观美学体验} - \alpha_4 \times \text{支付意愿} + \beta_1 \times ASC \times \text{性别} + \beta_2 \times ASC \times \text{年龄} + \beta_3 \times ASC \times \text{受教育程度} + \beta_4 \times ASC \times \text{家庭人口数} + \beta_5 \times ASC \times \text{家庭年收入} + \beta_6 \times ASC \times \text{职业} + \beta_7 \times ASC \times \text{态度} \tag{8}$$

其中，$i = 1, 2, 3$；ASC为替代常数项，取值为0或1。

通过进行最大似然估计，计算出上述效用函数中的系数α和β，MNL模型检验和参数估计输出结果如表7-12所示。

表 7-12　MNL 模型检验结果

变量	总样本		城镇居民		农村居民	
	模型 1	模型 2	模型 1	模型 2	模型 1	模型 2
耕地地力等级	−0.5869*** (0.0432)	−0.6294*** (0.0443)	−0.4468*** (0.0590)	−0.4807*** (0.0604)	−0.7452*** (0.0644)	−0.8126*** (0.0674)
动植物种类数	0.0011** (0.0004)	0.0010** (0.0004)	0.0015** (0.0006)	0.0013** (0.0006)	0.0006 (0.0006)	0.0006 (0.0007)
景观美学体验	0.2091*** (0.0444)	0.2048*** (0.0453)	0.2572*** (0.0616)	0.2436*** (0.0629)	0.1524** (0.0649)	0.1721*** (0.0667)
支付意愿	−0.0307*** (0.0019)	−0.0323*** (0.0037)	−0.0263*** (0.0027)	−0.0224*** (0.0056)	−0.0341*** (0.0028)	−0.0404*** (0.0051)
ASC	−0.1341 (0.1594)	0.6531* (0.3910)	0.3686 (0.2251)	0.1545 (0.6082)	−0.5024** (0.2305)	0.7139 (0.5362)
支付意愿收入	0.0060*** (0.0005)	0.0065*** (0.0012)	0.0052*** (0.0007)	0.0039** (0.0017)	0.0062*** (0.0006)	0.0085*** (0.0017)
ASC_户口		0.0282 (0.0963)				
ASC_性别		−0.1384 (0.0851)		−0.0027 (0.1172)		−0.2780** (0.1285)
ASC_年龄		−0.0769* (0.0464)		−0.1000 (0.0729)		−0.1085* (0.0639)
ASC_受教育程度		0.2700** (0.1116)		0.2502* (0.1496)		0.2699 (0.1841)
ASC_家庭人口数		0.0714* (0.0402)		0.0648 (0.0577)		0.0909 (0.0576)
ASC_家庭年收入		−0.22480** (0.1076)		0.0469 (0.1598)		−0.3962*** (0.1536)
ASC_职业				0.2966* (0.1564)		0.4194*** (0.1323)
ASC_态度		−0.6645** (0.0963)		−0.4992*** (0.1337)		−0.7425*** (0.1455)
Observations	4680	4680	2184	2184	2496	2496
Log likelihood	−2741.2008	−2690.4319	−1291.107	−1267.7607	−1407.1249	−1374.332
Prob>chi2	0.0000	0.0000	0.0000	0.0000	0.0000	0.0000
Pseudo-R2	0.0798	0.0965	0.0712	0.0880	0.1143	0.1344

注：括号里面是标准差，* 表示在 0.1 水平上显著；** 表示在 0.05 水平上显著；*** 表示在 0.01 水平上显著。

上表中，Log likelihood 是似然的自然对数形式，其取值在(−,0)区间内。对数似然值通过最大似然估计的迭代算法求得，其值越大说明模型拟合的效果越好。Prob>chi2 代表模型无效假设检验对应的 P 值，从上表可以看出，模型 1 与模型 2 的 Prob>chi2 值均为 0.000，表明这两个模型都在 0.01 水平上显著，两个模型的拟合程度都很好。另外，Pseudo-R^2 指标值介于(0,1)之间，该指标值越大说明模型拟合的效果越好。

从模型的检验结果可以得出：

(1)总体上，MNL 模型显著，显著水平为 0.01，模型拟合程度较好，但相比而言，模型 2 的拟合程度更高。

(2)总体样本模型1中，ASC为负号，这表明城乡居民对“改变现状”有一定的抵触，但由于其不显著，所以这种抵触并不强烈。对城镇居民的分析发现，模型1中城镇居民ASC符号为正，这表明城镇居民倾向于“改变现状”。对农村居民的分析发现，模型1中农村居民的ASC符号为负且显著，表明农村居民倾向于“维持现状”，这与预期相反。而模型2中的ASC系数由于模型拟合过程中交互了受访者的社会经济变量，而使得其结果受到扰动，故不可对其进行模型1中类似的解读。此外，无论是总样本还是对城镇居民、农村居民的分析均表明，每户每年的支付费用与家庭年收入的交叉变量支付意愿_收入系数为正，且在0.01水平上显著，表明家庭收入显著影响支付水平，即收入越高的受访者，其原意支付的金额也高。

(3)属性变量影响分析。在对农村居民的分析中发现，模型1和模型2中，动植物种类这一属性均不显著，表明农村居民在选择时较少考虑这一属性。耕地地力等级、景观美学体验基本上保持在0.01水平上显著，其中，耕地地力等级符号为负，这是由于本研究中耕地地力等级2级为最高，5级为最低，而并不表示城乡居民愿意支付较少的费用获得较高的地力等级，结果恰恰相反。动植物种类数、景观美学体验符号为正，表明其与选择正相关。与预期相同的是，支付意愿变量显著且符号为负，表明受访者倾向于通过支付较少的金额来获得更大的效用。

(4)受访者社会经济属性对ASC的影响分析。总体而言，年龄越大的受访者越不愿意“改变现状”，这可能是由于老年人更为保守，接受新鲜事物的速度较慢。此外，与预期相符的是，受教育程度越高的受访者、越支持耕地保护的受访者越倾向于“改变现状”。需要注意的是，家庭收入相对ASC表现出的是显著的负相关，即家庭收入越高的受访者，越不愿意“改变现状”，这可能是由于家庭收入高的受访者与耕作层土壤剥离联系不是那么紧密，这一结果与支付意愿_收入的检验结果并不矛盾，即收入高的家庭不倾向选择“改变现状”，但是一旦选择改变，其支付的金额也较高。此外，对城镇居民的分析还表明，行政事业单位人员倾向于“改变现状”，支持耕作层土壤剥离。农村家庭中，女性更倾向于“改变现状”，从事农业相关劳动的居民更倾向于“改变现状”。

3. 城乡居民对耕作层土壤剥离利用效益非市场价值的支付意愿

在MNL模型估计的基础上，可以得到城乡居民对于耕作层土壤剥离利用效益的支付意愿(见表7-3)：

$$WTP = -\frac{\beta_{\text{sttribute}}}{\beta_M} \tag{1}$$

其中，$\beta_{\text{sttribute}}$为研究中各属性项的系数，β_M为价格属性的系数，这里假设其等于支付属性的系数。在一些研究中，WTP也常用边际支付意愿(Marginal Willingness to Pay，MWTP)或者隐含价格(Implicit Price)来表示。

这里需要注意的是，耕地地力等级的支付意愿为负值，这是因为与以往研究不同，本研究中设定2级地为较高地类，为了研究的方便，其WTP取绝对值。

研究表明，耕地地力的支付意愿高于景观美学体验的支付意愿，动植物种类属性的支付意愿最低。城镇居民的支付意愿普遍高于农村居民，两者对耕地地力的支付意愿差别不大，城镇居民每年每户愿意为获得高一层次的耕地地力等级多支付21.4598元，农村居民每年每户愿意支付20.1139元。但城镇居民愿意为获得高一层次的景观美学每年每户支付10.875元，是农村居民的2.55倍。此外，城镇居民动植物种类数的支付意愿是农村居民的3.89倍。

表7-13　城乡居民对耕作层土壤剥离利用效益非市场价值的支付意愿

属　性	总体样本		城镇居民		农村居民	
	系数	WTP	系数	WTP	系数	WTP
耕地地力等级	−0.6294	−19.4861 (19.4861)	−0.4807	−21.4598 (21.4598)	−0.8126	−20.1139 (20.1139)
动植物种类数	0.0010	0.0310	0.0013	0.0580	0.0006	0.0149
景观美学体验	0.2048	6.3406	0.2436	10.875	0.1721	4.2599
支付意愿	−0.0323		−0.0224		−0.0404	

4.研究区域耕作层土壤剥离利用效益的非市场价值

对余姚市城乡居民的调查研究表明，城乡居民愿意为获得耕作层土壤剥离利用效益支付一定的金额。补偿剩余(Compensating Surplus，CS)可以用来表示环境物品状态的改善为消费者带来的福利，通常用总支付意愿(Total Willingness to Pay，TWTP)来表示。对补偿剩余的计算是CE模型的典型应用。现假设到2030年，余姚市耕作层土壤剥离利用维持现状和改变现状的情形如下：

维持现状：到2030年，余姚市耕作层土壤剥离利用后的耕地地力等级为5级，动植物种类数为1480，景观美学体验差。

改变现状：到2030年，余姚市耕作层土壤剥离利用后的耕地地力等级为2级，动植物种类数为1800，景观美学体验很好。

补偿剩余用以下方程进行计算：

$$CS = \frac{1}{\beta_m}(V_0 - V_1) \tag{10}$$

式中，β_m 表示商品价格属性的系数，V_0 表示维持现状可能获得的效用，V_1 表示改变现状可能获得的效用。

在MNL模型2的条件下，根据效用函数公式，可以计算出余姚市城镇居民每年每户的总支付意愿为189.57元，农村居民每年每户的总支付意愿为69.38元。则耕作层土壤剥离利用的非市场价值可以用公式表示为：

非市场价值＝(城镇居民每年每户TWTP×城镇居民总户数＋农村居民每年每户TWTP农村居民总户数)×支付率/还原率

根据调查结果统计，70.71%的受访者愿意为耕作层土壤剥离利用支付一定的费用。

余姚市2012年底共有居民31.01万户，其中，城镇居民5.38万户，农村居民25.63万户。还原率采用央行2012年6月起调整后的一年期银行定期存款利率3.0%，则余姚市耕作层土壤剥离利用效益的非市场价值为65951.12万元。

5.城乡居民零支付意愿的原因分析

本次调查中，有36位受访者表现出零支付意愿，占受访者的比例为9.23%。零支付意愿是指受访者在所有选择集中都选择“维持现状”选项，即受访者对耕作层土壤剥离利用效益的支付意愿为0。根据调查统计，这些受访者表现出零支付意愿的原因分布如图7-7所示。

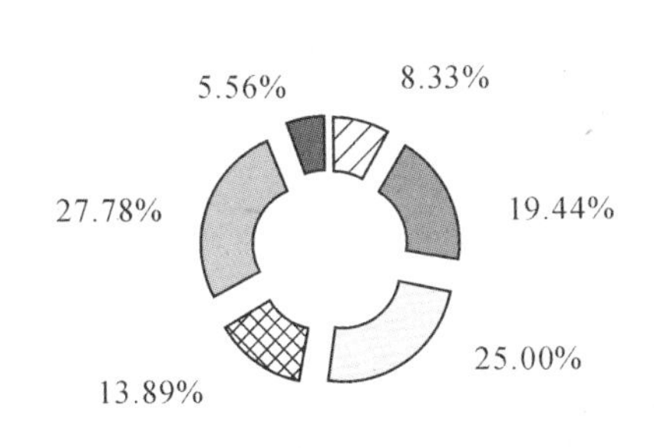

图7-7　城乡居民零支付意愿的原因分布

通过对城乡居民另支付意愿的统计分析，发现有27.78％的零支付意愿受访者尽管支持耕作层土壤剥离，但认为相关费用应该政府或者开发商承担，不应该由其负担。25％的零支付意愿受访者对政府专项基金不信任，19.44％的受访者不明白哪种方式最好，所以选择不支付。

由于零支付意愿的样本容量较小，所以不建议对其进行回归分析。

五　研究结论与政策建议

（一）主要结论

1.城乡居民对耕作层土壤剥离利用及其非市场价值的认知情况

研究结果表明，虽然城乡居民对耕作层土壤剥离利用的认知情况低于预期，但大多数受访者已经认识到耕作层土壤剥离非市场价值的重要性。在耕作层土壤剥离利用产生的各种效益中，受访者更偏好土壤肥力的提高，其中农村居民对动植物种类数这一生态属性的认知低于城镇居民。城镇居民对土壤肥力、动植物种类和景观美学均表现出较好的认知水平，但对景观美学体验的认知相对较低，这可能与他们与农业文明联系不紧密有关。已有研究表明，在受访者了解了耕作层土壤剥离利用效益的情况下，他们的支付意愿更强烈，因而提高城乡居民对耕作层土壤剥离利用的认知水平很有必要。

此外，在城乡居民对耕作层土壤剥离利用费用分担责任的认知情况的研究中发现，大多数受访者认为政府是耕作层土壤剥离责任的主要承担者，开发商是土地开发建设的实施者，他们应该共同支付耕作层土壤剥离的费用。

2.城乡居民零支付意愿的原因

本次研究中，有一部分受访者表现出零支付意愿，通过对其进行原因分析发现，由于对政府基金的不信任，或者认为不应该自己付费，受访者选择不支付。

3.城乡居民对耕作层土壤剥离效益的态度及其影响因素

本研究选取了耕地地力等级、动植物种类数、景观美学体验和支付意愿4个属性变量和受访者的性别、年龄、受教育程度、家庭年收入、家庭人口数等社会经济变量对选择结果进行两个MNL模型拟合。结果表明，模型整体拟合程度较好，属性变量中仅农村居民对动植物种类数不显著，其余显著性较高。城乡居民都愿意支付较少的金额，获取较高的效用。此外，城镇居民倾向于改变现状，农村居民倾向于维持现状。城镇居民中，受教育程度越高、职业为行政事业单位人员的受访者，越倾向于"改变现状"。农村居民中，女性及直接从事农业劳动的受访者更倾向于改变现状，年龄越高的受访者越倾向于维持现状。城乡居民中，认为耕地保护比城市建设发展重要的受访者更倾向于改变现状。与预期相反的是，家庭收入越高的受访者越倾向于维持现状。

4.城乡居民耕作层土壤剥离利用效益的非市场价值

经过计算，城镇居民对耕作层土壤剥离利用效益非市场价值的支付意愿从高到低依次为耕地地力等级，19.4861元/户月；景观美学体验，6.3406元/户月；动植物种类数，0.0310元/户月；农村居民对耕作层土壤剥离利用效益非市场价值的支付意愿从高到低依次为耕地地力等级，20.1139元/户月，景观美学体验，4.2599元/户月；动植物种类数，0.0149元/户月。

在对补偿剩余进行计算后，得出城镇居民每年每户的总支付意愿为189.57元，农村居民每年每户的总支付意愿为69.38元。最终求得余姚市耕作层土壤剥离利用效益的非市场价值为65951.12万元。

(二)政策建议

1.加强耕作层土壤剥离利用的宣传教育，提高公众对耕作层土壤价值的认知

耕作层土壤是人类珍贵的历史遗产，凝聚了从祖先到当代人的智慧，是人类进化的"历史集体记忆"和"情感宝库"。形成1cm厚的耕作层土壤需要100～400年时间，平均需要200年时间，因此必须像保护生命那样保护耕作层土壤。耕作层土壤剥离利用的有效开展，不仅在于政府的统筹规划、科学组织，公众也是参与的主体。提高公众对耕作层土壤剥离价值的认识，不仅有助于耕作层土壤剥离工作的开展，而且会带来更多的附加效应。政府可以综合运用广播、电视、网络等形式，对耕作层土壤剥离的开展情况进行实时报道，也可以就相关问题咨询民众的意见，在耕作层土壤的存储、运输、回填等过程中吸引民间资本和公众力量的参与，使耕作层土壤剥离真正成为一项效益工程。

2.探索建立耕作层土壤剥离专项基金，耕作层土壤剥离利用开展市场化运营

研究表明，城乡居民认为耕作层土壤剥离利用所需的费用应该政府和开发商共同承担。发达国家耕作层土壤剥离的经验也表明，耕作层土壤剥离作为一项公共服务，其开展必须由政府主导，即政府负责耕作层土壤剥离的规划、耕作层土壤项目的审批验收、组织管理等。由于耕作层土壤剥离一般需要较高的费用，全部由开发建设者负担不可行，且现阶段我国法律对耕作层土壤剥离的规定只是指导性的，很多开发建设者认为在缴纳了土地出让金以后就已经完成了土地建设补偿的费用，再要求他们支付额外的耕作层土壤剥离费用可能会面临一定的阻力。

针对以上情况，在耕作层土壤剥离的初期，探索建立耕作层土壤剥离专项基金。耕作层土壤剥离专项基金主要来源于政府的土地出让收入、开发商的开发建设资金以及社会组织及个人的捐款。同时，做好专项基金的管理工作，努力做到透明化、科学化，自觉接受民众监督。

耕作层土壤剥离的实施阶段，开展市场化运营。鼓励耕作层土壤剥离相关企业和技术

人才的培养，在耕作层土壤的剥离、运输和回填阶段，探索政府“外包”给企业的市场化模式，可以运用招标、拍卖、挂牌等方式确保各企业间公平竞争。同时，将民众对耕作层土壤剥离的监督和建议作为耕作层土壤剥离工作的源泉和动力。

3.根据民众偏好，实施梯次型资金投入

耕作层土壤剥离利用非市场价值的各项要素都很重要，国家和各级政府也一直强调综合治理、整体推进。在对余姚市耕作层土壤剥离利用开展情况调研的基础上，发现现阶段民众对于耕作层土壤剥离的偏好有较大差距，因此，建议在耕作层土壤剥离利用资金投入上，据民众的偏好，有针对性地开展梯次型资金投入，即在保证耕作层土壤剥离利用工作全面推进的前提下，优先保障改善耕地地力等级的资金使用。

附　录

附录1　美国《基本农田采矿作业的特殊永久计划实施标准》（节选）

（来源：美国《联邦条例汇编》第30篇矿产资源，第823部分）

第823.1节　条例的范围和目的

本条例规定了基本农田上采矿作业的特殊环境保护措施、土地复垦规定，以及有关露天煤矿区复垦的操作规程标准等。

第823.4节　责任

美国任何一州的土壤保护机构都必须建立关于基本农田表层土的剥离、存储、回填和重建的相关规范。

第823.12节　表土剥离和存储

(a)基本农田表层土必须在挖掘、爆破或开采活动开始前从矿区剥离出来以避免损坏。

(b)用于基本农田重建的表层土，其剥离和存储的最小深度和土壤物质必须充分满足第823.14节的规定。

(c)基本农田表土剥离和存储必须：

(1)单独剥离表层土，或者剥离其他有益的土壤物质，这种情况只适用于上述土壤物质能够用来创造比开采前的土壤具有更高生产力的土壤。若不能立即使用，则这些土壤物质必须存储起来并和其他挖掘出的物质相隔离以避免损坏。

(2)单独剥离土壤B层或C层，或其他有益的土壤物质，这项工作必须满足第823.14(b)节规定的土壤深度。除非经过立法机关的证明，该地土壤的B层或C层不能够被移动，该地的土壤生产力能够得到保持。若不能立即使用，则这些土壤层或土壤物质必须单独存储起来以避免损坏，并且要和其他挖掘物质相隔离。在能够证明这些土壤物质混合起来可以创造出比土壤B层更加适合于植物生产的土壤层时，可不必进行单独剥离处理。

(d)剥离出的表土必须在规定的地点存放，以保证不会被破坏或侵蚀。如果放置超过

30 天，则存储地必须符合本章中第 816. 22 节、第 817. 22 节的有关规定。

第 823. 14 节　表土回填

(a)美国土壤保护机构的土壤重建规范必须根据国家土壤调查的标准建立，并且这些规范中必须含有重建土壤的物理、化学属性的最低标准，及其土壤层厚度、土壤密度、土壤 pH 值和其他规格等的有关规定，使重建土壤的生产力必须等同或者更高于该地区其他基本农田。

(b)土壤和用于替代的土壤物质的最小深度必须达到 48 英寸，或者更浅一点等同于自然土壤的表层土厚度，使其能够达到植物根系生产的深度即可；抑或更深一点以使替代土壤达到最初的生产力水平。如果替代土壤物理、化学属性或者土壤水供给情况使该地区附近的植物根系不容易穿透和生长，则土壤层的再造也必须抑制或阻止根系的生长，即使这些属性和性质对于土壤生产力会有不良影响。

(c)实施者必须回填表层土，并且对土壤层或其他根系区物质进行重新分级，并采取适当的压实措施，统一土壤层深度。

(d)实施者必须回填土壤 B 层、C 层或者第 823. 12(c)(2)节中规定的其他适当土壤物质，以满足本节(b)款中的深度要求。若土壤 B 层、C 层未经剥离但进行过压实或在采矿中有所损坏，则实施者可以从事深度耕种，或采取其他适当措施使土壤恢复至开采前的生产力水平。

(e)实施者必须回填表层土或者 823. 12(c)(1)节中其他适当的土壤物质作为最终的土壤层。重造的表层土的深度必须等同于或者厚于土壤调查中该地区原来的土壤表层土深度。

第 823. 15 节，复耕和土壤生产力的恢复

(a)在土壤表层土回填后，土壤表面必须有植被层固定，或采取其他措施有效地抑制风力和水流对土壤的侵蚀。

(b)基本农田的土壤生产力的恢复必须满足以下条件：

(1)对土壤生产力的观测，必须在完成土壤回填后的 10 年内开展。

(2)土壤生产力的测量必须利用本节第(b)(6)款规定的作物，对矿区土地和复耕的基本农田土地进行采样或全面测量。

(3)确定年平均作物产量必须至少观测 3 个作物年，满足条件之后才能解除实施者表土剥离的有关合同。

(4)在观测年内对复垦地采取的管理措施必须和该地区未开采的基本农田管理措施相一致。

(5)只有在观测期的作物的年平均产量等于或超过了同期该地区未经开采并与复垦地具有相同结构和坡度的土地上采用同种管理措施耕种的该种作物的产量时，土地复垦才算成功。

(6)复垦地土壤生产力恢复所选取的作物，必须是经过证明在该地区基本农田上耕种最为普遍的作物。

(7)指定作物季节的相关作物的产量根据以下几方面选择：

(i)与美国土壤保护机构有合作关系的当地有代表性的农场作物的当年产量；

(ii)由美国农业部提供的该县年平均作物产量，这个产量是由美国土壤保护机构根据该地未经开采的基本农田土地和其他土地上该种作物的产量情况进行调整后得到的。

(8)在本节(b)(7)款中提到的任何一种程序下，平均作物产量都可在美国土壤保护机构同意下，根据下列情况进行调整：

(i)疾病、虫灾，天气包括季节更替；

(ii)作物管理措施的不同。

附录 2　英国土壤剥离利用中的土壤优化处理技术指南

第一篇　利用铲车和自动卸载卡车实施土壤剥离

本篇的目的是为利用铲车和自动卸载卡车实施土壤剥离提供一个方法范式以建立最优方法。

根据地点情形的不同以及规划专家要求，指南所给出的方法或许会做出相应的调整。如果确实如此，则应在与本方法的背离之处注明其原因。指南中并未明确指定所用设备之类型、大小及样式，但必须得承认这些应该属于计划编制的组成部分或者将其作为一个保留话题。所用之机械应该能够达到有效操作情况下可以最大限度地减少土壤板结（例如，具有宽阔的轮辙），并且能够做到始终如一。

从事土壤或过度负荷等处理工作，以及土壤堆积场或（垃圾）弃置场设计或平整的人员，必须遵守《劳动健康与安全法》、1974 年法案及其相关法定条款——尤其是那些与垃圾弃置场、土壤堆积场及类似构筑物相关的方面。这一要求比所有篇章中所提到的任何其他措施都更具有优先权。

使用这些指导方针的人员自行负责所有可能产生的债务，对由于使用本指南而产生的任何形式的任何损失均不予承认。

本土壤处理方法使用了逆行钻进式铲车和自动卸载卡车（铰链式或固定式）。利用铲车对土壤实施剥离并将其装载到自动卸载卡车上，然后运往（土壤）置换地或贮藏地。

由于具有强烈的土壤变形作用（板结和拖尾效应），这种土壤处理方法会影响修复土地的耕作质量。这种作用主要由交通运输引起，其作用强度随着土壤湿度的增大而加剧。

如果能够正确实施，这种方法的优点在于它通过最小化交通运输强度而避免造成土壤的强烈变形。这样一来，就不再需要额外的疏松工作。

确保避免严重土壤变形的操作要点如下：

（1）板结作用最小化

——自动卸载卡车必须只能在“基础/无土层”上运行，并且在任何情况下都不允许其驶入土壤层。

——铲车只能在表土层操作。

——采用“层/带状”体系可以避免卡车在土壤层上行驶。

——只有在地面状况能够满足其以最大功率工作的情况下才允许机械运行。

——如果已经出现了板结现象，则应该采取相应措施进行处理（见第十八、十九篇）。

（2）土壤湿度及其再给湿最小化

——在塑性下限以内土层应该具有一个持水量范围。土壤水分含量可通过烘炉干燥的方法进行评定，测试土样应该采自代表性区域以及各土层内的中/低区域。（或者依照计划情况采样）。

——“层状/带状”体系为很好的控制较底土层在雨季的暴露，以及维持土壤水含量提供了基础。活动带以内的土壤剖面应该在降雨发生及断裂变缓之前被剥离到基层土上。

——要采取措施保护基层土不受蓄水之侵，以维持土层能够承受自动卸载卡车的运行。

——应保护拟剥离区域以使其免受流水、积水等的浸润。潮湿的区域则应该预先挖掘水沟排水。

——维持植物蒸腾水平非常重要，应该在实施土壤剥离的当年制定一个合适的耕作制度。剥离之前应先清理剩余植被，如果是草地，应该先对其收割或放牧，农作物应进行收割。

剥离操作：

1.1　保护拟剥离区域以使其免受流水、积水等的浸润。潮湿的区域则应该预先挖掘水沟排水。

1.2　当土壤含水量达到剥离要求（协商确定）后再实施土壤剥离操作，并且当土壤水含量回升到这一水平时立即停止剥离。在着手工作之前应该获得一份官方气象预报，以保证土壤剥离进程不被降雨中断。如果剥离过程中发生了较大强度的降雨，则剥离工作应该向后推迟，同时已经受到干扰的土壤剖面应该被削切以抵基面。在天气预报认为至少有一个整天会保持干燥之前禁止剥离工作再度上马。

1.3　所有机器必须始终保持安全有效的运行。只有在地面状况能够满足其以最大功率工作的情况下才允许机械运行。当牵引力不足或者基层土或运料线路不完整时，应延缓剥离工作。

1.4　剥离进程应该遵循一个详细的剥离计划，这个计划应展示出拟剥离土壤的单位，运料路线以及运输工具调转（空间）相位。土壤单位应该依照区域标明土壤类型、层数以及土层厚度。每日坚持记录已实施剥离任务、地点及其土壤状况。

1.5　在每一个土壤单位范围内，基础层/地岩层之上的所有土层都被按照条带顺序逐步剥离，首先是表土层，接着是底土层；每个土层被剥离的都是其天然厚度，而不会混合更低土层成分。在当前（土层）带尚未完全被剥离到基础层之前，禁止实施下一个带的剥离。这常被称为“层状/带状”体系。这一体系包括土壤呈条带状逐步向前剥离（见附录图 1-1）。如果剥离区域具有一定坡度，则土壤带主轴应该与斜坡主轴方向平行。

1.6　应详细说明运料线路及贮土区位置，并且应该首先实施与前述情况类似的剥离操作。

1.7　推土机只允许在表土层运行；自动卸载卡车只允许在基础层/地岩层运行。

1.8　剥离就是指铲车从表土层上部对表土实施最大深度的挖掘并将其装上卡车。一般来讲，具有齿状边缘的挖斗要比没有挖斗的更优越。卡车沿着裸露土壤剖面运行，它们只能停靠或行驶在基础层上（见附录图 1-2）。

1.9　应该划定初始带的宽度和轴线。剥离宽度为铲车起重臂长度减掉挖掘作业所需的距离；一般来讲约 3～4m。有效的起重臂长度依据不同的剖面深度约缩短 1m 以上；在 1.5m 的有效起重臂长水平上，剥离宽度为 2m。

1.10　表土应该参照剥离宽度全面恢复，不允许掺杂底层土壤（在剥离带范围内，土层接合处最多可以暴露 20％的底层土）。必须在剥离前及剥离过程中确认土层接合处及其厚度。在底层土剥离之前，应该沿着剥离带对表土逐步实施剥离（见图 1-2）。

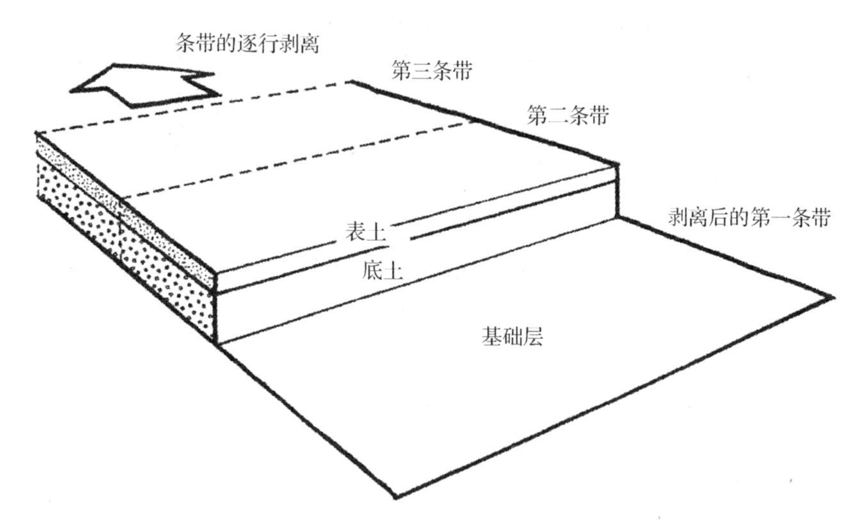

附录图 1-1 利用铲车和自动卸载卡车实施土壤剥离:层状体系

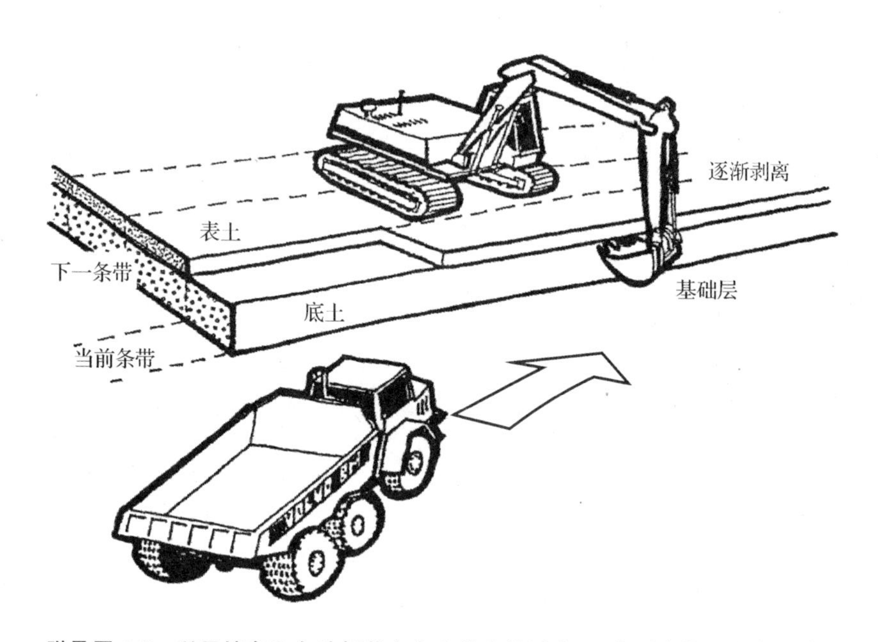

附录图 1-2 利用铲车和自动卸载卡车实施土壤剥离:一个剥离带上的表土清理

1.11 当前剥离带内的下部土层也应该按照统一方式实施剥离。应该保留下部土层的最后 25cm,以保护临近的表层土以避免其局部崩塌。作为将恢复为(完整)土壤物质组成部分的下一土层以及其他更低的土层都应重复实施这一操作过程(见附录图 1-3)。

1.12 当一个条带的剥离完成之后,对每一个拟剥离条带都要执行同样的程序,直至整个区域完成剥离。

1.13 如果一个区域的土壤要实施直接的替换而不需要成堆的土壤储存,那么上部土层的初始剥离带必须予以临时储存,以保证最底层土壤的剥离和原料的转运。在整个剥离程序的最后,开始储存的初始土壤通常会被置于远离初始剥离带的底层土壤之上,或者如果

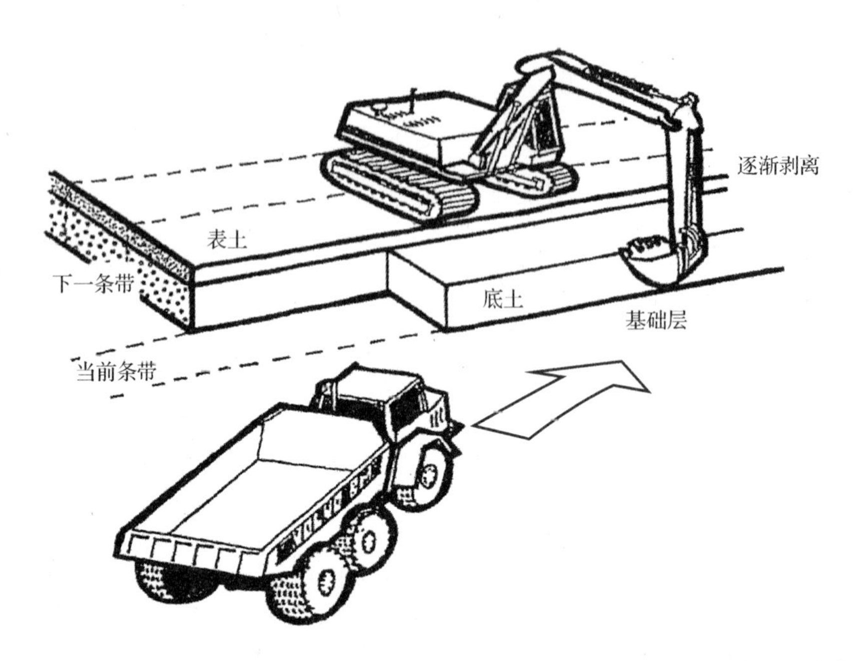

录图 1-3　利用铲车和自动卸载卡车实施土壤剥离：一个剥离带上的底层土移除

降雨中断了上述过程，则将其置于局部完成的土层剖面上。

1.14　如果剥离工作可能会被降雨中断，或者在很可能会有整夜降雨的情况下，应该在中断剥离之前将所有裸露底层土壤转移到基层土之上。做好预防措施以保护当前或下一个剥离带的基础不被水坑或沟渠的积水或水流浸润，并且打扫并清理基层土面。在每天的工作开始之前确保当前剥离带或工作区域内没有积水，并保持基础带平整、没有车辙。

第二篇　利用铲车和自动卸载卡车构筑储土堆

本篇的目的是为利用铲车和自动卸载卡车构筑储土堆提供一个方法范式以建立最优方法。

根据地点情形的不同以及规划专家要求，指南所给出的方法或许会做出相应的调整。如果确实如此，则应在与本方法的背离之处注明其原因。指南中并未明确指定所用设备之类型、大小及样式，但必须得承认这些应该属于计划编制的组成部分或者将其作为一个保留话题。所用之机械应该能够达到有效操作情况下可以最大限度地减少土壤板结(例如，具有宽阔的轮辙)，并且能够做到始终如一。

从事土壤或过度负荷等处理工作，以及土壤堆积场或(垃圾)弃置场设计或平整的人员，必须遵守《劳动健康与安全法》、1974 年法案及其相关法定条款——尤其是那些与垃圾弃置场、土壤堆积场及类似构筑物相关的方面。这一要求比所有篇章中所提到的任何其他措施都更具有优先权。

使用这些指导方针的人员自行负责所有可能产生的债务，对由于使用本指南而产生的任何形式的任何损失均不予承认。

在本土壤处理方法中，使用铲车构筑储土堆，同时用自动卸载卡车(铰链式或固定式)转运土壤。

由于具有强烈的土壤变形作用(板结和拖尾效应),这种土壤处理方法会影响修复土地的耕作质量。这种作用主要由交通运输引起,其作用强度随着土壤湿度的增大而加剧。

如果能够正确实施,这种方法的优点在于它通过最小化交通运输强度而避免造成土壤的强烈变形。然而,如果土堆的高度超过了起重臂的有效长度,卡车不得不在已经堆起的土壤上行驶时,运输就不可避免的产生土壤板结作用。需要在操作进程中对这种板结作用进行处理(见第三篇和第十八篇)。

确保土壤板结程度和范围最小化的操作要点如下:

(1)板结作用最小化:

——首先沿着运料线路和储土堆前进轨迹将土壤剥离至基础层上。

——自动卸载卡车只允许在基础层上停靠或行驶(直至升高到多层土堆的下一层)。

——只有在地面状况能够满足其以最大功率工作的情况下才允许机械运行。

——单层储土堆要优于多层储土堆,因为它可以避免储土之上的交通运输。

——在允许卡车进入更高一层土壤表面之前,只使用铲车提升土壤,并将储土堆高度达到最大。

——在多层储土堆的提升过程中,交通运输被限制在更底层土壤的表面。(这一层需要在挖掘作业土堆基础上实施震松。见第三篇和第十八篇)

(2)土壤浸润最小化:

——将土壤置于干燥之处以使其免遭来自临近区域的水流浸润。如果堆置场所比较湿润,要进行排水处理。

——沿着土堆的轴线方向最大限度的将其堆高,任何时候如果剥离进程发生中断,或者要作为分水岭使用,都需要将之修整成形。

——应采取措施使土层表面免遭积水浸润,同时使基础层处于能够承受自动卸载卡车的状态。

储存操作:

2.1 土堆应被置于干燥地面之上,而不应该置于凹陷之处,并且不应阻断当地排水设施。若有必要,土堆应该避免受到来自被阻断沟渠流水或积水的浸润,这些被阻断的沟渠原与合理的泄水设施相连。如果上层土壤的移除导致储土堆进入凹陷之处,则应采取相应措施避免积水进入储土区域。

2.2 所有机器必须始终保持安全有效的运行。只有在地面状况能够满足其以最大功率工作的情况下才允许机械运行。当牵引力不足或者基层土或运料线路不完整时,应延缓剥离工作。

2.3 剥离进程应该遵循一个详细的剥离计划,这个计划应展示出拟剥离土壤的单位,运料路线以及运输工具调转(空间)相位。土壤单位应该依照区域标明土壤类型、层数以及土层厚度。每日坚持记录已实施剥离任务、地点及其土壤状况。

2.4 事先经由运料线路、储土堆前进轨迹或者任何其他区域将表土以及下层土转移到基础层上;采用第一篇中开列的操作惯例。

2.5 自动卸载卡车只允许在运料线路和操作区域内行驶。卡车应该进入储土区,后退行驶并将土壤倾倒于距入口最远的地方。逆行钻进式铲车按照既定尺度将土壤堆成土堆。

铲车在土堆之上实施作业(见附录图 2-1)。随着土堆的不断形成,推土机被用来修整并加固土堆边缘,从而提升其防渗能力;尤其是在每天工作结束时开始下雨的情况下。这适用于任何未完工土堆表面。

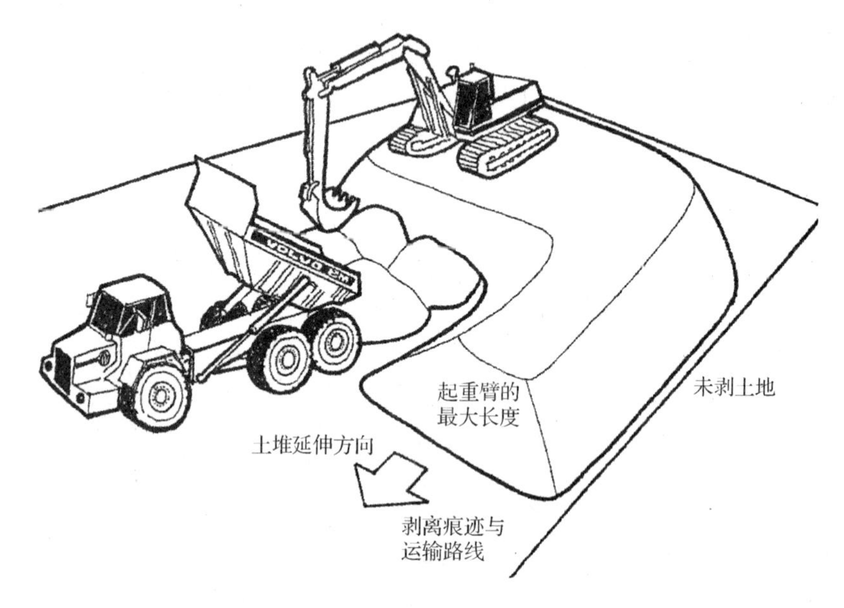

附录图 2-1　利用铲车和自动卸载卡车构筑储土堆:单层土堆

2.6　随着土壤挨着形成中的土堆不断倾倒,同时禁止车轮穿越已堆积土料,上述过程不断重复进行。操作过程沿着土堆主轴方向逐步实施。

2.7　如果卡车不驶上土堆,土堆的最大可能高度与铲车起重臂长有关(一般为 3～4m)。

2.8　要想使土堆更高,卡车就必须要驶上已构筑土堆。这样一来,土堆将被提升至最大高度(见附录图 2-2)。要使卡车驶上第一层需要提供一个斜坡,这个斜坡应保证运输畅通无阻。重复同样的程序将会形成下一对土层。如果仍需更高的堆土,则要再次重复同样的操作。

2.9　在每天降雨到来之前,应利用挖斗对土堆边缘/表面进行修整。每个工作日结束时都应保证土堆表面能够防止雨水入渗。最后一层堆土表面应该用挖斗不断修整以提升其防(雨水)渗能力。

2.10　遇到土壤湿润的情况应中止操作,并采取措施防止土堆基部或基础层出现积水。在每个工作日开始前确保基础层和操作区域无积水。

操作性变动:

2.11　使用装载机在前面挖掘多层堆土(见第三篇),然后就要采取第十八篇所描述方法在已构筑的平台上对被压实的交互层进行疏松。

第三篇　利用铲车和自动卸载卡车挖掘储土堆

本篇的目的是为利用铲车和自动卸载卡车挖掘储土堆提供一个方法范式以建立最优方法。

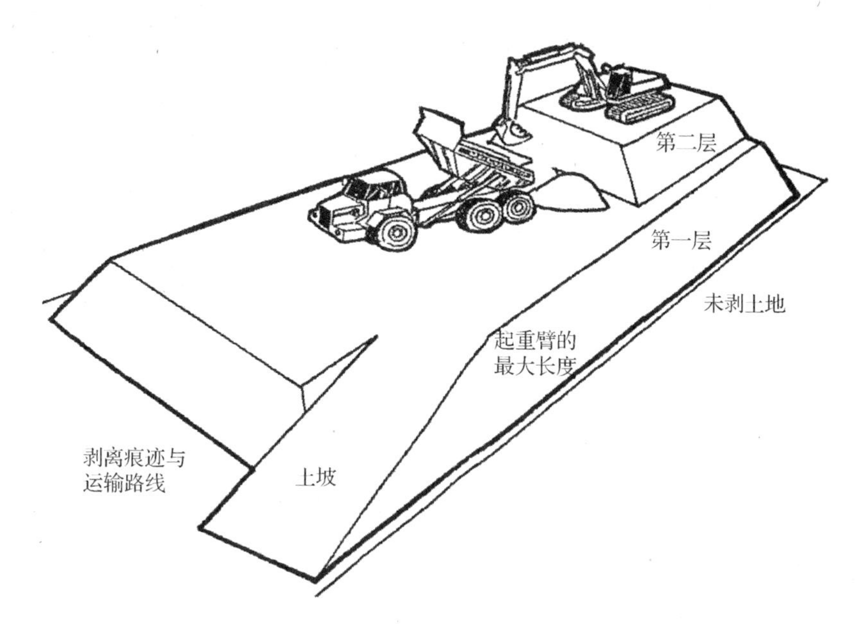

附录图 2-2 利用铲车和自动卸载卡车构筑储土堆:多层土堆

根据地点情形的不同以及规划专家要求,指南所给出的方法或许会做出相应的调整。如果确实如此,则应在与本方法的背离之处注明其原因。指南中并未明确指定所用设备之类型、大小及样式,但必须得承认这些应该属于计划编制的组成部分或者将其作为一个保留话题。所用之机械应该能够达到有效操作情况下可以最大限度地减少土壤板结(例如,具有宽阔的轮辙),并且能够做到始终如一。

从事土壤或过度负荷等处理工作,以及土壤堆积场或(垃圾)弃置场设计或平整的人员,必须遵守《劳动健康与安全法》、1974 年法案及其相关法定条款——尤其是那些与垃圾弃置场、土壤堆积场及类似构筑物相关的方面。这一要求比所有篇章中所提到的任何其他措施都更具有优先权。

使用这些指导方针的人员自行负责所有可能产生的债务,对由于使用本指南而产生的任何形式的任何损失均不予承认。

本土壤处理方法使用了逆行钻进式铲车将土壤装载到自动卸载卡车上,然后运往土壤置换地点。

由于具有强烈的土壤变形作用(板结和拖尾效应),这种土壤处理方法会影响修复土地的耕作质量。这种作用主要由交通运输引起,其作用强度随着土壤湿度的增大而加剧。

如果能够正确实施,这种方法的优点在于它通过最小化交通运输强度而避免造成土壤的强烈变形。这样一来,就不再需要额外的疏松工作。

确保避免严重土壤变形的操作要点如下:

板结作用最小化:

——铲车只允许在表土层运行;自动卸载卡车只允许在“基础层”/土层运行,任何情况下都不允许其驶上储土。

——铲车只能在储土堆上实施作业。

——只有在地面状况能够满足其以最大功率工作的情况下才允许机械运行。

——对多层堆土进行挖掘时，挖掘应该由最上层开始并逐层挖掘，运输限制在下一层的上表面范围内进行。

——如果出现了板结现象，则应采取措施在其装车之前进行疏松处理(参照本篇后面部分及第十八篇)。

土壤湿度及再给湿最小化：

——降雨发生之前或任何情况导致(土壤)置换延迟时，土堆都要被修整以防止雨水入渗。

——应采取措施使土层表面免遭积水浸润，同时使基础层处于能够承受自动卸载卡车的状态。

挖掘操作：

3.1　自动卸载卡车必须在操作区域内的运料线路上运行，两者缺一不可。对于单层储土堆而言，它们只能在基础层上运行。每日坚持记录已实施剥离任务、地点及其土壤状况。

3.2　铲车应该进入储存区并沿着活动挖掘面实施作业。如果使用的是逆行钻进式铲车，那么它们必须在储土堆上面为卡车装土(见附录图 3-1)。在沿着主轴不断后退之前应将土堆挖至其基础层。

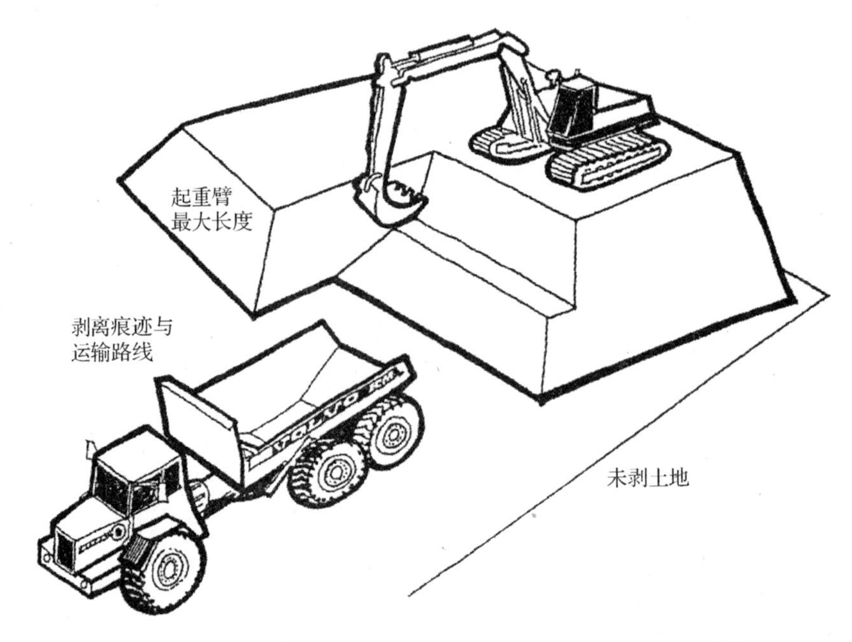

附录图 3-1　利用铲车和自动卸载卡车挖掘储土堆：单层储土堆

3.3　对于多层储土堆，挖掘作业应该从其最上层开始逐层展开。这是卡车在储土层上的运行的必然要求。挖掘应该与堆起时保持同样的高度以保证运输在同一土层表面运行，从而使进一步板结作用最小化(见附录图 3-2)。当上一个土层被移除后，已经运输出去的土壤应该进行疏松。这可以通过像第十八篇所描述的方法那样，在转载下一层之前不断堆起表面进行挖掘。尤为重要的是挖掘的有效性，并且应该在土壤被装车之前对其进行系统测试。每一土层都将重复同一操作程序。

3.4　每天都要对土堆边缘/面进行平整以使其能够抵抗雨水冲刷。每一个工作日结束时都应使土堆保持一定形状以防雨水入渗。

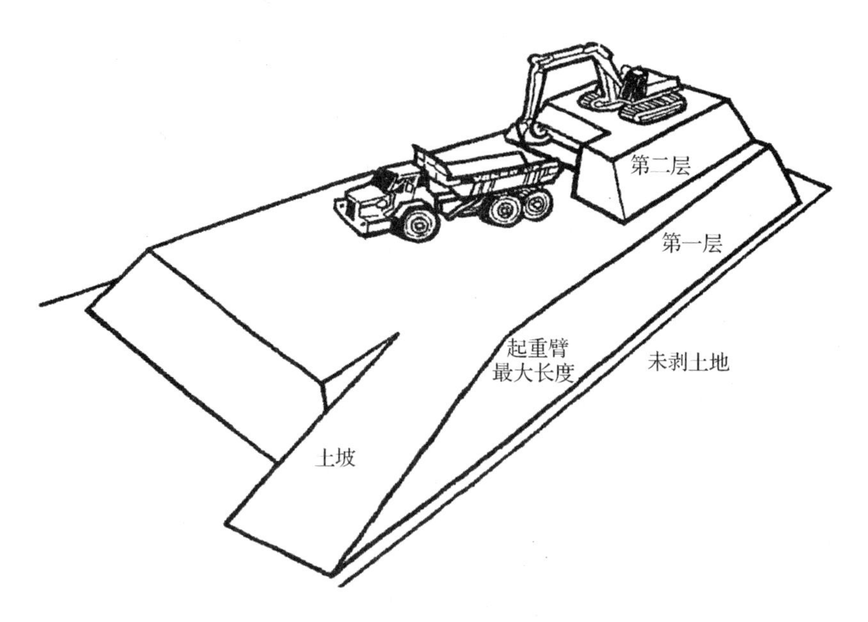

附录图 3-2 利用铲车和自动卸载卡车挖掘储土堆：多层储土堆

3.5 遇到土壤湿润情况应中止操作，并采取措施防止土堆基部或基础层出现积水。每个工作日开始前确保基础层和操作区域无积水。

操作性变动：

3.6 如果装载机和卡车只在基础层运行，那么可用之在前面挖掘单层储土堆（见附录图 3-3）。

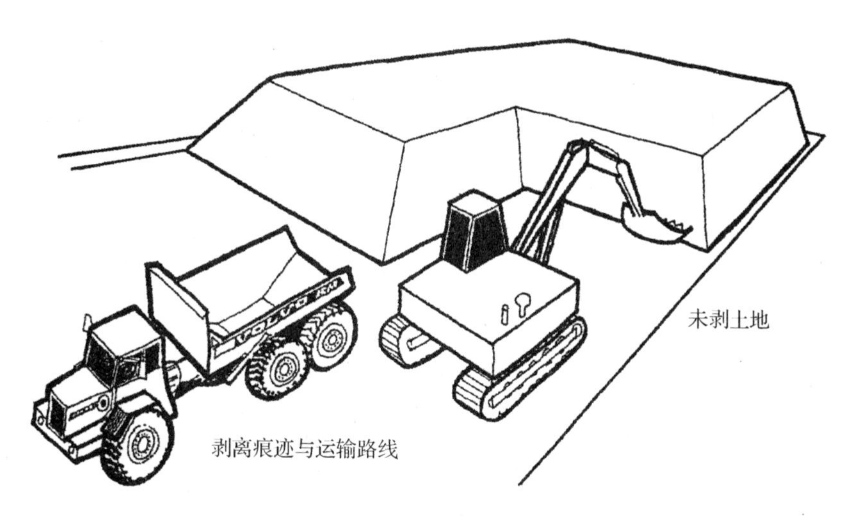

附录图 3-3 利用铲车和自动卸载卡车挖掘储土堆：单层或多层储土堆

3.7 如果位于构筑中平台式经板结过的交互土层已被疏松，那么就只能由装载机在前面对多层储土堆实施挖掘。

第四篇　利用铲车和自动卸载卡车实施土壤置换

本篇的目的是为利用铲车和自动卸载卡车实施土壤置换提供一个方法范式以建立最优方法。

根据地点情形的不同以及规划专家要求，指南所给出的方法或许会做出相应的调整。如果确实如此，则应在与本方法的背离之处注明其原因。指南中并未明确指定所用设备之类型、大小及样式，但必须得承认这些应该属于计划编制的组成部分或者将其作为一个保留话题。所用之机械应该能够达到有效操作情况下可以最大限度地减少土壤板结（例如，具有宽阔的轮辙），并且能够做到始终如一。

从事土壤或过度负荷等处理工作，以及土壤堆积场或（垃圾）弃置场设计或平整的人员，必须遵守《劳动健康与安全法》、1974 年法案及其相关法定条款——尤其是那些与垃圾弃置场、土壤堆积场及类似构筑物相关的方面。这一要求比所有篇章中所提到的任何其他措施都更具有优先权。

使用这些指导方针的人员自行负责所有可能产生的债务，对由于使用本指南而产生的任何形式的任何损失均不予承认。

本土壤处理方法使用了逆行钻进式铲车和自动卸载卡车（铰链式或固定式）。利用铲车将土壤铺开，并用自动卸载卡车将其运往置换区域。

由于具有强烈的土壤变形作用（板结和拖尾效应），这种土壤处理方法会影响修复土地的耕作质量。这种作用主要由交通运输引起，其作用强度随着土壤湿度的增大而加剧。

如果能够正确实施，这种方法的优点在于它通过最小化交通运输强度而避免造成土壤的强烈变形。因此，通常在置换过程中就不需要对土壤进行疏松处理，除非土壤在剥离或储存之后就处于板结状态。如果在置换过程中出现了土壤板结的情况，那么就应该在这一过程中实施疏松处理。并且，如果有必要的话还可以同时进行石块或有害物质的清理工作。疏松处理和物质的清理都有相关篇章单独介绍（见第十六到第十九篇）。

强烈建议尽早安装地下排水系统。如果需要，就应该在土壤置换期间或者在安置早期阶段陆续实施。在排水沟挖好之前，建议像对待草场一样布设和管理储土点。

确保避免严重土壤变形的操作要点如下：

板结作用最小化：

——自动卸载卡车只允许在“基础层”/无土层运行，任何情况下都不允许其驶上储土。

——铲车只能在基础层上实施作业。

——采用层状/带状体系可以避免卡车和铲车在土壤层上运行。

——只有在地面状况能够满足其以最大功率工作的情况下才允许机械运行。

——如果已经造成了土壤板结后果，则应采取措施予以处理（见第十八篇和第十九篇）。

土壤浸润和再给湿最小化：

——“层状/带状”体系为很好地控制较低土层在雨季的暴露，以及维持土壤水含量提供了基础。活动带以内的土壤剖面应该在降雨发生及断裂变缓之前被剥离到基层土上。

——采取措施使土层表面免遭积水浸润，同时使基础层处于能够承受自动卸载卡车的状态。

置换操作：

4.1　待恢复区域应该得到保护以免受流水、积水等的侵蚀。湿润区域事先必须进行排水处理。

4.2　在着手工作之前应该获得一份官方气象预报，以确保土壤置换顺利进行。如果置换过程中发生了较大强度的降雨，则剥离工作应该向后推迟，同时已经受到干扰的土壤剖面应该被削切以抵基面。在天气预报认为至少有一个整天会保持干燥之前禁止剥离工作再度上马。

4.3　所有机器必须始终保持安全有效的运行。只有在地面状况能够满足其以最大功率工作的情况下才允许机械运行。当牵引力不足或者基层土或运料线路不完整时，应延缓剥离工作。只有在基层土能够承受机器运行而不留下车辙或者可以修补或维持的情况下才允许操作实施。当牵引力不足或者基层土或运料线路不完整时，应延缓置换工作。

4.4　置换进程应该遵循一个详细的置换计划，这个计划应展示出拟置换土壤的单位，运料路线以及运输工具调转(空间)相位。土壤单位应该依照区域标明土壤类型、层数以及土层厚度。每日坚持记录已实施置换任务(包括石块和其他有害物质的清理，以及对是否需要进行附加的土壤震松工作及其成效所做出的评估)、地点及其土壤状况。

4.5　铲车和自动卸载卡车只允许在基础层/岩层上作业。

4.6　基础层/地岩层之上的所有土层都被按照条带顺序逐步置换，首先是下部土层，接着是表土层；每个土层都具有确定的置换厚度。在当前(土层)带尚未完全置换之前，禁止实施下一个带的置换。这常被称为“层状/带状”体系。这一体系包括在与储土点相交的土带上不断铺设(土壤)材料(见附录图 4-1)。

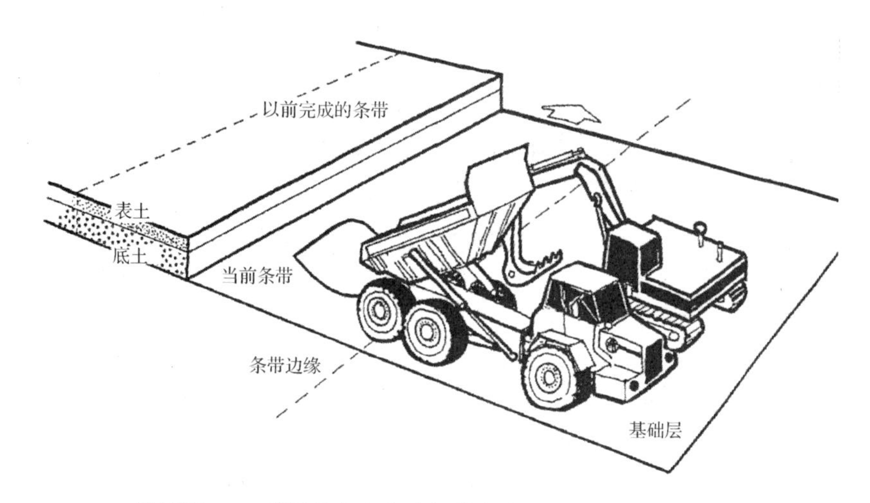

附录图 4-1　利用铲车和自动卸载卡车实施土壤置换:底层土

4.7　应明确划分初始带宽度和轴线。置换带宽度为铲车起重臂长度减掉挖掘作业所需的距离；一般来讲约为 5～8m。有效的起重臂长度依据不同的剖面深度约缩短 1m 以上；在 1.5m 的有效起重臂长水平上，置换宽度为 2m。应该使用具有刮板(刀刃)而不是齿状的挖斗以平展土壤。

4.8　让自动卸载卡车逆行接近置换带边缘并倾倒最底层(下层)土壤，同时保证卡车不要驶上置换带(见附录图 4-1)。在所有土壤都被置于置换带内而没有溢到基础层之后，自动卸载卡车才可以离开；这一过程或许会需要铲车帮忙“掘走”一些倾土(见附录图 4-2)。

铲车利用其挖斗通过挖掘、推进及反铲等方式让土壤铺展为整层厚度。上一车土在倾倒之后都要在下一车倾倒之前进行平展。如果待平展土壤含有较大土块(超过 300mm),则在下一车倾倒之前应该利用挖斗将其“切片”(见第十八篇)以使其破碎。这一过程需要从左到右不断地重复进行,直至整个土带达到预定的土层厚度(见附录图 4-3)。要不然就在某一土带置换完成之后立即通过撕劈对其进行震松(见第十九篇)。在下一层土壤安置之前,震松工作应该彻底完成。

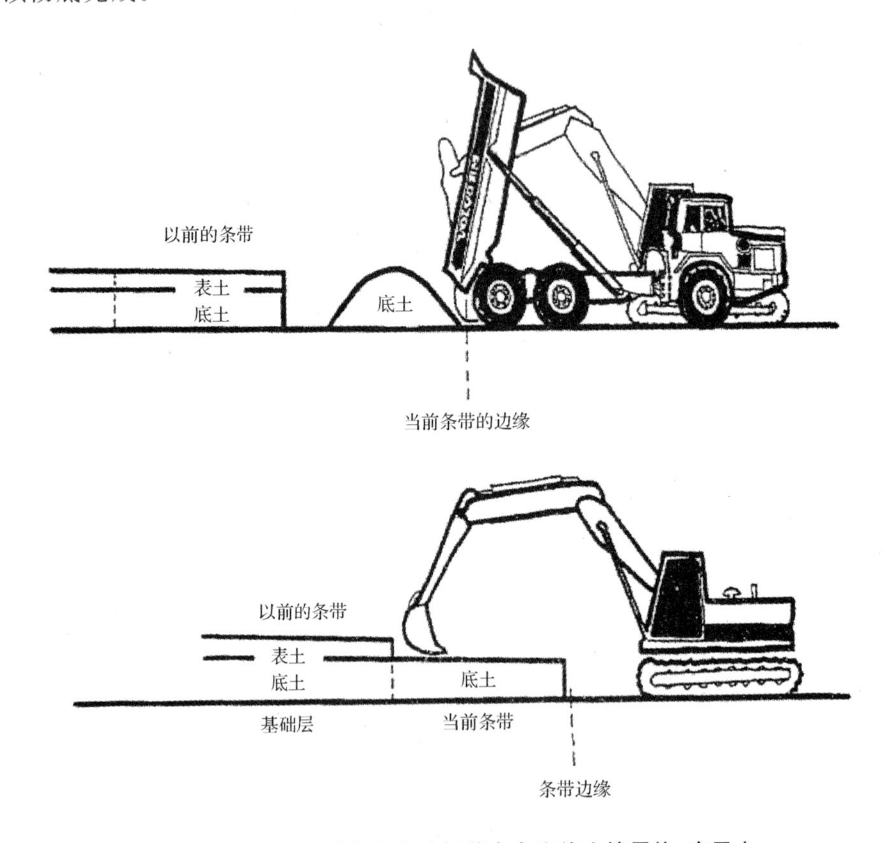

附录图 4-2 利用铲车和自动卸载卡车实施土壤置换:底层土

4.9 应用水平板和土坑确定每一土带的厚度及其总体水平。在因疏松土壤被替换而发生沉降的地方应给予一定的土壤补贴(如压缩比)。

4.10 如果石块也被当作置换任务的一部分而被清理,通常在一个土带完成置换之后应立即着手实施第十六章提出的方法。另一个适用于潜在有害物质(例如钢缆)清理的方法请参考第十七篇的内容。这些工作必须在下一个土层安置之前彻底实施。

4.11 当最下部土层(底层土)完成置换后,重复同样的程序完成下一土层(底土或表土)的平展(见附录图 4-4)。逆行将土壤倾倒于已铺平的土带/土壤外侧边缘,同时禁止卡车驶上已置换土层。如上所述,用铲车挖斗通过挖掘、推进及反铲等方式将土壤铺展成整层厚度,如果应用第十六篇和第十九篇中的方法,则要进行必要的震松或石子清理工作。沿着置换带(由左及右)不断重复上述程序,并进行必要的有害物质清理或土壤震松工作。利用水平板确定每一置换带的土层厚度及总体水平。

4.12 如果土壤剖面由更深土层(底层土)构成,则在该置换带完成置换工作之后需要

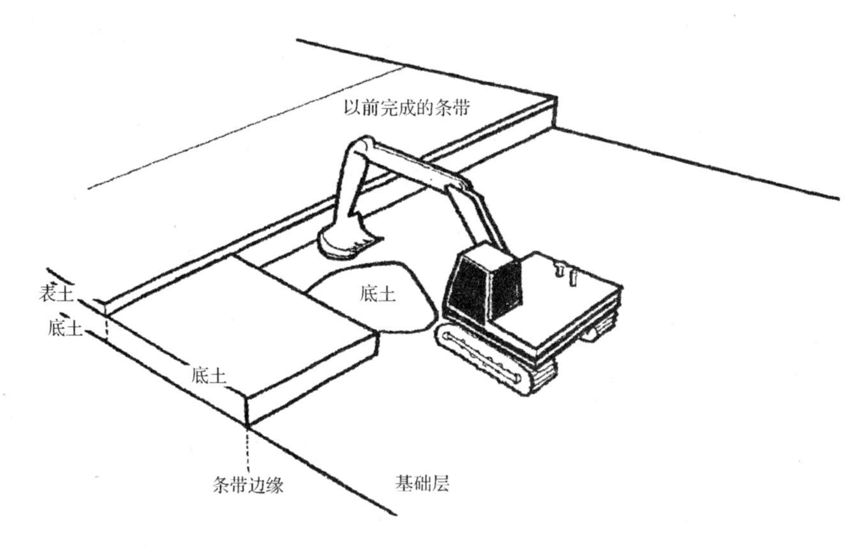

附录图 4-3　利用铲车和自动卸载卡车实施土壤置换:底层土的逐步铺展

重复执行上述程序。

4.13　表土完成置换之后,对下一置换层继续重复执行上述程序,直至整个置换区域完成土壤置换。置换工作之前应该保持基础层平整、干净。

4.14　如果天气预报有降雨发生,则在该工作日结束时应完成当前带的置换。如果一个工作日内很明显无法完成一个带的置换,那么只需要启动其中的一部分;同样,这一部分必须完成。

4.15　每一工作日结束时,或者置换工作被降雨打断时,应采取预备措施保护已恢复土带不受来自水坑或沟渠的积水/流水侵蚀,同时清理并平整基础土层。在每天的工作开始之前确保当前置换带或工作区域内没有积水,并且基础带是平整的,没有车辙。

操作性变动:

4.16　当被置换土层侧面高度达到 0.6～1m 的时候,由于受自动卸载卡车车体高度的限制,可能会无法将土壤从卡车中直接倾倒于前面的土壤之上。最好的解决办法是将土壤紧贴部分已经完成的剖面倾倒,而避免卡车驶上或倒进已经安置好的土料。然后用铲车将土壤扬至剖面之上。通常人们更倾向于接受一定限度的土壤损失而不会选择表层土的污染或负荷过度。如果基础层保持平整、干净,表土的损失将会达到最小。

4.17　如要疏松基础层/地岩层土壤,那么在任意土料安置之前,应该首先采用第十八或十九篇中所介绍的方法,在底部土层被置换之前对每个置换带的土壤进行疏松。基层土必须只能在指定用于放置土壤的置换带内进行疏松,并且只能在置换的当天实施上述工作。在这一过程中,或许有必要采用第十六或十七篇中提到的方法清理疏松过的基层土壤中的石块或有害物质。

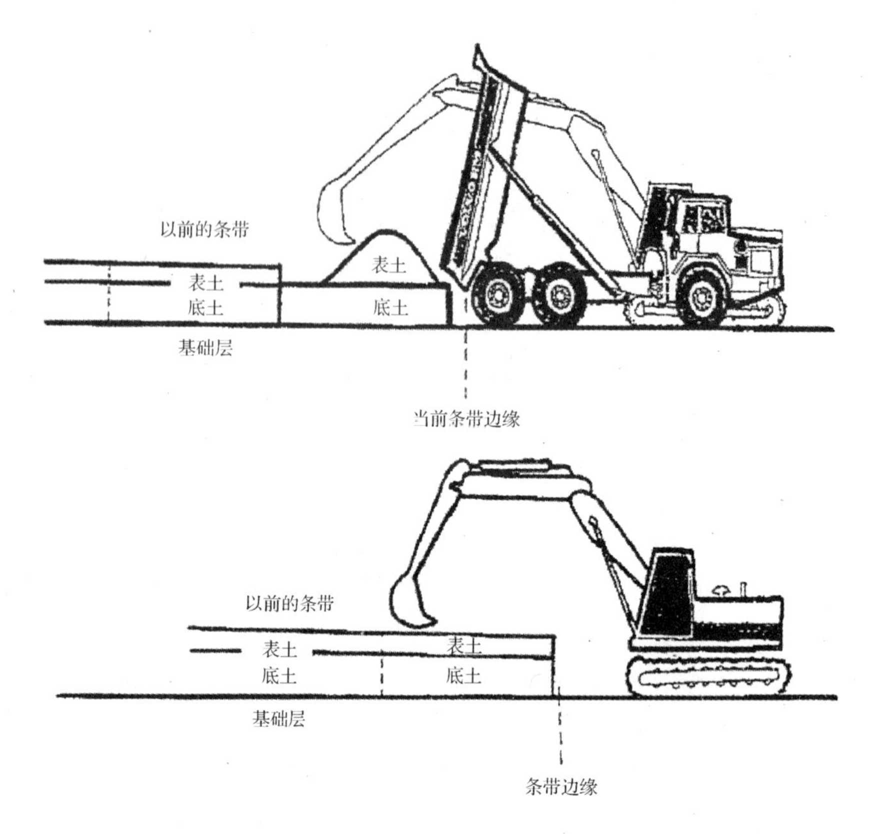

附录图 4-4　利用铲车和自动卸载卡车实施土壤置换:表层土

第五篇　利用牵引式刮土机实施土壤剥离

本篇的目的是为利用履带式推土机牵引刮土机挖掘储土堆提供一个方法范式以建立最优方法。

根据地点情形的不同以及规划专家要求,指南所给出的方法或许会做出相应的调整。如果确实如此,则应在与本方法的背离之处注明其原因。指南中并未明确指定所用设备之类型、大小及样式,但必须得承认这些应该属于计划编制的组成部分或者将其作为一个保留话题。所用之机械应该能够达到有效操作情况下可以最大限度地减少土壤板结(例如,具有宽阔的轮辙),并且能够做到始终如一。

从事土壤或过度负荷等处理工作,以及土壤堆积场或(垃圾)弃置场设计或平整的人员,必须遵守《劳动健康与安全法》、1974 年法案及其相关法定条款——尤其是那些与垃圾弃置场、土壤堆积场及类似构筑物相关的方面。这一要求比所有篇章中所提到的任何其他措施都更具有优先权。

使用这些指导方针的人员自行负责所有可能产生的债务,对由于使用本指南而产生的任何形式的任何损失均不予承认。

本土壤处理方法使用履带式推土机推动一个挖斗对土壤进行剥离并将其运往置换区域或储存点。或许还会另加一个推土机以帮助起重土壤并管理土壤剥离区域及运料路线。

由于具有强烈的土壤变形作用(板结和拖尾效应),这种利用刮土机进行土壤处理的方法会影响修复土地的耕作质量。这种作用主要由铲车起重、储土堆构筑、挖掘过程中在土壤上实施的交通运输引起，其作用强度随着土壤湿度的增大而加剧。

为了使剥离过程引起的土壤变形程度和范围最小化，同时作为替换过程中有效的土壤疏松工作的辅助，应该遵循以下操作要点：

板结作用最小化：

——在土堆一端采取“只进一只出”的办法可使交通运输量达到最小。

——只有在地面状况能够满足其以最大功率工作的情况下才允许机械运行。

——尽量加大铲起土层厚度，同时保持运行效率，必要的话可另加一台推土机助推。

——土层含水量应与其塑性上限保持5%或更高的差额。土壤水分含量可通过烘炉干燥的方法进行评定，测试土样应该采自代表性区域以及各土层内的中/低区域。(或者依照计划情况采样)。

(2)土壤浸润和再给湿最小化：

——“层状/带状”体系为很好的控制较低土层在雨季的暴露，以及维持土壤水含量提供了基础。活动带以内的土壤剖面应该在降雨发生及断裂变缓之前被剥离到基层土上。

——应采取措施使土层表面免遭积水浸润，同时使基础层处于能够承受刮土机的状态。

——待剥离区域应该得到保护以免受流水、积水等侵蚀。湿润区域事先必须进行排水处理。

——维持植物蒸腾水平非常重要，应该在实施土壤剥离的当年制定一个合适的耕作制度。剥离之前应先清理剩余植被，如果是草地，应该先对其收割或放牧，农作物应进行收割。

剥离操作：

5.1 待剥离区域应该得到保护以免受流水、积水等侵蚀。湿润区域事先必须进行排水处理。

5.2 当土壤含水量达到剥离要求(协商确定)后再实施土壤剥离操作，并且当土壤水含量回升到这一水平时立即停止剥离。在着手工作之前应该获得一份官方气象预报，以保证土壤剥离进程不被降雨中断。如果剥离过程中发生了较大强度的降雨，则剥离工作应该向后推迟，同时已经受到干扰的土壤剖面应该被削切以抵基面。在天气预报认为至少有一个整天会保持干燥之前禁止剥离工作再度上马。

5.3 所有机器必须始终保持安全有效的运行。只有在地面状况能够满足其以最大功率工作的情况下才允许机械运行。当牵引力不足或者基层土或运料线路不完整时，应延缓剥离工作。

5.4 剥离进程应该遵循一个详细的剥离计划，这个计划应展示出拟剥离土壤的单位，运料路线以及运输工具调转(空间)相位。土壤单位应该依照区域标明土壤类型、层数以及土层厚度。每日坚持记录已实施剥离任务、地点及其土壤状况。

5.5 在每一个土壤单位范围内，基础层/地岩层之上的所有土层都被按照条带顺序逐步剥离，首先是表土层，接着是底土层；每个土层被剥离的都是其天然厚度，而不会混合更低土层成分。在当前(土层)带尚未完全被剥离到基础层之前，禁止实施下一个带的剥离。这常被称为“层状/带状”体系。这一体系包括土壤的条带状前向剥离(见附录图5-1)。如果剥离区域具有一定坡度，则土壤带主轴应该与斜坡主轴方向平行。

5.6 应详细说明运料线路及贮土区位置，并且应该首先实施与前述情况类似的剥离操作。

5.7 实施剥离作业时，刮土机只允许在表土层运行；刮土机只允许从“入口”端进入，从“出口”端离开（见附录图 5-1）。如果可能，刮土机应沿着与前一次行驶相同的轨迹运行。如果需要推土机助推，则除刮土机之外它将是在剥离土壤上作业的唯一机器。

5.8 应该划定初始带的宽度和轴线。土壤剖面的剥离宽度约为机器宽度的 2～3 倍（约 6～12m）。

5.9 由剥离带最远端边缘开始（见附录图 5-1），土层将被以最大的厚度（不低于 150mm），经过最短的距离掘出，同时保持推土机和刮土机的运行效率（如有必要，另加推土机助推）。

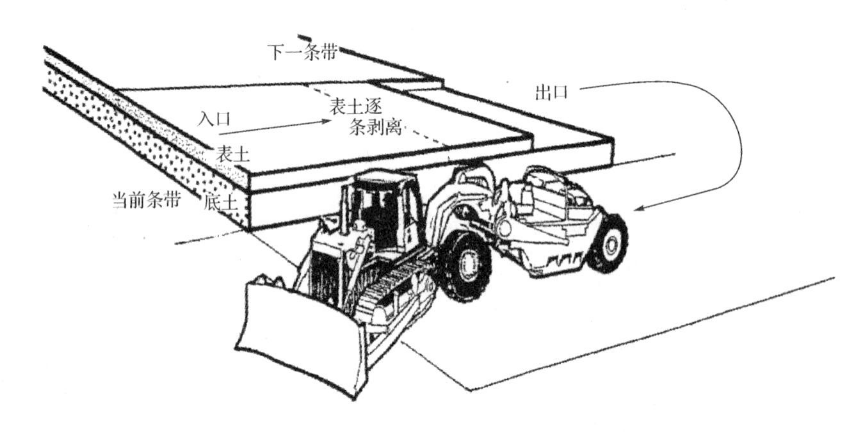

附录图 5-1 利用牵引式刮土机进行土壤剥离：表层土

5.10 表土应该参照剥离宽度全面恢复，不允许掺杂底层土壤（在剥离带范围内，土层接合处最多可以暴露 20%的底层土）。必须在剥离前及剥离过程中确认土层接合处及其厚度。在底层土剥离之前，应该沿着剥离带对表土逐步实施剥离。

5.11 当前剥离带内的下部土层也应该按照同一方式实施剥离（见附录图 5-2）。应该保留下部土层的最后 50cm，以保护临近的表层土以使其避免局部崩塌。作为将恢复为（完整）土壤物质组成部分的下一土层以及其他更低的土层都应重复实施这一操作过程。

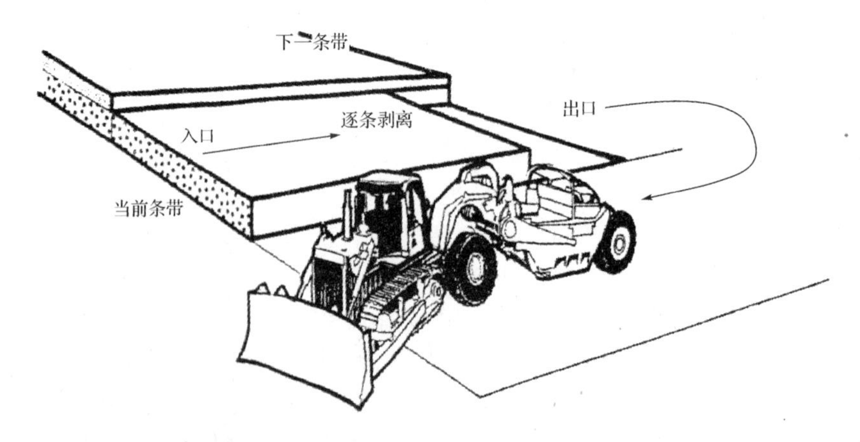

附录图 5-2 利用牵引式刮土机进行土壤剥离：底层土

5.12　当一个条带的剥离完成之后，对每一个拟剥离条带都要执行同样的程序，直至整个区域完成剥离。

5.13　如果一个区域的土壤要实施直接的替换而不需要成堆的土壤储存，那么上部土层的初始剥离带必须予以临时储存，以保证最底层土壤的剥离和原料的转运。在整个剥离程序的最后，开始储存的初始土壤通常会被置于远离初始剥离带的底层土壤之上，或者如果预报有降雨发生则将其置于局部完成的剖面上。

5.14　如果剥离工作可能会被降雨中断，或者在很可能会发生整夜降雨的情况下，应该在中断剥离之前将所有裸露底层土壤转移到基层土之上。做好预防措施以保护当前或下一个剥离带的基础不被水坑或沟渠的积水或水流浸润，并且打扫并清理基层土面。在每天的工作开始之前确保当前剥离带或工作区域内没有积水，并保持基础带平整、没有车辙。

第六篇　利用牵引式刮土机构筑储土堆

本篇的目的是为利用牵引式刮土机构筑储土堆提供一个方法范式以建立最优方法。

根据地点情形的不同以及规划专家要求，指南所给出的方法或许会做出相应的调整。如果确实如此，则应在与本方法的背离之处注明其原因。指南中并未明确指定所用设备之类型、大小及样式，但必须得承认这些应该属于计划编制的组成部分或者将其作为一个保留话题。所用之机械应该能够达到有效操作情况下可以最大限度地减少土壤的(例如，具有宽阔的轮辙)，并且能够做到始终如一。

从事土壤或过度负荷等处理工作，以及土壤堆积场或(垃圾)弃置场设计或平整的人员，必须遵守《劳动健康与安全法》、1974 年法案及其相关法定条款——尤其是那些与垃圾弃置场、土壤堆积场及类似构筑物相关的方面。这一要求比所有篇章中所提到的任何其他措施都更具有优先权。

使用这些指导方针的人员自行负责所有可能产生的债务，对由于使用本指南而产生的任何形式的任何损失均不予承认。

本土壤处理方法使用履带式推土机推动挖斗将土壤运送并安置于储土区域。或许还会使用另外一台推土机为刮土机助推以构筑储土堆，同时整理储土堆并维护运料线路。

由于具有强烈的土壤变形作用(板结和拖尾效应)，这种利用刮土机进行土壤处理的方法会影响修复土地的耕作质量。这种作用主要由铲车起重、储土堆的构筑、挖掘等过程中在土壤上实施的交通运输引起，其作用强度随着土壤湿度的增大而加剧。

为了使剥离过程引起的土壤变形程度和范围最小化，同时作为替换过程中有效的土壤疏松工作的辅助，应该遵循以下操作要点：

板结作用最小化：

——预先沿着运料线路以及储土堆前进轨迹将土壤剥离到基础层。

——在储土堆一端采取“只进一只出”的办法可使交通运输量达到最小。

——最大限度的分离土层，同时保持运行效率，必要的话可以推土机作为辅助工具。

——只有在地面状况能够满足其以最大功率工作的情况下才允许机械运行。

(2)土壤浸润最小化：

——将土壤置于干燥之处以使其免遭来自临近区域的水流浸润。如果堆置场所比较湿润，要进行排水处理。

——沿着土堆的轴线方向最大限度的将其堆高，任何时候如果剥离进程发生中断，或者要作为分水岭使用，就需要将之修整成形。

——应采取措施使土层表面免遭积水浸润，同时使基础层处于能够承受刮土机的状态。

储土操作：

6.1　土堆应被置于干燥地面之上，而不应该置于凹陷之处，同时不应阻断当地排水设施。若有必要，土堆应该避免受到来自被阻断沟渠流水或积水的浸润，这些被阻断的沟渠原与合理的泄水设施相连。如果上层土壤的移除导致储土堆进入凹陷之处，则应采取相应措施避免积水进入储土区域。

6.2　所有机器必须始终保持安全有效的运行。只有在地面状况能够满足其以最大功率工作的情况下才允许机械运行。当牵引力不足或者基层土或运料线路不完整时，应延缓剥离工作。

6.3　剥离进程应该遵循一个详细的剥离/储存计划，这个计划应展示出拟剥离并储存土壤的单位，运料路线以及运输工具调转(空间)相位。储土堆两侧都需要建立运料线路，当用推土机进行堆置时其中一侧需要运料线路。土壤单位应该依照区域标明土壤类型、层数以及土层厚度。每日坚持记录已实施剥离任务、地点及其土壤状况。

6.4　事先经由运料线路、储土堆前进轨迹和“作业区”，采用第五篇提出的惯例将表土以及下层土转移到过度负荷层/基础层上。经由上述两个途径移除的土壤应分别堆置。

6.5　刮土机只允许在运料线路和操作区域内行驶，并且沿着指定的“只进一只出”线路进入或离开储土堆前进轨迹。尤其是在每天工作结束时开始下雨的情况下。这适用于任何未完工土层表面。应以最短的距离(从储土堆的远端算起)尽量深地“分离”土层(300mm)，同时维持刮土机运行效率(如果需要可采用另一台推土机助推)。应首先从储土区域的一端开始放置土壤并逐步堆高，之后则要沿着土堆的轴线进行；同时尽量使刮土机在同一条轨迹上运行(见附录图 6-1)。

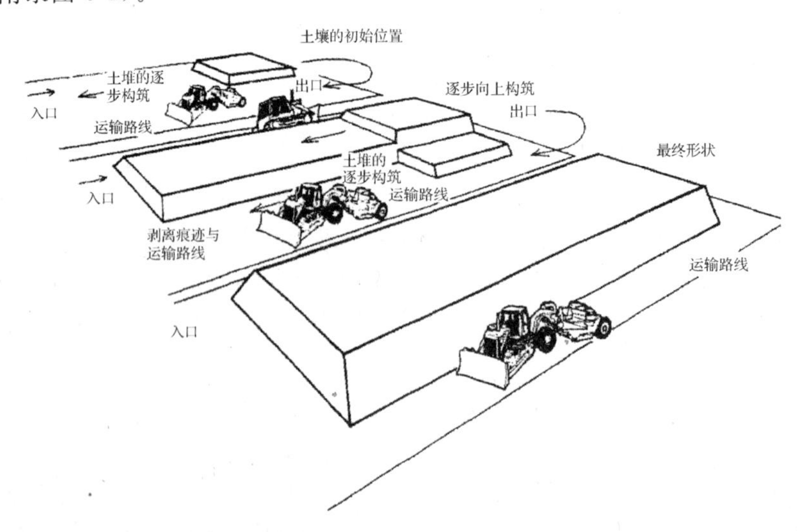

附录图 6-1　利用牵引式刮土机构筑储土堆：单层和多层储土堆

6.6 在每天降雨到来之前，应该使用挖斗对土堆边缘/表面进行修整。每个工作日结束时都应保证土堆表面能够防止雨水入渗。最后一层土堆表面应该用挖斗不断修整以提升其防(雨水)渗能力。

6.7 遇到土壤湿润的情况应中止操作，并采取措施防止土堆基部或基础层出现积水。在每个工作日开始前确保基础层和操作区域无积水。

第七篇 利用牵引式刮土机挖掘储土堆

本篇的目的是为利用推土机牵引刮土机提供一个方法范式以建立最优方法。

根据地点情形的不同以及规划专家要求，指南所给出的方法或许会做出相应的调整。如果确实如此，则应在与本方法的背离之处注明其原因。指南中并未明确指定所用设备之类型、大小及样式，但必须得承认这些应该属于计划编制的组成部分或者将其作为一个保留话题。所用之机械应该能够达到有效操作情况下可以最大限度地减少土壤板结(例如，具有宽阔的轮辙)，并且能够做到始终如一。

从事土壤或过度负荷等处理工作，以及土壤堆积场或(垃圾)弃置场设计或平整的人员，必须遵守《劳动健康与安全法》、1974 年法案及其相关法定条款——尤其是那些与垃圾弃置场、土壤堆积场及类似构筑物相关的方面。这一要求比所有篇章中所提到的任何其他措施都更具有优先权。

使用这些指导方针的人员自行负责所有可能产生的债务，对由于使用本指南而产生的任何形式的任何损失均不予承认。

本土壤处理方法使用履带式推土机推动挖斗将从储土堆上挖掘土壤运送至置换区域。或许还会使用另外一台推土机为刮土机助推取土，同时整理储土堆并维护运料线路。

由于具有强烈的土壤变形作用(板结和拖尾效应)，这种利用刮土机进行土壤处理的方法会影响修复土地的耕作质量。这种作用主要由铲车起重、储土堆的构筑、挖掘以及(土壤)置换等过程中在土壤上实施的交通运输引起；其作用强度随着土壤湿度的增大而加剧。因此，为了获得令人满意的恢复效果，需要在置换过程中实施震松工作(见第十九篇)。如果采用牵引式刮土机实施土壤处理，那么土壤疏松就责无旁贷。

为了使储土堆挖掘过程引起的土壤变形程度和范围最小化，同时作为替换过程中有效的土壤疏松工作的辅助，应该遵循以下操作要点：

(1)板结作用最小化：

——刮土机只允许在基础层上沿着运料线路和储土堆前进轨迹行驶和停靠。

——在储土堆一端采取“只进一只出”的办法可使交通运输量达到最小。

——尽量深挖土层，同时保持运行效率，必要的话可以推土机作为助推工具。

(2)土壤浸润最小化：

——沿着土堆轴线方向逐步挖掘土壤，挖掘的同时或者当剥离工作被迫中断时，整理土堆使其保持一定形状以防止雨水入渗。

——应采取措施使土层表面免遭积水浸润，同时使基础层处于能够承受刮土机的状态。

挖掘操作：

7.1 刮土机只允许在运料线路和操作区域内行驶，并且沿着指定的“只进一只出”线路进入或离开储土堆前进轨迹。刮土机挖掘和运输土壤时应该沿着两端和土堆旁边保留的运料线路运行。

7.2　应以最短的距离尽量深挖土层(300mm)。挖土工作应该从土堆顶部开始,并且最好是在挖土机和刮土机在同一轨迹运行的情况下沿着储土堆的一侧开挖(从储土堆的远端开始)(见附录图 7-1)。其目的是通过轴线方向的逐步移除使裸露土壤遭受雨水冲刷的几率降到最低。或许还要使用另外一台推土机助推以移动土堆,同时整理和加固土堆。

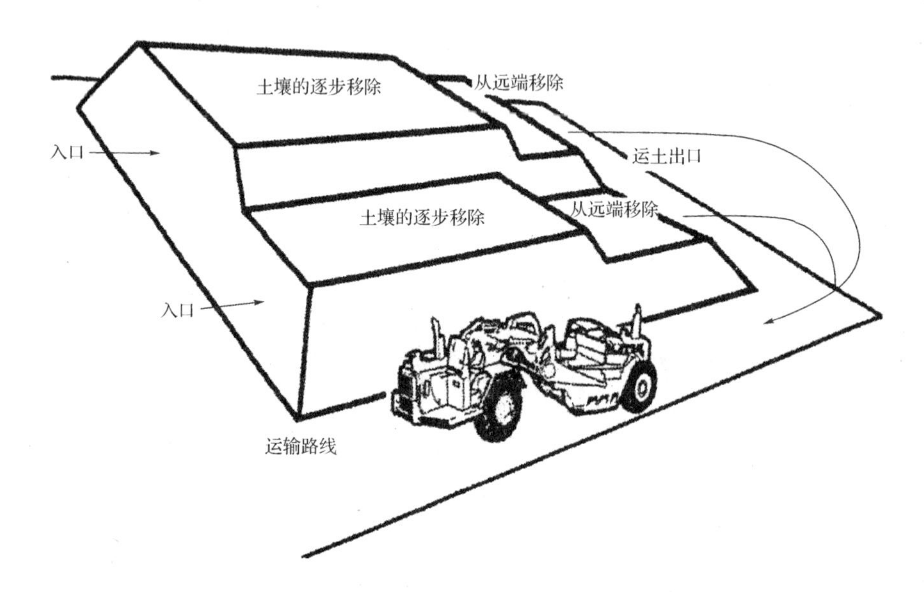

附录图 7-1　利用牵引式刮土机挖掘储土堆:单层和多层土堆

7.3　在每天降雨到来之前,应利用挖斗对土堆边缘/表面进行修整。每个工作日结束时都应保证土堆表面能够防止雨水渗入。

7.4　遇到土壤湿润的情况应中止操作,并采取措施防止土堆基部或基础层出现积水。在每个工作日开始前确保基础层和操作区域无积水。

第八篇　利用牵引式刮土机实施土壤置换

本篇的目的是为利用牵引式刮土机进行土壤置换提供一个方法范式以建立最优方法。

根据地点情形的不同以及规划专家要求,指南所给出的方法或许会做出相应的调整。如果确实如此,则应在与本方法的背离之处注明其原因。指南中并未明确指定所用设备之类型、大小及样式,但必须得承认这些应该属于计划编制的组成部分或者将其作为一个保留话题。所用之机械应该能够达到有效操作情况下可以最大限度地减少土壤板结(例如,具有宽阔的轮辙),并且能够做到始终如一。

从事土壤或过度负荷等处理工作,以及土壤堆积场或(垃圾)弃置场设计或平整的人员,必须遵守《劳动健康与安全法》、1974 年法案及其相关法定条款——尤其是那些与垃圾弃置场、土壤堆积场及类似构筑物相关的方面。这一要求比所有篇章中所提到的任何其他措施都更具有优先权。

使用这些指导方针的人员自行负责所有可能产生的债务,对由于使用本指南而产生的任何形式的任何损失均不予承认。

本土壤处理方法使用履带式推土机推动挖斗完成土壤的运输和置放。

由于具有强烈的土壤变形作用(板结和拖尾效应),这种利用牵引式刮土机进行土壤处理的方法会影响修复土地的耕作质量。这种作用主要由铲车起重、储土堆的构筑、挖掘以及(土壤)置换等过程中在土壤上实施的交通运输引起;其作用强度随着土壤湿度的增大而加剧。因此,为了获得令人满意的恢复效果,需要在置换过程中实施震松工作(见第十九篇)。如果采用牵引式刮土机实施土壤处理,那么土壤疏松过程就不可避免。

强烈建议尽早安装地下排水系统。如果需要,就应该在土壤置换期间或者在安置早期阶段陆续实施。在排水沟挖好之前,建议像对待草场一样布设和管理储土点。

为了使储土堆挖掘过程引起的土壤变形程度和范围最小化,同时作为替换过程中有效的土壤疏松工作的辅助,应该遵循以下操作要点:

(1)板结最小化及震松最优化:

——在储土堆一端采取“只进一只出”的办法可使交通运输量达到最小。

——只有在地面状况能够满足其以最大功率工作的情况下才允许机械运行。

——对于刮土机土壤置换法来说,有效的土壤震松操作是必不可少(见第十九篇)。

——土层含水量应与其塑性上限保持5%或更高的差额。土壤水分含量可通过烘炉干燥的方法进行评定,测试土样应该采自代表性区域以及各土层内的中/低区域。(或者依照计划情况采样)。

(2)土壤再给湿最小化与有效震松:

——“层状/带状”体系为很好的控制较低土层在雨季的暴露,以及维持土壤水含量提供了基础。活动带以内的土壤剖面应该在降雨发生及断裂变缓之前被剥离到基层土上。

——应采取措施使土层表面免遭积水浸润,同时使基础层处于能够承受刮土机的状态。

——待置换区域应得以保护以免受流水、积水等侵蚀。湿润区域事先必须进行排水处理。

置换操作:

8.1　保护拟置换区域以使其免受流水、积水等的浸润。潮湿的区域则应该预先挖掘水沟排水。

8.2　在着手工作之前应该获得一份官方气象预报,以保证土壤置换进程不被降雨中断。如果置换过程中发生了较大强度的降雨,则置换工作应该向后推迟,同时已经受到干扰的土壤剖面应该被削切以抵基面。在天气预报认为至少有一个整天会保持干燥之前禁止置换工作再度上马。

8.3　所有机器必须始终保持安全有效的运行。只有在地面状况能够满足其以最大功率工作的情况下才允许机械运行。当牵引力不足或者基层土或运料线路不完整时,应延缓置换工作。只有当基层土能够承受机器运行而不留下车辙或者可以修补或维持的情况下才允许操作实施。当牵引力不足或者基层土或运料线路不完整时,应延缓置换工作。所有运料线路都应得到维护。

8.4　置换进程应该遵循一个详细的置换计划,这个计划应展示出拟置换土壤的单位,运料路线以及运输工具调转(空间)相位。土壤单位应该依照区域标明土壤类型、层数以及土层厚度。每日坚持记录已实施置换任务(包括石块和其他有害物质的清理,以及对是否需要进行附加的土壤震松工作及其成效所做出的评估)、地点及其土壤状况。

8.5 刮土机只允许在运料线路和操作区域内的基础层/地岩层行驶,并且沿着指定的"只进一只出"线路进入或离开储土堆前进轨迹。刮土机应该尽可能沿着前面的土壤铺展路线运行。

8.6 基础层/地岩层之上的所有土层都依条带顺序逐步置换,首先是表土层,接着是底土层;每一土层都具有明确的置换厚度。在当前(土层)带尚未完全置换之前,禁止实施下一个带的置换。这常被称为"层状或带状"体系。这一体系包括土壤沿着与待恢复区域相交叉的方向逐步呈带状铺展(见附录图 8-1)。

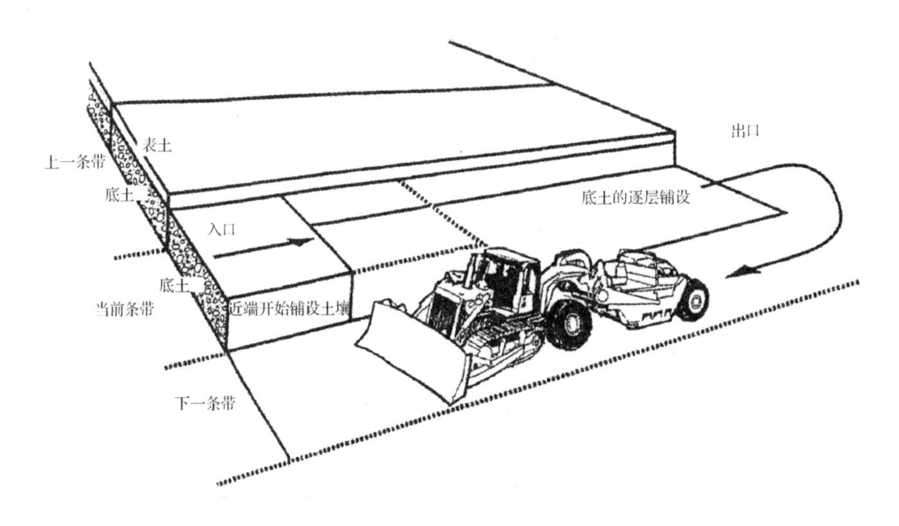

附录图 8-1 利用牵引式刮土机进行土壤置换:底层土

8.7 应该划定初始带的宽度和轴线。带宽应达到机械宽度的两倍(约 10m)。

8.8 由置换带的入口段开始对最下土层(底层土)实施置换。以最短的距离,尽量深地(如 300mm)慢慢"分离"土层(如 300mm),同时维持运行效率。沿着置换带方向不断重复上述过程完成置换并放置土壤(见附录图 8-1)。有必要对已完成置换带进行平整,但这种平整幅度要尽量最小,并且要使用刮土机或推土机,而不是压路机。

8.9 应用水平板和土坑确定每一土带的厚度及其总体水平。在因疏松土壤被替换而发生"隆起"的地方应给予一定的土壤补贴(如压缩比)。

8.10 应该在工作的规划阶段决定应用粉碎法,并且在这一过程中必须考虑土层厚度、疏松深度及所使用粉碎工具的有效工作深度(见第十九篇),以及清理石块及其他有害物质的必要性(见第十七篇)等因素。这些都要在置换规划中加以详细说明。只有当某一确定土层已经沿着置换带完成置换后,才能进行土壤疏松和有害物质清理工作,并且这些工作必须在下一个土层安置之前完成。

8.11 完成最下层(底层土)的置换(包括土壤疏松和有害物质清理)后,重复上述操作完成后面土层(底层土/表层土)的铺展(见附录图 8-2)。

8.12 表土置换完成后,继续对后面的置换带重复执行上述操作,直至完成整个恢复区的土壤置换。置换工作之前应该保持基础层平整、干净。

8.13 如果预报有降雨发生,则在该工作日结束时应完成当前带的置换。如果一个工

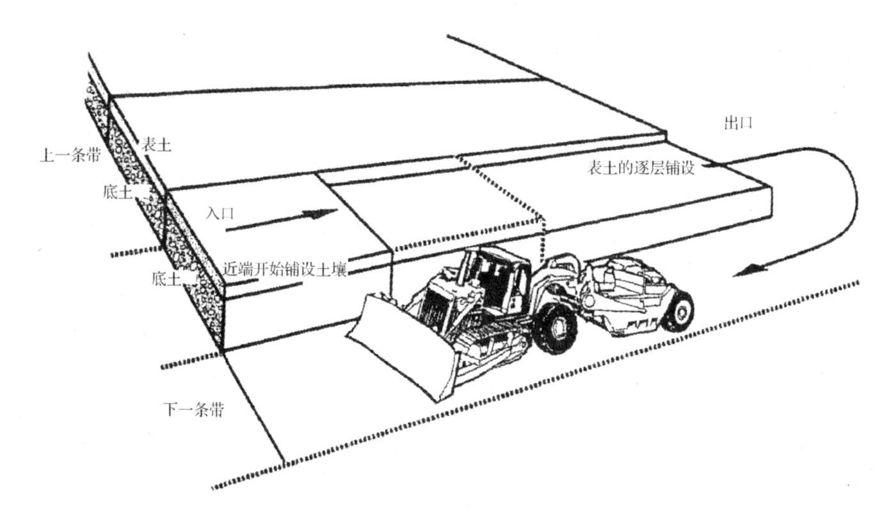

附录图 8-2 利用牵引式刮土机进行土壤置换:表层土

作日内很明显无法完成一个带的置换,那么只需要启动其中的一部分;同样,这一部分必须完成。

8.14 每一工作日结束时,或者白天置换工作被降雨中断时,应做好预防工作以保护当前或下一个剥离带的基础不被水坑或沟渠的积水或水流浸润,并且打扫并清理基层土面。在每天的工作开始之前确保当前置换带或工作区域内没有积水,并保持基础层平整、无车辙。

操作性变动:

8.15 如果要对基础层/地岩层土壤进行疏松,那么在任何土料放置之前,所有置换带土壤都应该在底层土被置换之前完成疏松。本指南第十九篇中对(土壤)疏松进行了介绍,其内容涵盖疏松策略、工具以及操作方法等。基层土必须只能在指定用于放置土壤的置换带内进行疏松,并且只能在放置土壤的当天实施上述工作。在这一过程中,或许有必要采用第十六或十七篇中提到的方法清理经过疏松的基层土中的石块或有害物质。

第九篇 利用自行式刮土机实施土壤剥离

本篇的目的是为利用自行式刮土机进行土壤剥离提供一个方法范式以建立最优方法。

根据地点情形的不同以及规划专家要求,指南所给出的方法或许会做出相应的调整。如果确实如此,则应在与本方法的背离之处注明其原因。指南中并未明确指定所用设备之类型、大小及样式,但必须得承认这些应该属于计划编制的组成部分或者将其作为一个保留话题。所用之机械应该能够达到有效操作情况下可以最大限度地减少土壤板结(例如,具有宽阔的轮辙),并且能够做到始终如一。

从事土壤或过度负荷等处理工作,以及土壤堆积场或(垃圾)弃置场设计或平整的人员,必须遵守《劳动健康与安全法》、1974 年法案及其相关法定条款——尤其是那些与垃圾弃置场、土壤堆积场及类似构筑物相关的方面。这一要求比所有篇章中所提到的任何其他措施都更具有优先权。

使用这些指导方针的人员自行负责所有可能产生的债务，对由于使用本指南而产生的任何形式的任何损失均不予承认。

本土壤处理方法使用履带式推土机推动挖斗对土壤进行剥离并运往置换地或储存区。或许还会另加一个推土机以辅助起重土壤并管理剥离区域及运料路线。

由于具有强烈的土壤变形作用(板结和拖尾效应)，本方法会影响修复土地的耕作质量。这种作用主要由铲车起重、储土堆的构筑、挖掘以及(土壤)置换等过程中在土壤上实施的交通运输引起：其作用强度随着土壤湿度的增大而加剧。因此，为了获得令人满意的恢复效果，需要在置换过程中实施震松工作(见第十九篇)。如果采用牵引式刮土机实施土壤处理，那么土壤疏松就责无旁贷。

为了使土壤剥离过程引起的土壤变形程度和范围最小化，同时作为替换过程中有效的土壤疏松工作的辅助，应该遵循以下操作要点：

(1)板结作用最小化：

——在剥离带一端采取“只进—只出”的办法可使交通运输量达到最小。

——只有在地面状况能够满足其以最大功率工作的情况下才允许机械运行。

——尽量加大铲起土层厚度，同时维持运行效率，必要时可另加推土机助推。

——层含水量应与其塑性上限保持5%或更高的差额。土壤水分含量可通过烘炉干燥的方法进行评定，测试土样应该采自代表性区域以及各土层内的中/低区域。(或者依照计划情况采样)。

(2)土壤浸润及再给湿最小化：

——“层状/带状”体系为很好的控制较低土层在雨季的暴露，以及维持土壤水含量提供了基础。活动带以内的土壤剖面应该在降雨发生及断裂变缓之前被剥离到基层土上。

——应采取措施使土层表面免遭积水浸润，同时使基础层处于能够承受刮土机的状态。

——待剥离区域应得以保护以免受流水、积水等侵蚀。湿润区域事先必须进行排水处理。

——维持植物蒸腾水平非常重要，应该在实施土壤剥离的当年制定一个合适的耕作制度。剥离之前应先清理剩余植被，如果是草地，应该先对其收割或放牧，农作物应进行收割。

剥离操作：

9.1　保护拟剥离区域以使其免受流水、积水等的浸润。潮湿的区域则应该预先挖掘水沟排水。

9.2　当土壤含水量达到剥离要求(协商确定)后再实施土壤剥离操作，并且当土壤水含量回升到这一水平时立即停止剥离。在着手工作之前应该获得一份官方气象预报，以保证土壤剥离进程不被降雨中断。如果剥离过程中发生了较大强度的降雨，则剥离工作应该向后推迟，同时已经受到干扰的土壤剖面应该被削切以抵基面。在天气预报认为至少有一个整天会保持干燥之前禁止剥离工作再度上马。

9.3　所有机器必须始终保持安全有效的运行。只有在地面状况能够满足其以最大功率工作的情况下才允许机械运行。当牵引力不足或者基层土或运料线路不完整时，应延缓置换工作。只有当基层土能够承受机器运行而不留下车辙或者可以修补或维持的情况下才允许操作实施。当牵引力不足或者基层土或运料线路不完整时，应延缓置换工作。所有运料线路都应得到维护。

9.4 置换进程应该遵循一个详细的置换计划，这个计划应展示出拟置换土壤的单位，运料路线以及运输工具调转(空间)相位。土壤单位应该依照区域标明土壤类型、层数以及土层厚度。每日坚持记录已实施置换任务、地点及其土壤状况。

9.5 在每一个土壤单位范围内，基础层/地岩层之上的所有土层都被按照条带顺序逐一剥离，首先是表土层，接着是底土层；每个土层被剥离的都是其天然厚度，而不会混合更低土层成分。在当前(土层)带尚未完全被剥离到基础层之前，禁止实施下一个带的剥离。这常被称为“层状/带状”体系。这一体系包括土壤呈条带状逐步向前剥离(见附录图 9-1)。如果剥离区域具有一定坡度，则土壤带主轴应该与斜坡主轴方向平行。

9.6 应详细说明运料线路及贮土区位置，并且应该首先实施与前述情况类似的剥离操作。

9.7 只有当刮土机实施土壤剥离作业时才允许土层上行驶，否则它只能在基础层/地岩层上运行。刮土机沿着指定的“只进—只出”线路进入或离开储土堆前进轨迹(见附录图 9-1)。刮土机应该尽可能沿着原有路线运行。如果需要推土机助推，则除刮土机之外它将是在剥离土壤上作业的唯一机器。

9.8 应划定初始带的宽度和轴线。带宽应达到机械宽度的两到三倍(约 6～12m)。

9.9 由剥离带的最远端开始(见附录图 9-1)实施剥离作业，以最短的距离，铲起尽量厚的土层，同时维持自行式刮土机的运行效率(必要时使用另外一台推土机助推)。

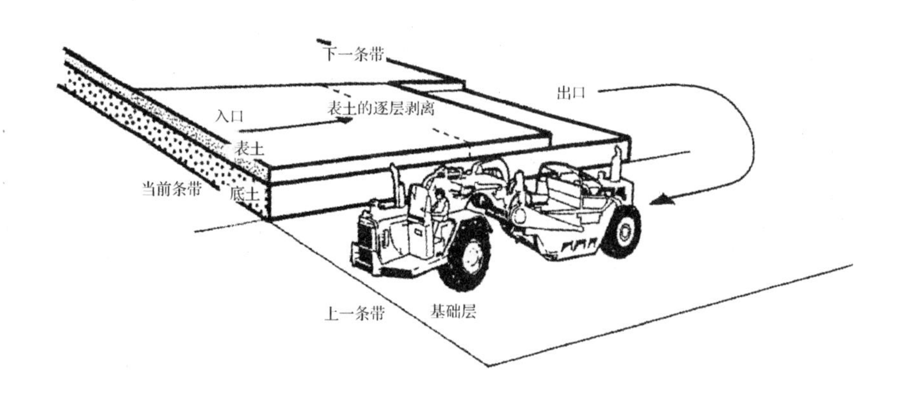

附录图 9-1 利用自行式刮土机进行土壤剥离：表层土

9.10 表土应该参照剥离宽度全面恢复，不允许掺杂底层土壤(在剥离带范围内，土层接合处最多可以暴露 20％的底层土)。必须在剥离前及剥离过程中确认土层接合处及其厚度。在底层土剥离之前，应该沿着剥离带对表土逐步实施剥离。

9.11 当前剥离带内的下部土层应该按照同一方式实施剥离和控制(见附录图 9-2)。应该保留下部土层的最后 50cm，以保护临近的表层土以使其避免局部崩塌。作为将恢复为(完整)土壤物质组成部分的下一土层以及其他更低的土层都应重复实施这一操作过程。

9.12 一个土带剥离完成后，继续重复上述过程完成后面各带的剥离，直至覆盖整个剥离区域。

9.13 如果一个区域的土壤要实施直接的替换而不需成堆储存，那么上部土层的初始

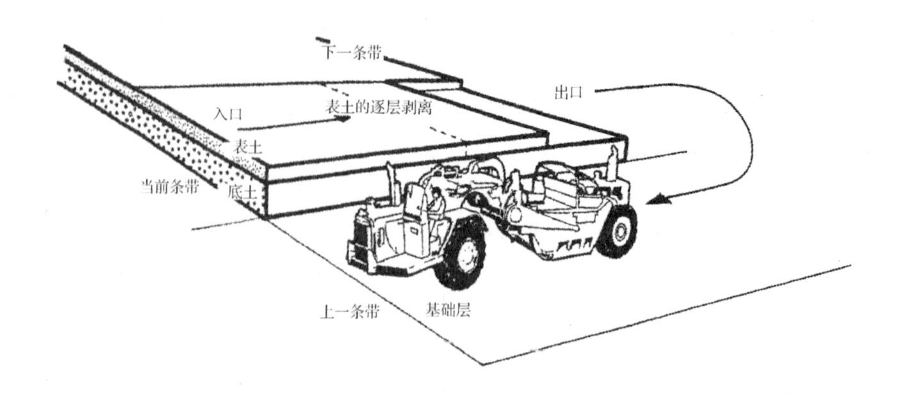

附录图 9-2　利用自行式刮土机进行土壤剥离:表层土

剥离带必须予以临时储存,以保证最下层土壤的剥离和土料的转运。在整个剥离程序的最后,开始储存的初始土壤通常会被置于远离初始剥离带的底层土壤之上,或者如果预报将有降雨发生,则将其置于局部完成的土层剖面上。

9.14　如果剥离工作可能会被降雨中断,或者在很可能会有整夜降雨的情况下,应该在中断剥离之前将所有裸露底层土壤转移到基层土之上。做好预防措施以保护当前或下一个剥离带的基础不被水坑或沟渠的积水或水流浸润,并且打扫并清理基层土面。在每天的工作开始之前确保当前剥离带或工作区域内没有积水,并保持基础带平整、没有车辙。

第十篇　利用自行式刮土机构筑储土堆

本篇的目的是为利用自行式刮土机构筑储土堆提供一个方法范式以建立最优方法。

根据地点情形的差异以及规划专家要求,指南所给出的方法或许会做出相应的调整。如果确实如此,则应在与本方法的背离之处注明其原因。指南中并未明确指定所用设备之类型、大小及样式,但必须得承认这些应该属于计划编制的组成部分或者将其作为一个保留话题。所用之机械应该能够达到有效操作情况下可以最大限度地减少土壤板结(例如,具有宽阔的轮辙),并且能够做到始终如一。

从事土壤或过度负荷等处理工作,以及土壤堆积场或(垃圾)弃置场设计或平整的人员,必须遵守《劳动健康与安全法》、1974 年法案及其相关法定条款——尤其是那些与垃圾弃置场、土壤堆积场及类似构筑物相关的方面。这一要求比所有篇章中所提到的任何其他措施都更具有优先权。

使用这些指导方针的人员自行负责所有可能产生的债务,对由于使用本指南而产生的任何形式的任何损失均不予承认。

本土壤处理方法使用自行式刮土机运输并安置土壤。或许还会使用另外一台推土机为刮土机助推以构筑储土堆,同时整理储土堆并维护运料线路。

由于具有强烈的土壤变形作用(板结和拖尾效应),这种利用刮土机进行土壤处理的方法会影响修复土地的耕作质量。这种作用主要由铲车起重、储土堆的构筑、挖掘等过程中在土壤上实施的交通运输引起，其作用强度随着土壤湿度的增大而加剧。因此，为了获得令人满意的恢复效果，需要在置换过程中实施震松工作(见第十九篇)。如果采用自行式刮土机进行土壤处理，那么土壤疏松就责无旁贷。

为了使储土堆构筑过程引起的土壤变形程度和范围最小化，同时为有效辅助置换过程中的土壤疏松工作，应该遵循以下操作要点：

(1)板结作用最小化：

——预先沿着运料线路以及储土堆前进轨迹将土壤剥离到基础层。

——在储土堆一端采取“只进一只出”的办法可使交通运输量达到最小。

——最大限度的分离土层，同时保持运行效率，必要的话可另加一台推土机作为助推工具。

——只有在地面状况能够满足其以最大功率工作的情况下才允许机械运行。

(2)土壤浸润最小化：

——将土壤置于干燥之处以使其免遭来自临近区域的水流浸润。如果堆置场所比较湿润，要进行排水处理。

——沿着土堆的轴线方向最大限度的将其堆高，任何时候如果剥离进程发生中断，或者要作为分水岭使用，都需要将之修整成形。

——应采取措施使土层表面免遭积水浸润，同时使基础层处于能够承受刮土机的状态。

储土操作：

10.1　土堆应被置于干燥地面之上，而不应该置于凹陷之处，同时不应阻断当地排水设施。若有必要，土堆应该避免受到来自被阻断沟渠流水或积水的浸润，这些被阻断的沟渠原与合理的泄水设施相连。如果上层土壤的移除导致储土堆进入凹陷之处，则应采取相应措施避免积水进入储土区域。

10.2　所有机器必须始终保持安全有效的运行。只有在地面状况能够满足其以最大功率工作的情况下才允许机械运行。当牵引力不足或者基层土或运料线路不完整时，应延缓剥离工作。

10.3　剥离进程应该遵循一个详细的剥离/储存计划，这个计划应展示出拟剥离并储存土壤的单位，运料路线以及运输工具调转(空间)相位。储土堆两侧都需要建立运料线路，当用推土机进行堆置时其中一侧需要运料线路。土壤单位应该依照区域标明土壤类型、层数以及土层厚度。每日坚持记录已实施剥离任务、地点及其土壤状况。

10.4　事先经由运料线路、储土堆前进轨迹和“作业区”，采用第九篇提出的习惯做法将表土以及下层土转移到过度负荷层/基础层上。经由上述两个途径移除的土壤应分别堆置。

10.5　刮土机只允许在运料线路和操作区域内行驶，并且沿着指定的“只进一只出”线路进入或离开储土堆前进轨迹。尤其是在每天工作结束时开始下雨的情况下。这适用于任何未完工土层表面。应以最短的距离(从储土堆的远端算起)尽量深地“分离”土层(300mm)，同时维持刮土机运行效率(必要时可采用另一台推土机助推)。应首先从储土区域的一端开始放置土壤并逐步堆高，之后则要沿着土堆的轴线进行；同时尽量使刮土机在同一条轨迹上运行(附录图 10-1)。

10.6　在每天降雨到来之前，应该使用挖斗对土堆边缘/表面进行修整。每个工作日结束时都应保证土堆表面能够防止雨水渗入。最后一层土堆表面应该用挖斗不断修整以提升其防(雨水)渗能力。

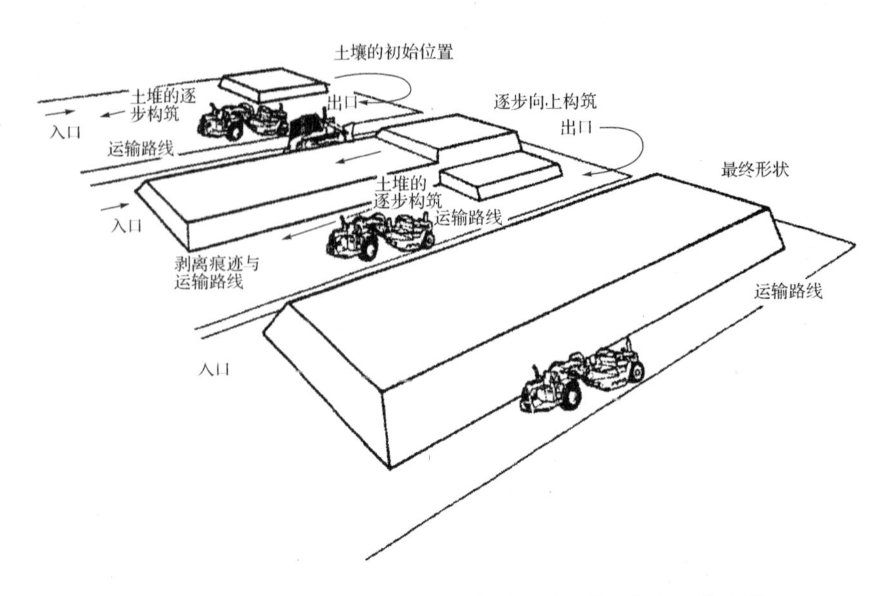

附录图 10-1 利用自行式刮土机构筑储土堆:单层和多层储土堆

10.7 遇到土壤湿润的情况应中止操作,并采取措施防止土堆基部或基础层出现积水。在每个工作日开始前确保基础层和操作区域无积水。

第十一篇 利用自行式刮土机挖掘储土堆

本篇的目的是为利用自行式刮土机挖掘储土堆提供一个方法范式以建立最优方法。

根据地点情形的不同以及规划专家要求,指南所给出的方法或许会做出相应的调整。如果确实如此,则应在与本方法的背离之处注明其原因。指南中并未明确指定所用设备之类型、大小及样式,但必须得承认这些应该属于计划编制的组成部分或者将其作为一个保留话题。所用之机械应该能够达到有效操作情况下可以最大限度地减少土壤板结(例如,具有宽阔的轮辙),并且能够做到始终如一。

从事土壤或过度负荷等处理工作,以及土壤堆积场或(垃圾)弃置场设计或平整的人员,必须遵守《劳动健康与安全法》、1974 年法案及其相关法定条款——尤其是那些与垃圾弃置场、土壤堆积场及类似构筑物相关的方面。这一要求比所有篇章中所提到的任何其他措施都更具有优先权。

使用这些指导方针的人员自行负责所有可能产生的债务,对由于使用本指南而产生的任何形式的任何损失均不予承认。

本土壤处理方法使用自行式刮土机将从储土堆上挖掘土壤并将其运送至置换区域。或许还会使用另外一台推土机为刮土机助推取土,同时整理储土堆并维护运料线路。

由于具有强烈的土壤变形作用(板结和拖尾效应),本土壤处理方法会影响修复土地的耕作质量。这种作用主要由铲车起重、储土堆的构筑、挖掘以及(土壤)置换等过程中在土壤上实施的交通运输引起;其作用强度随着土壤湿度的增大而加剧。因此,为了获得令人满意的恢复效果,需要在置换过程中实施震松工作(见第十九篇)。如果采用自行式刮土机实施土壤处理，那么土壤疏松过程就不可避免。

为了使储土堆挖掘过程引起的土壤变形程度和范围最小化，同时作为置换过程中有效的土壤疏松工作的辅助，应该遵循以下操作要点：

(1)板结作用最小化：

——刮土机只允许在基础层上沿着运料线路和储土堆前进轨迹行驶和停靠。

——在储土堆一端采取"只进—只出"的办法可使交通运输量达到最小。

——尽量深挖土层，同时保持运行效率，必要的话可以推土机作为助推工具。

——只有在地面状况能够满足其以最大功率工作的情况下才允许机械运行。

(2)土壤浸润最小化：

——沿着土堆轴线方向逐步挖掘土壤，挖掘的同时或者当剥离工作被迫中断时，整理土堆使其保持一定形状以防止雨水渗入。

——应采取措施使土层表面免遭积水浸润，同时使基础层处于能够承受刮土机的状态。

挖掘操作：

11.1　刮土机只允许在运料线路和操作区域内行驶，并且沿着指定的"只进—只出"线路进入或离开储土堆前进轨迹。刮土机挖掘和运输土壤时应该沿着两端和土堆旁边保留的运料线路运行。运料线路必须维护好。每日坚持记录已实施剥离任务、地点及其土壤状况。

11.2　以最短的距离，铲起尽量厚的土层(300mm)，同时维持自行式刮土机的运行效率。挖土工作应该从土堆顶部开始，并且最好是在挖土机和刮土机在同一轨迹运行的情况下沿着储土堆的一侧开挖(从储土堆的远端开始)(见附录图11-1)。其目的是通过沿轴线方向的逐步移除使裸露土壤遭受雨水冲刷的几率降到最低。或许还要使用另外一台推土机助推以移动土堆，同时整理和加固土堆。

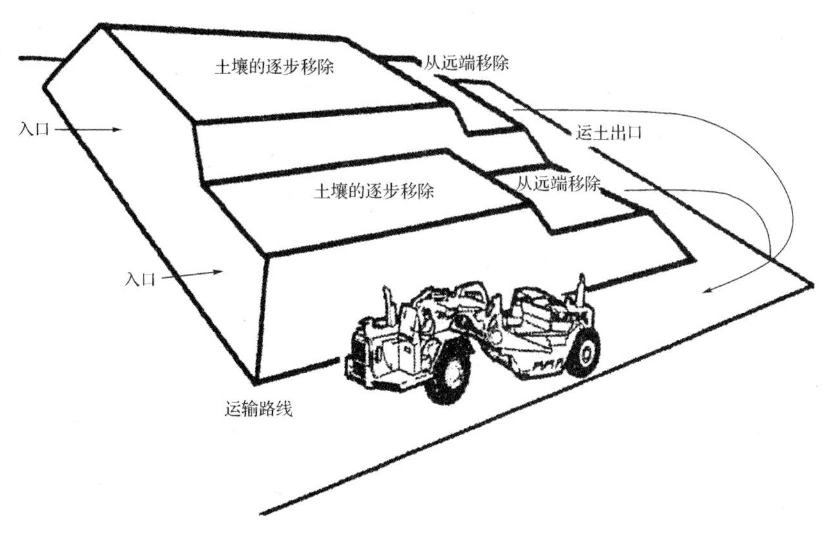

附录图11-1　利用自行式刮土机挖掘储土堆：单层和多层土堆

11.3　在每天降雨到来之前，应利用挖斗对土堆边缘/表面进行修整。每个工作日结束时都应保证土堆表面能够防止雨水入渗。

11.4　遇到土壤湿润的情况应中止操作，并采取措施防止土堆基部或基础层出现积水。在每个工作日开始前确保基础层和操作区域无积水。

第十二篇　利用自行式刮土机实施土壤置换

本篇的目的是为利用牵引式刮土机进行土壤置换提供一个方法范式以建立最优方法。

根据地点情形的不同以及规划专家要求，指南所给出的方法或许会做出相应的调整。如果确实如此，则应在与本方法的背离之处注明其原因。指南中并未明确指定所用设备之类型、大小及样式，但必须得承认这些应该属于计划编制的组成部分或者将其作为一个保留话题。所用之机械应该能够达到有效操作情况下可以最大限度减少土壤板结(例如，具有宽阔的轮辙)，并且能够做到始终如一。

从事土壤或过度负荷等处理工作，以及土壤堆积场或(垃圾)弃置场设计或平整的人员，必须遵守《劳动健康与安全法》、1974年法案及其相关法定条款——尤其是那些与垃圾弃置场、土壤堆积场及类似构筑物相关的方面。这一要求比所有篇章中所提到的任何其他措施都更具有优先权。

使用这些指导方针的人员自行负责所有可能产生的债务，对由于使用本指南而产生的任何形式的任何损失均不予承认。

本土壤处理方法使用自行式刮土机运输和铺展土壤。

由于具有强烈的土壤变形作用(板结和拖尾效应)，这种土壤处理方法会影响修复土地的耕作质量。这种作用主要由铲车起重、储土堆的构筑、挖掘以及(土壤)置换等过程中在土壤上实施的交通运输引起：其作用强度随着土壤湿度的增大而加剧。因此，为了获得令人满意的恢复效果，需要在置换过程中实施震松工作(见第十九篇)。如果采用自行式刮土机实施土壤处理，那么土壤疏松就是责无旁贷。

强烈建议尽早安装地下排水系统。如果需要，就应该在土壤置换期间或者在安置早期阶段陆续实施。在排水沟挖好之前，建议像对待草场一样布设和管理储土点。

为了使储土堆挖掘过程引起的土壤变形程度和范围最小化，同时为了达到有效的土壤疏松目的，应该遵循以下操作要点：

(1)板结最小化及震松最优化：

——在土壤带一端采取“只进一只出”的办法可使交通运输量达到最小。

——只有在地面状况能够满足其以最大功率工作的情况下才允许机械运行。

——尽量是铺土厚度达到最大，同时维持刮土机的有效运行，必要时另加推土机助推。

——对于刮土机土壤置换法来说，有效的土壤震松操作是必不可少(见第十九篇)。

——土层含水量应与其塑性上限保持5%或更高的差额。土壤水分含量可通过烘炉干燥的方法进行评定，测试土样应该采自代表性区域以及各土层内的中/低区域。(或者依照计划情况采样)。

(2)土壤再给湿最小化与有效震松：

——“层状/带状”体系为很好的控制较低土层在雨季的暴露，以及维持土壤水含量提供了基础。活动带以内的土壤剖面应该在降雨发生及断裂变缓之前被剥离到基层土上。

——应采取措施使土层表面免遭积水浸润，同时使基础层处于能够承受刮土机的状态。

——待置换区域应得以保护以免受流水、积水等侵蚀。湿润区域事先必须进行排水处理。

置换操作：

12.1　保护拟置换区域以使其免受流水、积水等的浸润。潮湿的区域则应该预先挖掘水沟排水。

12.2　在着手工作之前应该获得一份官方气象预报，以保证土壤置换进程不被降雨中断。如果置换过程中发生了较大强度的降雨，则置换工作应该向后推迟，同时已经受到干扰的土壤剖面应该被削切以抵基面。在天气预报认为至少有一个整天会保持干燥之前禁止置换工作再度上马。

12.3　所有机器必须始终保持安全有效的运行。只有在地面状况能够满足其以最大功率工作的情况下才允许机械运行。当牵引力不足或者基层土或运料线路不完整时，应延缓置换工作。只有在基层土能够承受机器运行而不留下车辙或者可以修补或维持的情况下才允许操作实施。当牵引力不足或者基层土或运料线路不完整时，应延缓置换工作。所有运料线路都应得到维护。

12.4　置换进程应该遵循一个详细的置换计划，这个计划应展示出拟置换土壤的单位，运料路线以及运输工具调转（空间）相位。土壤单位应该依照区域标明土壤类型、层数以及土层厚度。每日坚持记录已实施置换任务（包括石块和其他有害物质的清理，以及对是否需要进行附加的土壤震松工作及其成效所做出的评估）、地点及其土壤状况。

12.5　刮土机只允许在运料线路和操作区域内的基础层/地岩层行驶，并且沿着指定的"只进一只出"线路进入或离开储土堆前进轨迹。刮土机应该尽可能沿着前面的土壤铺展路线运行。

12.6　基础层/地岩层之上的所有土层都依条带顺序逐步置换，首先是表土层，接着是底土层；每一土层都具有明确的置换厚度。在当前（土层）带尚未完全置换之前，禁止实施下一个带的置换。这常被称为"层状或带状"体系。这一体系包括土壤沿着与待恢复区域相交叉的方向逐步呈带状铺展（见附录图 12-1）。

12.7　应该划定初始带的宽度和轴线。带宽应达到机械宽度的两倍（约 10m）。

12.8　由置换带的入口段开始对最下土层（底层土）实施置换。以最短的距离，尽量深地（如 300mm）慢慢"分离"土层（如 300mm），同时维持运行效率。沿着置换带方向不断重复上述过程完成置换并放置土壤（见附录图 12-1）。有必要对已完成置换带进行平整，但这种平整幅度要尽量最小，并且要使用刮土机或推土机，而不是压路机。

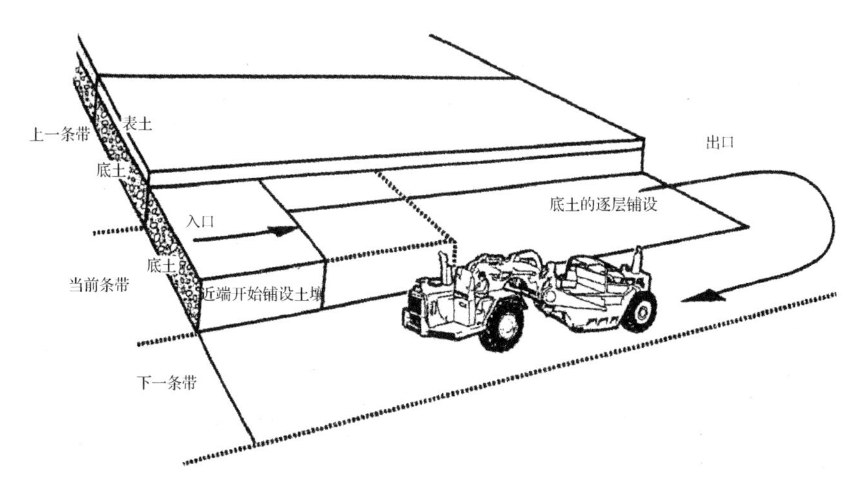

附录图 12-1　利用自行式刮土机进行土壤置换：底层土

12.9　应用水平板和土坑确定每一土带的厚度及其总体水平。在因疏松土壤被替换而发生“隆起”的地方应给予一定的土壤补贴(如压缩比)。

12.10　应该在工作的规划阶段决定应用粉碎法,并且在这一过程中必须考虑土层厚度、疏松深度及所使用粉碎工具的有效工作深度(见第十九篇),以及清理石块及其他有害物质的必要性(见第十七篇)等因素。这些都要在置换规划中加以详细说明。只有当某一确定土层已经沿着置换带完成置换后,才能进行土壤疏松和有害物质清理工作,并且这些工作必须在下一个土层安置之前完成。

12.11　完成最下层(底层土)的置换(包括土壤疏松和有害物质清理)后,重复上述操作完成后面土层(底层土/表层土)的铺展(见附录图 12-2)。

12.12　表土置换完成后,继续对后面的置换带重复执行上述操作,直至完成整个恢复区的土壤置换。置换工作之前应该保持基础层平整、干净。

12.13　如果预报有降雨发生,则在该工作日结束时应完成当前带的置换。如果一个工作日内很明显无法完成一个带的置换,那么只需要启动其中的一部分;同样,这一部分必须完成。

12.14　每一工作日结束时,或者白天置换工作被降雨中断时,应做好预防工作以保护当前或下一个剥离带的基础不被水坑或沟渠的积水或水流浸润,并且打扫并清理基层土面。在每天的工作开始之前确保当前置换带或工作区域内没有积水. 并保持基础层平整、无车辙。

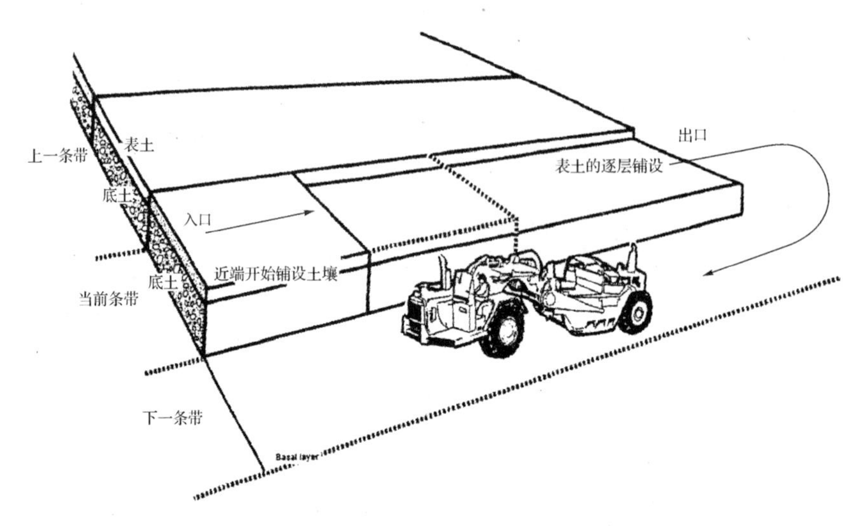

附录图 12-2　利用自行式刮土机进行土壤置换:表层土

操作性变动:

12.15　如果要对基础层/地岩层土壤进行疏松,那么在任何土料放置之前,所有置换带土壤都应该在底层土被置换之前完成疏松。本指南第十九篇中对(土壤)疏松进行了介绍,其内容涵盖疏松策略、工具以及操作方法等。基层土必须只能在指定用于放置土壤的置换带内进行疏松,并且只能在放置土壤的当天实施上述工作。在这一过程中,或许有必要采用第十六或十七篇中提到的方法清理经过疏松的基层土中的石块或有害物质。

第十三篇 利用推土机和自动卸载卡车实施土壤剥离

本篇的目的是为利用推土机和自动卸载卡车实施土壤剥离提供一个方法范式以建立最优方法。

根据地点情形的不同以及规划专家要求，指南所给出的方法或许会做出相应的调整。如果确实如此，则应在与本方法的背离之处注明其原因。指南中并未明确指定所用设备之类型、大小及样式，但必须得承认这些应该属于计划编制的组成部分或者将其作为一个保留话题。所用之机械应该能够达到有效操作情况下可以最大限度地减少土壤板结(例如，具有宽阔的轮辙)，并且能够做到始终如一。

从事土壤或过度负荷等处理工作，以及土壤堆积场或(垃圾)弃置场设计或平整的人员，必须遵守《劳动健康与安全法》、1974 年法案及其相关法定条款——尤其是那些与垃圾弃置场、土壤堆积场及类似构筑物相关的方面。这一要求比所有篇章中所提到的任何其他措施都更具有优先权。

使用这些指导方针的人员自行负责所有可能产生的债务，对由于使用本指南而产生的任何形式的任何损失均不予承认。

本土壤处理方法使用推土机对土壤进行剥离，由铲车将土壤装入自动卸载卡车，最后由自动卸载卡车将土壤运往储存或置换区域。

由于具有强烈的土壤变形作用(板结和拖尾效应)，这种土壤处理方法会影响修复土地的耕作质量。这种作用主要由交通运输引起，其作用强度随着土壤湿度的增大而加剧。因此，为了获得令人满意的恢复效果，需要在置换过程中实施震松工作(见第十九篇)。如果采用推土机实施土壤处理，那么土壤疏松工作就不可避免。

为了使土壤剥离过程引起的土壤变形程度和范围达到最小化，同时作为置换过程中有效的土壤疏松工作的辅助，应该遵循以下操作要点：

(1)板结作用最小化

——自动卸载卡车必须只能在“基础层/无土层”运行，并且在任何情况下都不允许其驶入土壤层。

——采用“层状/带状”体系可以避免卡车在土壤层上行驶。

——只有在地面状况能够满足其以最大功率工作的情况下才允许机械运行。

——推土机尽量以最大厚度剥离土壤，同时维持机械的运行效率。

——对于推土机土壤剥离法来说，有效的土壤震松操作必不可少(见第十九篇)。

(2)土壤湿度及其再给湿最小化

——在塑性下限以内土层应该具有一个持水量范围。土壤水分含量可通过烘炉干燥的方法进行评定，测试土样应该采自代表性区域以及各土层内的中/低区域。(或者依照计划情况采样)。

——“层状/带状”体系为很好的控制较低土层在雨季的暴露，以及维持土壤水含量提供了基础。活动带以内的土壤剖面应该在降雨发生及断裂变缓之前被剥离到基层土上。

——要采取措施保护基层土不受蓄水之侵，以维持土层能够承受自动卸载卡车的运行。

——应保护待剥离区域以使其免受流水、积水等的浸润。潮湿的区域则应该预先挖掘水沟排水。

——维持植物蒸腾水平非常重要，应该在实施土壤剥离的当年制定一个合适的耕作制度。剥离之前应先清理剩余植被，如果是草地，应该先对其收割或放牧，农作物应进行收割。

剥离操作：

13.1　保护拟剥离区域以使其免受流水、积水等的浸润。潮湿的区域则应该预先挖掘水沟排水。

13.2　当土壤含水量达到剥离要求(协商确定)后再实施土壤剥离操作，并且当土壤水含量回升到这一水平时立即停止剥离。在着手工作之前应该获得一份官方气象预报，以保证土壤剥离进程不被降雨中断。如果剥离过程中发生了较大强度的降雨，则剥离工作应该向后推迟，同时已经受到干扰的土壤剖面应该被削切以抵基面。在天气预报认为至少有一个整天会保持干燥之前禁止剥离工作再度上马。

13.3　所有机器必须始终保持安全有效的运行。只有在地面状况能够满足其以最大功率工作的情况下才允许机械运行。当牵引力不足或者基层土或运料线路不完整时，应延缓剥离工作。

13.4　剥离进程应该遵循一个详细的剥离计划，这个计划在展示出拟剥离土壤的单位，运料路线以及运输工具调转(空间)相位。土壤单位应该依照区域标明土壤类型、层数以及土层厚度。每日坚持记录已实施剥离任务、地点及其土壤状况。

13.5　在每一个土壤单位范围内，基础层/地岩层之上的所有土层都被按照条带顺序逐步剥离，首先是表土层，接着是底土层：每个土层被剥离的都是其天然厚度，而不会混合更低土层成分。在当前(土层)带尚未完全被剥离到基础层之前，禁止实施下一个带的剥离。这常被称为“层状/带状”体系。这一体系包括土壤呈条带状逐步向前剥离(见附录图 1-1)。如果剥离区域具有一定坡度，则土壤带主轴应该与斜坡主轴方向平行。

13.6　应详细说明运料线路及贮土区位置，并且应该首先实施与前述情况类似的剥离操作。

13.7　只有当推土机实施土壤剥离作业时才允许其土层上行驶，否则它只能在基础层/地岩层上停靠或行驶。自动卸载卡车只能在基础层/地岩层运行。挖掘机在实施装载作业时只能在土堆上停靠，其他时候它应在基础层上运行(见附录图 13-1)。

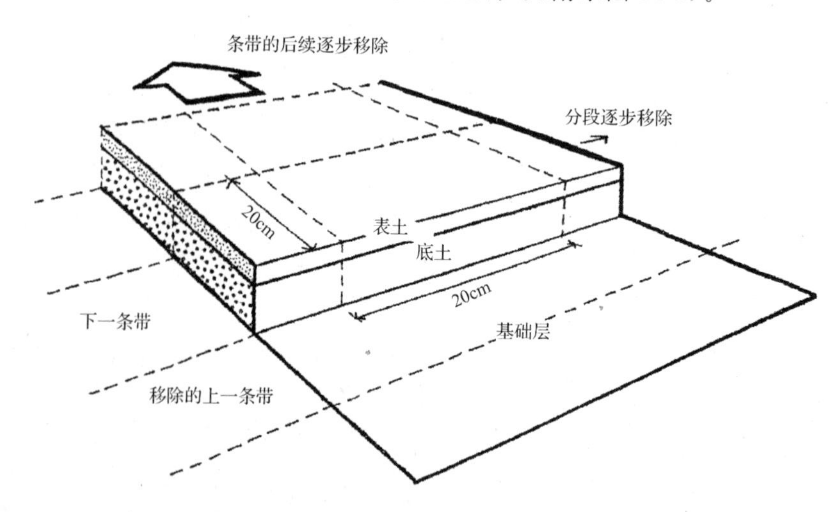

附录图 13-1　利用推土机和自动卸载卡车实施土壤剥离：层状和分段体系

13.8 将剥离带宽设定为20m，并将各带划为20m长的小段。

13.9 尽量以最大厚度将表土层(如150～300mm)推起，同时维持推土机运行功率，从而沿着裸露土壤剖面(表面)边缘形成一个低矮(约1～2m高)的土堆。距离裸露面最近的那部分土壤应该首先被推起，接下来是后面的土带(见附录图13-2)。对所有相连的土段重复执行上述程序，直至整个剥离带被剥离。通常，应该在剥离前及剥离过程中确认土层接合处及其厚度。底层土剥离之前，应该沿着当前剥离带各土段对全部厚度的表层土实施剥离(见附录图13-2)。在底层土剥离之前，应该沿着当前剥离带长度方向彻底完成表土剥离。

13.10 表土完全恢复至各段的宽度，不允许掺杂底层土壤(在剥离带范围内，土层接合处最多可以暴露20%的底层土)。必须在剥离前及剥离过程中确认土层接合处及其厚度。在底层土剥离之前，应该沿着剥离带对表土逐步实施剥离(见附录图13-2)。这就有必要使推土机在相邻剥离带上进行部分运输作业，从而将表层土壤全部堆于一个土段。

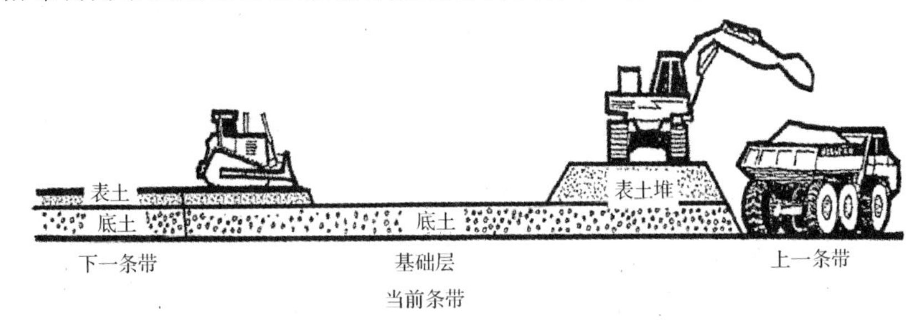

附录图13-2 利用推土机和自动卸载卡车实施土壤剥离:表层土

13.11 当前剥离带内的下部土层也应该按照统一方式实施剥离和控制。应该保留下部土层的最后50cm，以保护临近的表层土以使其避免局部崩塌。作为将恢复为(完整)土壤物质组成部分的下一土层以及其他更底层土都应重复实施这一操作过程(见附录图13-3)。

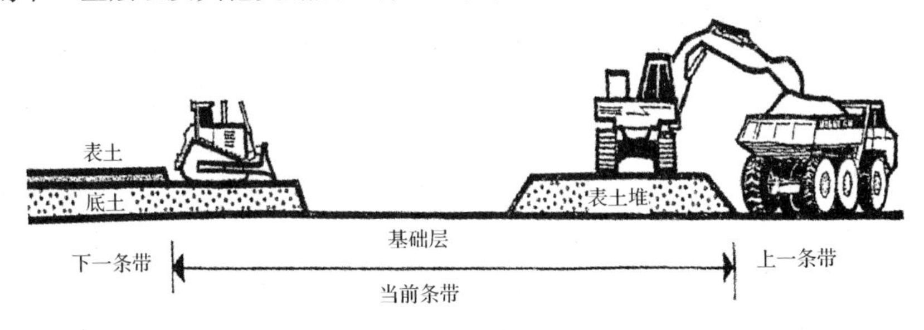

附录图13-3 利用推土机和自动卸载卡车实施土壤剥离:底层土

13.12 对于每一个连续的下部土层，确保推土机只在其土段范围内运作而不要超越下一剥离带的边界。这样做从开始就在剥离带的后面为推土机留出了一个"安身之所"(搁板)。在进行下一个带的剥离前，位于这个搁板之上的土层将被沿着土段的裸露侧堆放，以便用铲车将其装车(见附录图13-4)。

13.13 当一个条带的剥离完成之后，对每一个拟剥离条带都要执行同样的程序，直至整个区域完成剥离。

13.14 如果一个区域的土壤要实施直接的替换而不需要成堆的土壤储存，那么上部土层的初始剥离带必须予以临时储存，以保证最底层土壤的剥离和原料的转运。在整个剥离

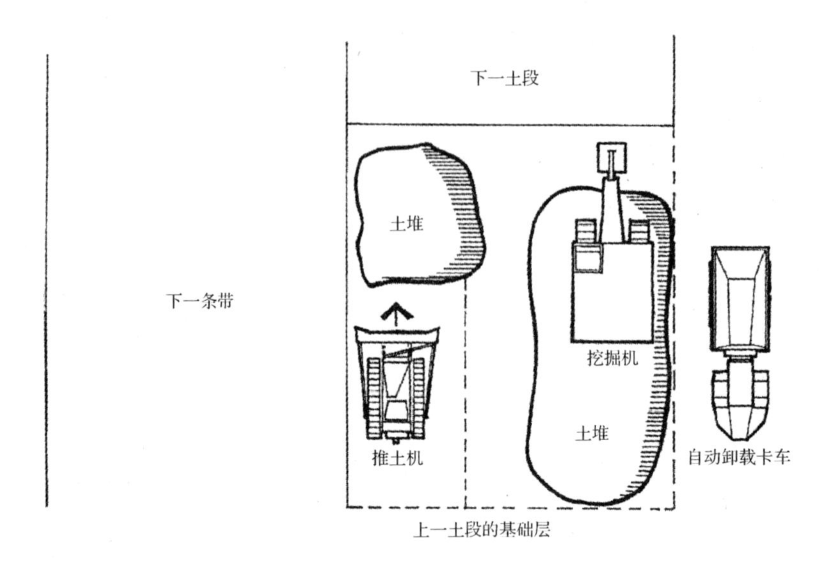

附录图 13-4 利用推土机和自动卸载卡车实施土壤剥离:沿着表土和底土搁板转移土壤

程序的最后,开始储存的初始土壤通常会被置于远离初始剥离带的底层土壤之上,或者如果降雨中断了上述过程,则将其置于局部完成的土层剖面上。

13.15 如果剥离工作可能会被降雨中断,或者可能会有整夜降雨的情况,那就应该在中断剥离之前将所有裸露底层土壤转移到基层土之上。做好预防措施以保护当前或下一个剥离带的基础不被水坑或沟渠的积水或水流浸润,并且打扫并清理基层土面。在每天的工作开始之前确保当前剥离带或工作区域内没有积水,并保持基础带平整、没有车辙。

第十四篇 利用推土机和自动卸载卡车构筑储土堆

本篇的目的是为利用推土机和自动卸载卡车构筑储土堆提供一个方法范式以建立最优方法。

根据地点情形的不同以及规划专家要求,指南所给出的方法或许会做出相应的调整。如果确实如此,则应在与本方法的背离之处注明其原因。指南中并未明确指定所用设备之类型、大小及样式,但必须得承认这些应该属于计划编制的组成部分或者将其作为一个保留话题。所用之机械应该能够达到有效操作情况下可以最大限度地减少土壤板结(例如,具有宽阔的轮辙),并且能够做到始终如一。

从事土壤或过度负荷等处理工作,以及土壤堆积场或(垃圾)弃置场设计或平整的人员,必须遵守《劳动健康与安全法》、1974 年法案及其相关法定条款——尤其是那些与垃圾弃置场、土壤堆积场及类似构筑物相关的方面。这一要求比所有篇章中所提到的任何其他措施都更具有优先权。

使用这些指导方针的人员自行负责所有可能产生的债务,对由于使用本指南而产生的任何形式的任何损失均不予承认。

在本土壤处理方法中,使用履带推土机将土壤推成储土堆并修整其形状,用自动卸载卡车转运土壤。推土机也可用于运料路线的维护。

由于具有强烈的土壤变形作用(板结和拖尾效应),这种土壤处理方法会影响修复土地的耕作质量。这种作用主要由交通运输引起,其作用强度随着土壤湿度的增大而加剧。因此,为了获得令人满意的恢复效果,需要在置换过程中实施震松工作(见第十五、十九篇)。如果采用推土机实施土壤处理,那么土壤疏松工作就责无旁贷。

为了使剥离过程引起的土壤变形程度和范围最小化,同时作为置换过程中有效的土壤疏松工作的辅助,应该遵循以下操作要点:

(1)板结作用最小化:

——首先沿着运料线路和储土堆前进轨迹将土壤剥离至基础层上。

——推土机尽可能以最大厚度推走土壤构筑土堆,同时维持其运行效率。

——只有在地面状况能够满足其以最大功率工作的情况下才允许机械运行。

——自动卸载卡车只允许在“基础层”/无土层运行,在任何情况下都不允许其驶上储土。

(2)土壤浸润最小化:

——将土壤置于干燥之处以使其免遭来自临近区域的水流浸润。如果堆置场所比较湿润,要进行排水处理。

——沿着土堆的轴线方向最大限度的将其堆高,任何时候如果剥离进程发生中断,或者要作为分水岭使用,就需要将之修整成形。

——应采取措施使土层表面免遭积水浸润,同时使基础层处于能够承受自动卸载卡车的状态。

储存操作:

14.1 土堆应被置于干燥地面之上,而不应该置于凹陷之处,并且不应阻断当地排水设施。若有必要,土堆应该避免受到来自被阻断沟渠流水或积水的浸润,这些被阻断的沟渠原与合理的泄水设施相连。如果上层土壤的清理导致储土堆进入凹陷之处,则应采取相应措施避免积水进入储土区域。

14.2 所有机器必须始终保持安全有效的运行。只有在地面状况能够满足其以最大功率工作的情况下才允许机械运行。当牵引力不足或者基层土或运料线路不完整时,应延缓剥离工作。

14.3 剥离进程应该遵循一个详细的剥离计划,这个计划应展示出拟剥离土壤的单位,运料路线以及运输工具调转(空间)相位。土壤单位应该依照区域标明土壤类型、层数以及土层厚度。每日坚持记录已完成的任务、地点及其土壤状况。

14.4 事先经由运料线路、储土堆前进轨迹或者任何其他区域将表土以及下层土转移到基础层上;采用第十三篇中开列的操作惯例。经上述两个途径转移的土壤应分别堆存。

14.5 自动卸载卡车只允许在运料线路和操作区域内行驶。卡车应该进入储土区,后退行驶并将土壤倾倒于距入口最远的地方。推土机按照既定尺度将土壤堆成土堆(见附录图 14-1)。随着土堆的不断形成,推土机被用来修整并加固土堆边缘,从而提升其防渗能力;尤其是在每天工作结束时开始下雨的情况下。这适用于任何未完工土堆表面。

14.6 随着土壤挨着形成中的土堆不断倾倒,同时禁止车轮穿越已堆积土料,上述过程不断重复进行。操作过程沿着土堆主轴方向逐步实施。

14.7 如果卡车不驶上土堆,推土机所能筑起的土堆可能最大高度在 4～6m。

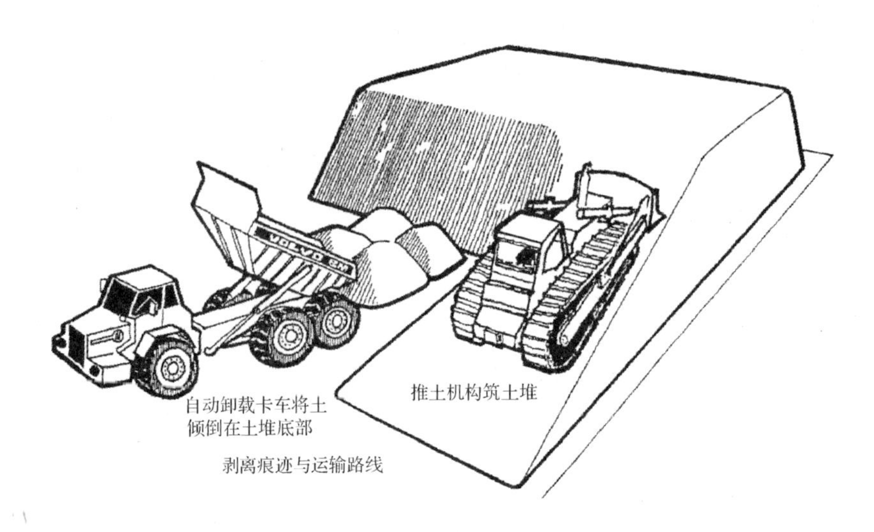

附录图 14-1　利用推土机和自动卸载卡车构筑储土堆:单层土堆

14.8　要想使土堆更高,卡车就必须要驶到已筑起的土堆上。这样一来,土堆将被提升至最大高度(见附录图 14-2)。要使卡车驶上第一层需要提供一个斜坡,这个斜坡应保证运输畅通无阻。重复同样的程序将会形成下一对土层。如果仍需更高的堆土,则要再次重复同样的操作。

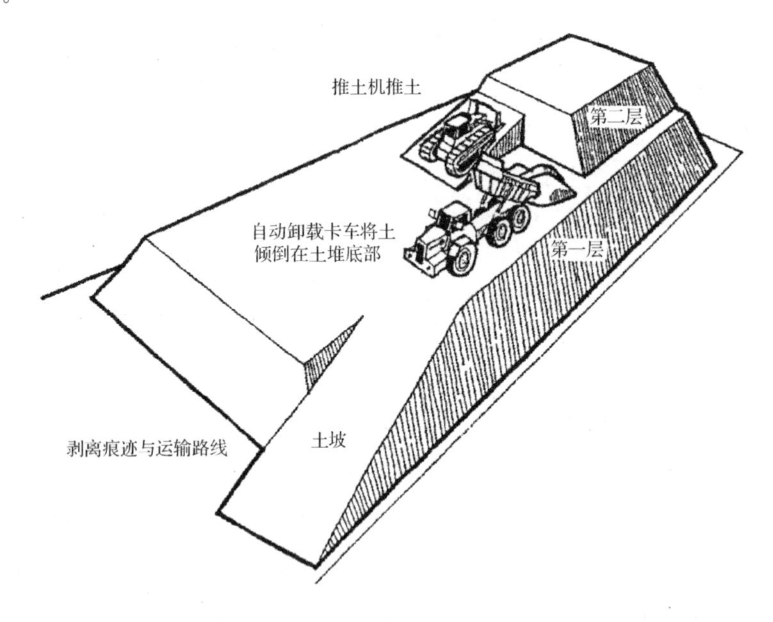

附录图 14-2　利用推土机和自动卸载卡车构筑储土堆:多层土堆

14.9　在降雨到来之前,应利用挖斗对土堆边缘/表面进行修整。每个工作日结束时都应保证土堆表面能够防止雨水渗入。最后一层堆土表面应该用挖斗不断修整以提升其防(雨水)渗能力。

14.10　遇到土壤湿润的情况应中止操作,并采取措施防止土堆基部或基础层出现积水。在每个工作日开始前确保基础层和操作区域无积水。

第十五篇 利用推土机和自动卸载卡车实施土壤置换

本篇的目的是为利用推土机和自动卸载卡车实施土壤置换提供一个方法范式以建立最优方法。

根据地点情形的不同以及规划专家要求，指南所给出的方法或许会做出相应的调整。如果确实如此，则应在与本方法的背离之处注明其原因。指南中并未明确指定所用设备之类型、大小及样式，但必须得承认这些应该属于计划编制的组成部分或者将其作为一个保留话题。所用之机械应该能够达到有效操作情况下可以最大限度地减少土壤板结（例如，具有宽阔的轮辙），并且能够做到始终如一。

从事土壤或过度负荷等处理工作，以及土壤堆积场或（垃圾）弃置场设计或平整的人员，必须遵守《劳动健康与安全法》、1974 年法案及其相关法定条款——尤其是那些与垃圾弃置场、土壤堆积场及类似构筑物相关的方面。这一要求比所有篇章中所提到的任何其他措施都更具有优先权。

使用这些指导方针的人员自行负责所有可能产生的债务，对由于使用本指南而产生的任何形式的任何损失均不予承认。

本土壤处理方法使用了推土机将土壤剥离没然后用自动卸载卡车将其运往置换区。如果置换土为储存土，则要用铲车来将其装车。

由于具有强烈的土壤变形作用（板结和拖尾效应），这种土壤处理方法会影响修复土地的耕作质量。这种作用主要由交通运输引起，其作用强度随着土壤湿度的增大而加剧。因此，为了获得令人满意的恢复效果，需要在置换过程中实施震松工作（见第十五、十九篇）。如果采用推土机和自动卸载卡车实施土壤置换，那么土壤疏松工作就责无旁贷。

强烈建议尽早安装地下排水系统。如果需要，就应该在土壤置换期间或者在安置早期阶段陆续实施。在排水沟挖好之前，建议像对待草场一样布设和管理储土点。

确保避免严重土壤变形的操作要点如下：

(1)板结作用最小化：

——自动卸载卡车只允许在“基础层”/无土层运行，任何情况下都不允许其驶上储土。

——采用层状/带状体系可以避免卡车在土壤层上运行。

——只有在地面状况能够满足其以最大功率工作的情况下才允许机械运行。

——推土机尽量以最大土层厚度剥离土壤，同时维持机械的运行效率。

——对推土机土壤处理法来说，有效的土壤震松操作必不可少（见第十九篇）。

——土层含水量应与其塑性上限保持 5%或更高的差额。土壤水分含量可通过烘炉干燥的方法进行评定，测试土样应该采自代表性区域以及各土层内的中/低区域。（或者依照计划情况采样）。

(2)土壤浸润和再给湿最小化：

——“层状/带状”体系为很好的控制较低土层在雨季的暴露，以及维持土壤水含量提供了基础。活动带以内的土壤剖面应该在降雨发生及断裂变缓之前被剥离到基层土上。

——采取措施使土层表面免遭积水浸润，同时使基础层处于能够承受自动卸载卡车的状态。

——待置换区域应得以保护以免受流水、积水等侵蚀。湿润区域事先必须进行排水处理。

置换操作：

15.1 待恢复区域应该得到保护以免受流水、积水等的侵蚀。湿润区域事先必须进行排水处理。

15.2 在着手工作之前应该获得一份官方气象预报，以确保土壤置换顺利进行。如果置换过程中发生了较大强度的降雨，则剥离工作应该向后推迟，同时已经受到干扰的土壤剖面应该被削切以抵基面。在天气预报认为至少有一个整天会保持干燥之前禁止剥离工作再度上马。

15.3 所有机器必须始终保持安全有效的运行。只有在地面状况能够满足其以最大功率工作的情况下才允许机械运行。当牵引力不足或者基层土或运料线路不完整时，应延缓剥离工作。只有当基层上能够承受机器运行而不留下车辙或者可以修补或维持的情况下才允许操作实施。当牵引力不足或者基层土或运料线路不完整时，应延缓置换工作。

15.4 置换进程应该遵循一个详细的置换计划，这个计划应展示出拟置换土壤的单位，运料路线以及运输工具调转(空间)相位。土壤单位应该依照区域标明土壤类型、层数以及土层厚度。每日坚持记录已实施置换任务(包括石块和其他有害物质的清理，以及对是否需要进行附加的土壤震松工作及其成效所做出的评估)、地点及其土壤状况。

15.5 自动卸载卡车只允许在基础层/地岩层上作业。只有推土机可以在土层上方实施铺土作业。

15.6 基础层/地岩层之上的所有土层都被按照条带顺序逐步置换，首先是下部土层，接着是表土层：每个土层都具有确定的置换厚度。在当前(土层)带尚未完全置换之前，禁止实施下一个带的置换。这常被称为“层状/带状”体系。这一体系包括在与储土点相交的土带上不断铺设(土壤)材料(见附录图 15-1)。应详细指明运料线路。

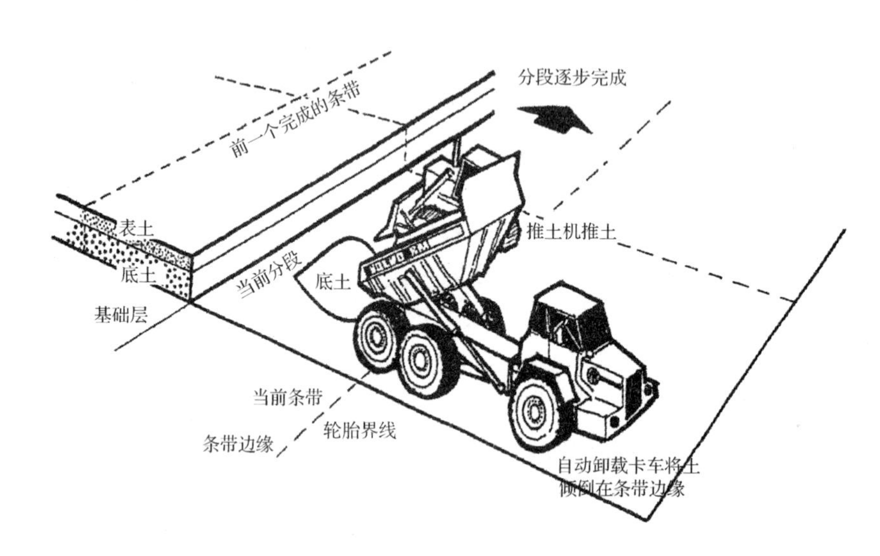

附录图 15-1 利用推土机和自动卸载卡车实施土壤置换：底层土

15.7 应明确界定初始带度(15～20m)和轴线。将各带划为 20m 长的小段。

15.8 让自动卸载卡车逆行接近置换带边缘并倾倒最下层(底层)土壤。用推土机以最大厚度将底层土壤从置换带最前部向最后部铺展并达到完整厚度(见附录图 15-2)。继续实施上述操作以完成整个土段的置换，并对所有土段重复以上程序直至整个置换带铺满底层土。

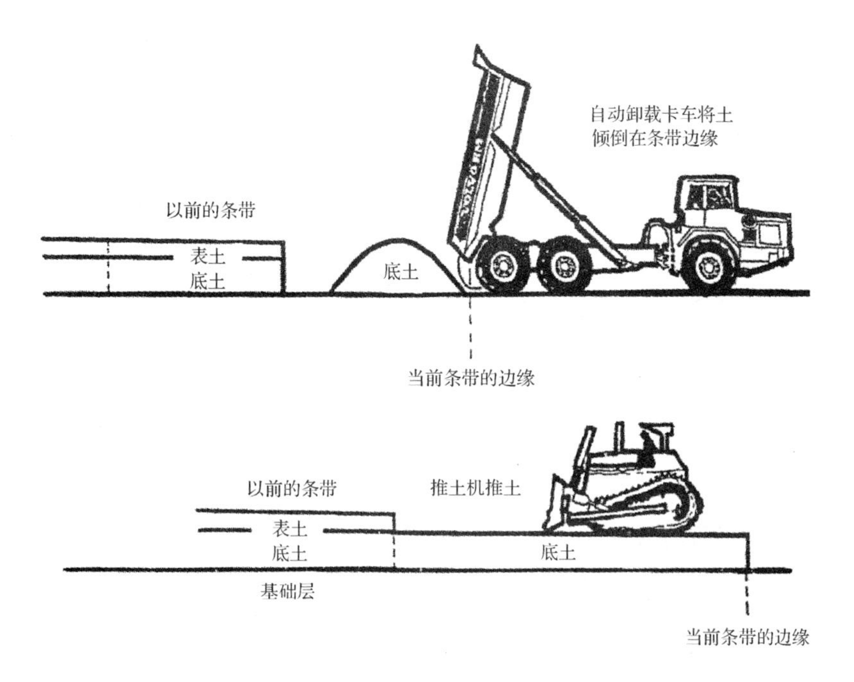

附录图 15-2 利用推土机和自动卸载卡车实施土壤置换:底层土

15.9 应用水平板和土坑确定每一土带的厚度及其总体水平。在因疏松土壤被替换而发生沉降的地方应给予一定的土壤补贴(如压缩比)。

15.10 应该在工作的规划阶段决定应用粉碎法,并且在这一过程中必须考虑土层厚度、疏松深度及所使用粉碎工具的有效工作深度(见第十九篇),以及清理石块及其他有害物质的必要性(见第十七篇)等因素。这些都要在置换规划中加以详细说明。只有在某一确定土层已经沿着置换带完成置换后,才能进行土壤疏松和有害物质清理工作,并且这些工作必须在下一个土层安置之前完成。

15.11 当最下部土层(底层土)完成置换后,重复同样的程序完成下一土层(底土或表土)的平展(见附录图 15-3)。如果卡车必须驶上已安置好的下部土层,那也仅限于后轮。应采用前面提到的疏松方法对剥离带边缘土壤进行疏松。

15.12 表土完成置换之后,对下一置换曾继续重复执行上述程序,直至整个置换区域完成土壤置换。置换工作之前应该保持基础层平整、干净。

15.13 如果预报有降雨发生,则在该工作日结束时应完成当前土带/土段的置换。如果一个工作日内很明显无法完成一个带的置换,那么只需要启动其中的一段;同样,这一段必须完成。

15.14 每一工作日结束时,或者置换工作被降雨打断时,应采取预备措施保护已恢复土带不受来自水坑或沟渠的积水/流水侵蚀,同时清理并平镇基础土层。在每天的工作开始之前确保当前置换带或工作区域内没有积水,并且基础带是平整的,没有车辙。

操作性变动:

15.15 如要疏松基础层/地岩层土壤,那么在任意土料安置之前,应该首先采用第十八或十九篇中所介绍的方法,在底部土层被置换之前对每个置换带的土壤进行疏松。基层土必须只能在指定用于放置土壤的置换带内进行疏松,并且只能在土壤置换的当天实施上述

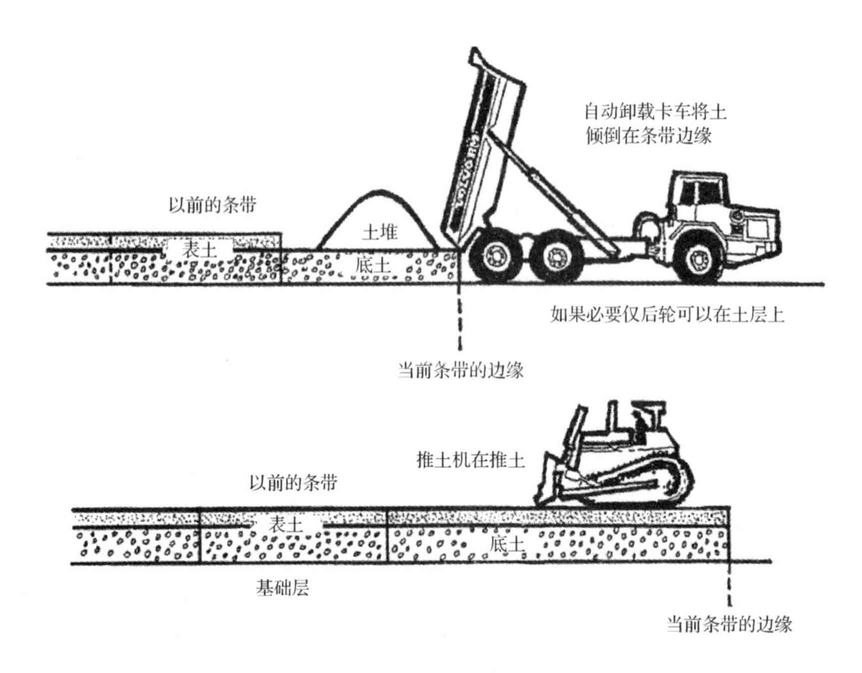

附录图 15-3　利用推土机和自动卸载卡车实施土壤置换:表层土

工作。在这一过程中,或许有必要采用第十七篇中提到的方法以清理疏松过的基层土壤中的石块或有害物质。

第十六篇　分离 & 清理铲车置换土壤中的石块和有害物质

本篇的目的是为分离 & 清理铲车置换土壤中的石块和/或潜在有害物质提供一个方法范式以建立最优方法。

根据地点情形的不同以及规划专家要求,指南所给出的方法或许会做出相应的调整。如果确实如此,则应在与本方法的背离之处注明其原因。指南中并未明确指定所用设备之类型、大小及样式,但必须得承认这些应该属于计划编制的组成部分或者将其作为一个保留话题。所用之机械应该能够达到有效操作情况下可以最大限度地减少土壤板结(例如,具有宽阔的轮辙),并且能够做到始终如一。

从事土壤或过度负荷等处理工作,以及土壤堆积场或(垃圾)弃置场设计或平整的人员,必须遵守《劳动健康与安全法》、1974 年法案及其相关法定条款——尤其是那些与垃圾弃置场、土壤堆积场及类似构筑物相关的方面。这一要求比所有篇章中所提到的任何其他措施都更具有优先权。

使用这些指导方针的人员自行负责所有可能产生的债务,对由于使用本指南而产生的任何形式的任何损失均不予承认。

本土壤处理方法使用逆行钻进式铲车对已置换土层或处理过的基础层土壤中的石块和有害物质(如钢缆、混凝土块等)进行清理。

石块和有害物质的存在会影响修复土地的耕作质量,其主要影响方式是干扰耕作。

如果能够正确实施,这种方法的优点在于因为免除了交通运输而避免了土壤的额外变形。

确保避免严重土壤变形的操作要点如下：

(1)板结作用最小化

——铲车只能在表土层操作。

——只有当土壤处在塑性范围内时才能实施这种操作。

——只有在地面状况能够满足其以最大功率工作的情况下才允许铲车运行。

——如果出现了板结现象，则应该采取相应措施进行处理(见第十八篇)。

(2)土壤湿度及其再给湿最小化

见第四篇。

分离 & 清理操作：

16.1　用安装了 Geith 石耙抓斗(或与其相类的石耙)的铲车可以清理浅层(小于 300mm)置换土壤中的大石块(大于 150mm)。那是一种板条状铲斗(板条间距 150mm，长度约为 300mm)。同样的机械也可以应用于基础层/地岩层，前提是它已经过疏松——或者用装有常规铲斗的铲车(见第十八篇)，或者用尖齿进行粉碎(见第十九篇)。如果将要清理的石块直径小于 150mm，大于 20mm，那就要使用一种专门的石块分离机。通常这种机器只适用于表土层。这些更小石块的清理应该是农耕的工作，而不在本文讨论内容之列。

16.2　上述用铲斗清理危害后续作业(如耕种、地下排水系统安装)的有害物质(钢缆、各种桶状金属容器、树根、混凝土梁等)的方法通常会效果欠佳。最好依第十七篇和十九篇提出的方法使用粉碎机械去完成。

16.3　当某一土层沿着土带水平完成置换，并且尚未安置下一土层时，装有 Geith 铲斗的铲车能够“篦入/耙入”土层深约 200～250mm。这种梳理操作可以将石块从土壤中解放出来并排成一列，之后用抓斗将其装入自动卸载卡车运去处理或另作他用。

16.4　梳理操作被用以荡平土表，同时还能粉碎土块。如果土壤成分非常细(黏土)，并且相对湿度较大，就很难粉碎其土块并分离石块。在这种情况下，石耙抓斗的粉碎和分离效率低下。

16.5　如有必要，可使其与铲车一自动卸载卡车之组合共同作业，上述做法将被融入第四篇所列出的程序。

16.6　表土层的石块清理工作可以延迟到整个区域完成恢复之后进行。如果情况果真如此，那么铲斗法将不再适用，如此一来就应该采用齿式中耕法，之后进行人工或机械石块清理。在这种情况下，很可能需要对土壤剖面进行最后的深度粉碎(见第十九篇)。

第十七篇　分离 & 清理刮土机和推土机置换土壤中的石块及有害物质

本篇的目的是为分离 & 清理刮土机和推土机置换土壤(见第八、十二和十五篇)中的石块和/或潜在有害物质提供一个方法范式以建立最优方法。

根据地点情形的不同以及规划专家要求，指南所给出的方法或许会做出相应的调整。如果确实如此，则应在与本方法的背离之处注明其原因。指南中并未明确指定所用设备之类型、大小及样式，但必须得承认这些应该属于计划编制的组成部分或者将其作为一个保留话题。所用之机械应该能够达到有效操作情况下可以最大限度地减少土壤板结(例如，具有宽阔的轮辙),并且能够做到始终如一。

从事土壤或过度负荷等处理工作,以及土壤堆积场或(垃圾)弃置场设计或平整的人员,必须遵守《劳动健康与安全法》、1974 年法案及其相关法定条款——尤其是那些与垃圾弃置场、土壤堆积场及类似构筑物相关的方面。这一要求比所有篇章中所提到的任何其他措施都更具有优先权。

使用这些指导方针的人员自行负责所有可能产生的债务,对由于使用本指南而产生的任何形式的任何损失均不予承认。

本土壤处理方法使用逆行钻进式铲车对已置换土层或处理过的基础层土壤中的石块和有害物质(如钢缆、混凝土块等)进行清理。

石块和有害物质的存在会影响修复土地的耕作质量,其主要影响方式是干扰耕作。

采用本法完成石块及有害物质的分离和清理工作,不可避免会在每个土层上进行重复的运输作业,与手工或其他机械作业相比这尤为明显。这可能会促成粉碎后的土壤变得疏松。因此,为了获得令人满意的恢复效果,就有必要在分离和清理之后进行有效的工作震松操作(见第十九篇)。

确保避免严重土壤变形(板结现象和拖尾效应)的操作要点如下:

——在土带一端采取"只进一只出"的办法可使交通运输量达到最小。

——只有在地面状况能够满足其以最大功率工作的情况下才允许机械运行。

——土层含水量应与其塑性上限保持 5%或更高的差额。

分离 & 清理操作:

17.1 通过耙齿粉碎作业,可以将置换土或基层土中的大石块(大于 150mm)和有害物质(钢缆、各种桶状金属容器、树根、混凝土梁等)分离出来。如果将要清理的石块直径小于 150mm,大于 20mm,那就要使用一种专门的石块分离机。通常这种机器只适用于表土层。这些更小石块的清理应该是农耕的工作,而不在本文讨论内容之列。

17.2 上述用铲斗清理危害后续作业(如耕种、地下排水系统安装)的有害物质(钢缆、各种桶状金属容器、树根、混凝土梁等)的方法通常会效果欠佳。最好依第十九篇提出的方法使用粉碎机械去完成。

17.3 当某一土层完成置换后(或者按照要求),对土带进行粉碎(通过交叉重叠的方式)以分离石块(第十九章见附录图 19-4)。一般来说,只能通过对土层/基层上部 300mm 的耕作才能实现有效的(石块)分离。

17.4 装有离地(0.3～0.5m)"短"齿(从齿尖到齿基为 400mm)往往比具有防板结设计的深度粉碎机械具有更好的石块分离性能。除此之外,大马力轮胎式拖拉机牵引大功率多齿中耕机也是很有效的(取决于土壤质地和含水量)。

17.5 分离出的石块通常由人工捡拾并装载到在停靠或行驶于基础层/地岩层上的牵引式拖车上。

17.6 表土层的石块清理工作可以延迟到整个区域完成恢复之后进行。需要用更浅一些(300mm)的粉碎法对表层土进行粉碎以完成这一工作。在这种情况下,最终的表土粉碎就必须被推迟到石块清理工作彻底完成之后进行。

17.7 如果有人工制品需要清理,那么没有侧翼的垂直耙齿(见第十九篇)将是最合适工具;尤其是针对基础层/地岩层。

17.8　按照惯例，每个土层/基础土壤处理完成之后就要对带状放置的整个土层（如果土层厚超过了耙齿的有效工作深度，则为中间过渡层）由带基开始实施粉碎。耙的作用是通过它将人工制品从土壤中分离出来并提升至土表，然后再拖到土带边缘以方便收集和处理。后者所用之设备/及其一律只能在基础层/地岩层停靠或行驶。

第十八篇　利用挖斗进行土壤震松

本篇的目的是为用挖斗对土壤和基础层/地岩层实施震松提供一个方法范式以建立最优方法。当用铲车—自动卸载卡车或推土机—自动卸载卡车联合完成土壤置换时，这种方法很可能会得到更多的应用。

根据地点情形的不同以及规划专家要求，指南所给出的方法或许会做出相应的调整。如果确实如此，则应在与本方法的背离之处注明其原因。指南中并未明确指定所用设备之类型、大小及样式，但必须得承认这些应该属于计划编制的组成部分或者将其作为一个保留话题。所用之机械应该能够达到有效操作情况下可以最大限度地减少土壤板结（例如，具有宽阔的轮辙），并且能够做到始终如一。

从事土壤或过度负荷等处理工作，以及土壤堆积场或（垃圾）弃置场设计或平整的人员，必须遵守《劳动健康与安全法》、1974 年法案及其相关法定条款——尤其是那些与垃圾弃置场、土壤堆积场及类似构筑物相关的方面。这一要求比所有篇章中所提到的任何其他措施都更具有优先权。

使用这些指导方针的人员自行负责所有可能产生的债务，对由于使用本指南而产生的任何形式的任何损失均不予承认。

本土壤处理方法以带有铲斗的铲车（逆行钻进式）挖掘土层以减轻板结和拖尾效应。

如果能够正确实施，这种方法的优点是它可以对土层进行彻底的横向震松。但是由于实际情况和铲斗尺寸，该方法所能疏松的土壤深度十分有限。如果考虑到土壤含水量的问题，则本方法较之耙齿疏松法（第十九篇）并无优越之处，它要求土壤必须足够干燥以便于粉碎。

其操作要点如下：

——铲车只能在表土层/地岩层停靠或行驶。

——只有在地面状况能够满足其以最大功率工作的情况下才允许机械运行。

——土层含水量应与其塑性上限至少保持 5%或更高差额，或者如果可能的话建议更高一些。

震松操作：

18.1　铲车只能在表土层/地岩层停靠或行驶。

18.2　通常应采用带齿铲斗。

18.3　如果需要疏松的土层厚度超过 0.5m，则可以采取以下操作程序。铲车可以沿着一个工作面，从后向前系统挖掘，疏松确定厚度的土层，节节推进。挖掘是一个切割行为，铲斗下切到需疏松土层全部厚度，之后通过铲捞将土壤提升并再度放回。操作的要点在于下一铲要与上一铲的挖掘从侧面和后面都要有所交迭。最终，可利用铲斗边缘轻轻地平整已完成工作面。

18.4　如果土层厚度超过铲斗的工作深度(约0.5m),则需要采取"双重挖掘"法。其过程是一直沿着一个土带系统工作,直至整个土带完成之后再进行下一土层的铺展。这一方法非常耗时,推荐采用后面18.5所提出的方法。

18.5　对于较深的土层剖面,另一可行之策是将土层以0.5m为单位分成若干层,并且按照上述18.3的方法分别完成疏松。当前一层被沿着整条土带完全铺好并彻底震松之后,再将下一土层置于该层之上。不断重复上述操作直至土层置换达到制定厚度并实施了"全面挖掘"。

第十九篇　推土机牵引齿耙实施土壤震松

本篇的目的是为推土机牵引齿耙对土壤或基础层/地岩层实施震松提供一个方法范式以建立最优方法。不管是用刮土机(牵引式或自行式)还是用推土机一自动卸载卡车进行土壤置换后,常常会使用齿耙进行土壤震松操作。齿耙应由履带式推土机牵引,而不是轮胎式拖拉机或压路机械。

根据地点情形的不同以及规划专家要求,指南所给出的方法或许会做出相应的调整。如果确实如此,则应在与本方法的背离之处注明其原因。指南中并未明确指定所用设备之类型、大小及样式,但必须得承认这些应该属于计划编制的组成部分或者将其作为一个保留话题。所用之机械应该能够达到有效操作情况下可以最大限度地减少土壤板结(例如,具有宽阔的轮辙),并且能够做到始终如一。

从事土壤或过度负荷等处理工作,以及土壤堆积场或(垃圾)弃置场设计或平整的人员,必须遵守《劳动健康与安全法》、1974年法案及其相关法定条款——尤其是那些与垃圾弃置场、土壤堆积场及类似构筑物相关的方面。这一要求比所有篇章中所提到的任何其他措施都更具有优先权。

使用这些指导方针的人员自行负责所有可能产生的债务,对由于使用本指南而产生的任何形式的任何损失均不予承认。

本法以推土机牵引齿耙穿越土层以减轻土壤板结和拖尾效应。若要使本方法切实有效,需要满足一系列要求,尤其是要使土壤足够干燥以便于粉碎及机器的有效运行。

使土壤板结程度最小化的操作要点如下:

(1)最大限度的震松

——土层含水量应与其塑性上限至少保持5%或更高差额,或者如果可能的话建议更高一些。

——粉碎模式必须具有重叠路径,同时必须对深层再板结土壤进行粉碎。

——齿耙必须具有足够小的间距以保证通过往返操作能够彻底实现侧向的震松。

——推荐使用带有侧翼的垂直齿耙。

——耙齿的尺寸应该与指定的震松深度相适应,应考虑土壤的"上翻"。

——耙齿和侧翼应带有抗磨板,应保持良好的工作状态。禁止使用残、旧工具。

——牵引支架组必须能够牵引耙齿组进行有效的工作,不能出现不合理的摆动和履带打滑现象。

(2)土壤润湿最小化

——如果预报有大的降雨发生，不得开展粉碎工作。

——如果土壤剖面有部分已经提升至水准面的高度，那么最上面的土层应该保存完好。如果下部土层已经粉碎，而上部土层尚为安置，应该用推土机平铲以将其覆盖。工作重新开始后，需要对上部和下部土层进行疏松。

裂土松土法：

当使用牵引式或自行式刮土机或推土机—自动卸载卡车进行土壤置换时，粉碎松土是主要的工作任务之一。粉碎松土的最主要目的是保证土壤剖面内不存在大的板结板块，这可能会影响植物根部的生长以及水分的下泄。粉碎松土基本可以采用两种策略。它们分别是：随着土层的顺次构筑逐步实施松土；或者是等土层轮廓完全成形之后再实施松土工作。两种方法都有其局限性，具体的选择应视待疏松土堆外形及可用机器之规格而定。一旦土堆成形，深层板结甚至中层的板结都可能无法进行疏松，所以选择正确的松土方法至关重要。在某些情况下，也许应该联合使用以获得令人满意的结果。

(1)铺一层，疏松一层，层层推进，有条不紊(见附录图 19-1a)：

——适用于纵剖面/地面厚度超出耙齿的有效工作深度或牵引支架组的承受能力的情况；需要一系列的连续裂口，在下一层置放之前完成上一层的松土工作。

——连续的裂土深度必须疏松由新的上覆土层或其他表面操作引起的下部土层的板结。

——适用于对下部土层中的石块和/或有害物质进行分离和清理的情况。

——必须在置换过程中实施。

——最后一个表层土层的疏松可以推迟到[与后面(2)的深层裂土疏松法一起实施]所有的土带及其置换工作完成后进行。

(2)土带成形后的单独深层裂土法(见附录图 19-1b)：

——适用于土层纵剖面厚度等于或低于耙齿的有效工作深度和牵引支架组的承受能力的情况。

——适用于下部土层不含石块和/或有害物质，或者有但无须分离和清理的情况。

——适用于只需将人工制品或石块清理出表土层，最终的裂土之前首先实施浅层表面耕作的情况。

——适用于连续的裂土疏松工作已经实施，但仍存在深层板结的情况。

——最后的疏松可以推迟到所有土带及所有置换工作完成后进行，或在稍后的安置期进行。

设备：

19.1 至少需要 300 马力的履带式拖拉机组。(预期为裂土深度为 750mm 的 30 马力/腿(或轴)的多齿梁式中耕机和裂土深度达 750mm 的 100 马力/齿的三轴中耕机)

19.2 有两种类型的裂土部件：1)装在拖拉机组上的框架式，水压驱动；2)装在拖车/工具架上，电动或水压驱动。控制装置必须协调好拖拉机与工具架的运作。

19.3 齿耙有两种类型：直胫式和曲胫式。前者是最常用也是最主要的松土工具。当有障碍物或者土层/地岩层中石块过多时就使用直胫式齿耙。曲胫式齿耙的典型用法是与直胫式联合使用，它被用于在浅层运行以减少直胫式齿耙所带来的“拖拽”阻力。直胫式齿

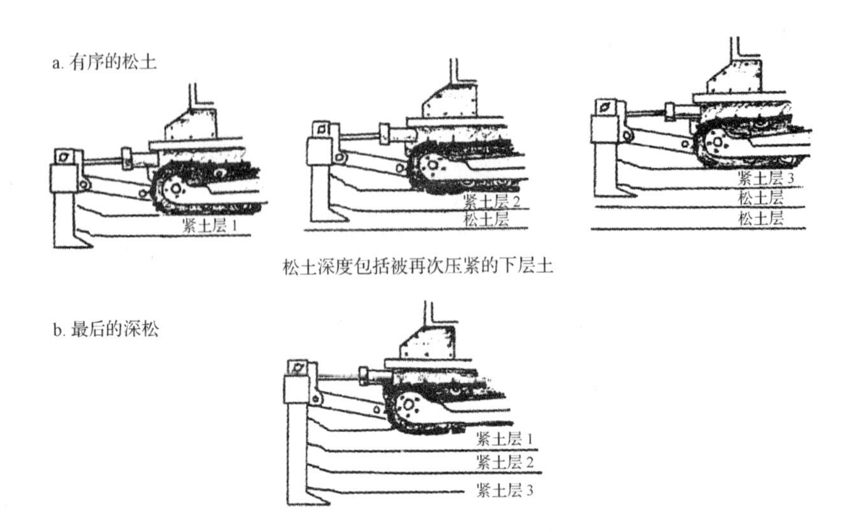

附录图 19-1　推土机牵引齿耙实施土壤震松

耙也常常被倾斜使用(由底部约后倾 10 度)而不是完全垂直,这样可以通过上提作用提升松土效果同时减小拖拽阻力。

19.4　直(胫)式齿耙应具有楔形足,以减小阻力,增强穿透力并有助于上部土壤的置换和粉碎。

19.5　直胫式齿耙有两种:有侧翼的和无侧翼的。总跨度(一侧端点到另一侧端点)为 250～400mm,它们焊接于齿胫或者赤足,角度为 2～30 度。其作用是提升吹向的土壤置换效果以及横向的粉碎作用,但是也会明显的增大拖拽阻力。无侧翼的直胫式齿耙或者需要进行多次往返或者需要更密的耙齿(后者将增大阻力)。

19.6　齿的长度(决定松土深度潜力)和厚度(决定翻土量,从而决定粉碎和疏松效果)是决定耙齿工作潜力的两个临界尺寸。裂土工具工作潜力的发挥取决于土壤/土层物质的含水量(必须保持其干燥以利于粉碎,否则土壤物质将会在工具周围发生变形)。

19.7　耙齿长度是工具最常见临界尺寸。由齿足后部到工具架基部小于 200/250mm 或(占工具总长的)30%——长度相对较小——是耙齿的最大有效裂土深度。长度的缩短是出于提高土壤上翻置换能力的考虑,因为工具是在牵引力作用下穿过土层。如果没有这一让步,土壤上翻将达到或超过工具架,从而增大了阻力并降低了土壤疏松效果。最常用的齿耙的最大有效工作深度约为 500～700mm。如果使用了更长的耙齿,将会影响到拖拉机组的灵活度。这当中的一个例外是由英国煤炭公司特制的 SIMBA MKIV 型裂具,它具有 1.2m 长的机载耙齿,具有 900～1000mm 的工作深度。

19.8　齿宽(从前都后)与一个为宽度 5 倍的比率共同决定了裂土/松土深度。典型的耙齿宽度是 300～400mm,这使其潜在效果工作深度可达 1500～2000mm,所以在操作上通常并不会成为限制因素。通常耙齿所采用的厚度和宽度取决于其他因素——所进行作业的机械应力(例如其强度)以及工具架上的开槽尺寸。

19.9　耙齿的厚度(典型为 40～80mm)对其强度贡献颇大,但同时也增大了其阻力。应该在耙齿的主要边缘部位安装抗磨板以降低磨损,其上附的侧翼也一样。

19.10　耙齿最少为两根,每根位于拖拉机组的轮辙之后。一般来说,最常见的耙形是三齿型，其中中间一根位于拖拉机组的正中位置。耙齿可以排成一排，也可以排成三角形，其中间一根靠前以减小阻力。耙齿可以带有侧翼，也可以不带，通常中间的一根不带侧翼以减少阻力。带翼三齿型是耙齿的首选造型。但是，如果存在人造物/障碍物，或者在土壤中石块含量过大的情况下直径齿更适用。

19.11　由曲径齿在前，直径齿在后组合而成的模式（双梁造型）是另外一个途径，在有效完成侧面粉碎工作方面它具有更大的潜力。

松土操作：

19.12　只有土壤干燥而易于粉碎时才可以展开裂土疏松法作业，并且如果土壤发生塑性形变必须立即中断操作。这种松土方法只适用于干燥天气，同时如果在正常操作情况下出现拖拉机组牵引力/摇晃则应该立即中断操作。如果土壤天然湿度很大，则应该考虑在深度碎裂之前建立耕作制度以使上部土层干燥；这也许要用上连续的好几年时间以逐步的实现土层的疏松。

19.13　根据松土方法、松土设备及牵引机器的性能确定耙齿在基础层/地岩层或土层中穿越时的深度。应以足够快的恒定速度牵引耙齿前进，并使其保持最佳倾角（斜度）以获得最大的翻土效果和最小的阻力，同时避免出现履带打滑和拖拉机摇摆现象。

19.14　裂土工作只能沿着某一轴向一直向前进行以提升坡面的排水效果，但是不能交叉也不能穿越斜坡。如果是单向的裂土，当沿着陡坡下行时，机器只能背向未裂土一方行驶。

19.15　裂土机第一趟运行之时就应该达到既定的裂土深度，同时保证土壤上翻不超过工具架基部，在第一次和接下来的回合中齿耙都要达到其最大工作深度。裂土过程不应该先浅后深。但是，第一回合过程中这也许不可避免，因为它首先要“犁破”地表并降低阻力以获得既定的穿透度。先解决岬角以利于快速、全面的穿透；对于斜坡底部区域来说至关重要。裂土作业必须延伸至渠岸，并沿着渠岸向外展开。

19.16　如过最后的土壤剖面厚度小于或等于耙齿的有效工作深度，则可以在所有土层得以安置之后再实施裂土作业（见附录图 19-1b），除非需要对石块和人造物进行清理。

19.17　如果土壤剖面厚度超过耙齿的工作深度，那么就要依照土层顺序逐步进行破裂。该过程应该在一个土层铺好后进行，在下一层铺好之前结束。这往往在某一土壤层（如下部底土、上部底土以及表土）（见附录图 19-1a）。如果上述土壤层厚度超过了耙齿的有效工作深度，则应该将该土壤层分成几个亚层分别进行安置，并进行顺次的置放和裂松。

19.18　在连续的土壤层/土层置换过程中，必须考虑上层土壤置放和铺平过程中由铲车和推土机引起的下部土层的再度板结。是否需要考虑上述因素取决于土壤质地和含水量。对于铲车而言，指定下一安置和疏松土层厚度的时候应考虑 400mm 的再板结厚度。具有标准或较窄履带的推土机则至少要考虑 300mm。再板结层应该与新置放土层同时进行疏松。这就要求下一疏松土层厚度包含再板结土层。下一可置于再板结土层之上的新土层厚度就取决于耙齿的潜在有效工作深度。因此，当第一个土层安置、疏松完成后，接下来的土层厚度将会变小。

19.19　最终的表土疏松应该在耙齿的有效工作深度之内。

19.20　在裂土过程中，前后两次的路径应该有所交叠，已撕裂一侧的耙齿将前一次中间和外侧耙齿之间的路径一分为二。如果裂土深度不够或者侧面的密实板结没有被疏松，那么就要通过二分增大重叠量。

19.21　裂土过程中要检查已疏松土壤的疏松程度和密度，尤其是在土带的交界地带更是如此(后者或许要利用检查坑进行检测)。常规的定性评估可由带有突起墩头的直径为15mm的钢质探针来完成。将探头以150mm间距沿着与裂土线相交叉的若干横断面插入土中,记录其穿透深度和承受的阻力。除此之外,还可以利用土壤透度计。不管哪种方法都要与现场的板结"度"联合使用;它之所以如此重要,是因为土壤含水量和石块含量是影响最终测试结果的最大因素。

参考文献

[1] Aabø S. Are public libraries worth their price? A contingent valuation study of Norwegian public libraries[J]. New Library World,2005,106(11/12):487-495.

[2] Adamowicz W,Boxall P,Williams M,et al. Stated preference approaches for measuring passive use values:choice experiments and contingent valuation[J]. American Journal of Agricultural Economics,1998,80(1):64-75.

[3] Adger W N,Brown K,Cervigni R,et al. Total economic value of forests in Mexico[J]. AMBIO,1995,24(5):286-296.

[4] Aerts R,Huiszoon A,Van Oostrum J H A,et al. The potential for heathland restoration on formerly arable land at a site in Drenthe, the Netherlands[J]. Journal of Applied Ecology,1995,32(4):827-835.

[5] Agriculture and Agri-Food Canada(AAFC). Topsoil Preservation Act,RSNB 2011,c 230[EB/OL]. http://canlii. ca/t/51vfv.

[6] Alday J G, Marrs R H, Martínez-Ruiz C. Vegetation succession on reclaimed coal wastes in Spain:the influence of soil and environmental factors[J]. Applied Vegetation Science,2011,14(1):84-94.

[7] Bartels R,Fiebig D G,McCabe A. The value of using stated preference methods:a case study in modelling water heater choices[J]. Mathematics and Computers in Simulation,2004,64(3):487-495.

[8] Bateman I,Brouwer R,Ferrini S, et al. Guidelines for designing and implementing transferable non-market valuation studies:A multi-country study of open-access water quality improvements[C]//17th Annual conference of the European Association of Environmental and Resource Economists, Amsterdam, The Netherlands,2009:24-27.

[9] Bedate A M,Herrero L C,Sanz J Á. Ex ante and ex post valuations of a cultural good. Are preferences or expectations changing? [J]. Journal of Environmental Planning and Management,2012,55(1):127-140.

[10] Bennett J,Adamowicz V. The Choice Modelling Approach to Environmental Valuation. In:Some fundamentals of environmental choice modelling[M]. Elgar,Edward Publishing,Inc. 2001.

[11] Berthier E, Andrieu H, Creutin J D. The role of soil in the generation of urban run-off: development and evaluation of a 2D model[J]. Journal of Hydrology, 2004, 299 (3-4): 252-266.

[12] Birol E, Karousakis K, Koundouri P. Using a choice experiment to account for preference heterogeneity in wetland attributes: The case of Cheimaditida wetland in Greece [J]. Ecological Economics, 2006, 60(1): 145-156.

[13] Blackburn M K, Harrison G W, Rutström E E. Statistical bias functions and informative hypothetical surveys[J]. American Journal of Agricultural Economics, 1994, 76 (5): 1084-1088.

[14] Blamey R K. Ecotourism: The search for an operational definition[J]. Journal of Sustainable Tourism, 1997, 5(2): 109-130.

[15] Bliem M, Getzner M, Rodiga-Laßnig P. Temporal stability of individual preferences for river restoration in Austria using a choice experiment[J]. Journal of Environmental Management, 2012, 103: 65-73.

[16] Borůvka L, Kozák J, Mühlhanselová M, et al. Effect of covering with natural topsoil as a reclamation measure on brown-coal mining dumpsites[J]. Journal of Geochemical Exploration, 2012(113): 118-123.

[17] Boxall P C, Adamowicz W L, Swait J, et al. A comparison of stated preference methods for environmental valuation[J]. Ecological Economics, 1996, 18(3): 243-253.

[18] Boyer T, Polasky S. Valuing urban wetlands: a review of non-market valuation studies[J]. Wetlands, 2004, 24(4): 744-755.

[19] Bradshaw A D, Chadwick M J. The restoration of land: the ecology and reclamation of derelict and degraded land[M]. Berkeley: University of California Press, 1980.

[20] Brenner F J, Werner M, Pike J. Ecosystem development and natural succession in surface coal mine reclamation[J]. Minerals and the Environment, 1984, 6(1): 10-22.

[21] Brenner J, Jiménez J A, Sardá R, et al. An assessment of the non-market value of the ecosystem services provided by the Catalan coastal zone, Spain [J]. Ocean & Coastal Management, 2010, 53(1): 27-38.

[22] Brookshire D S, Randall A. Public policy alternatives, public goods, and contingent valuation mechanisms[C]. //Western Economic Association Meeting, Honolulu, Hawaii. 1978: 20-26.

[23] Brouwer R, Martin-Ortega J, Berbel J. Spatial preference heterogeneity: a choice experiment [J]. Land Economics, 2010, 86(3): 552-568.

[24] Buisson E, Anderson S, Holl K D, et al. Reintroduction of Nassella pulchra to California coastal grasslands: effects of topsoil removal, plant neighbour removal and grazing[J]. Applied Vegetation Science, 2008, 11(2): 195-204.

[25] Buisson E, Holl K D, Anderson S, et al. Effect of seed source, topsoil removal, and plant neighbor removal on restoring California coastal prairies[J]. Restoration Ecology, 2006, 14(4): 569-577.

[26] Callow P. Ecosystem health: a critical analysis of concepts[A]. In: Rapport D J, Callow P, Gauder C. Evaluating and monitoring the health of Large-scale ecosystem [M]. New York: Springer Verlag, 1995.

[27] Carlsson F, Martinsson P. Do hypothetical and actual marginal willingness to pay differ in choice experiments? : Application to the valuation of the environment [J]. Journal of Environmental Economics and Management, 2001, 41(2): 179-192.

[28] Carson R T, Flores N E, Meade N F. Contingent valuation: controversies and evidence [J]. Environmental and Resource Economics, 2001, 19(2): 173-210.

[29] Chang J B, Lusk J L, Norwood F B. How closely do hypothetical surveys and laboratory experiments predict field behavior? [J]. American Journal of Agricultural Economics, 2009, 91(2): 518-534.

[30] Chanmell R Q. Effects of soil drainage on root growth and crop production. In soil physical properties and crop production in the tropics. Eds: LaL R and Green land D J. John Wiley and Sons, New York, 1979.

[31] Choi A S, Ritchie B W, Papandrea F, et al. Economic valuation of cultural heritage sites: A choice modeling approach[J]. Tourism Management, 2010, 31(2): 213-220.

[32] Correia A, Santos C M, Barros C P. Tourism in Latin America a choice analysis[J]. Annals of Tourism Research, 2007, 34(3): 610-629.

[33] Costanza R, d'Arge R, De Groot R, et al. The value of the world's ecosystem services and natural capital[J]. Nature, 1997, 387(6630): 253-260.

[34] Cummings R G, Taylor L O. Unbiased value estimates for environmental goods: a cheap talk design for the contingent valuation method[J]. American Economic Review, 1999: 649-665.

[35] Department for Environment, Food and Rural Affairs. Land Use Planning: Good Practice Guide for Handing Soils [EB/OL]. http://webarchive. nationalarchives. gov. uk/20090306103114/http://www. defra. gov. uk/farm/environment/land-use/soilguide/index. htm.

[36] DePuit E J. Potential topsoiling strategies for enhancement of vegetation diversity on mined lands[J]. Minerals and the Environment, 1984, 6(3): 115-120.

[37] Dormaar J F, Lindwall C W, Kozub G C. Restoring productivity to an artificially eroded Dark Brown Chernozemic soil under dryland conditions[J]. Canadian Journal of Soil Science, 1986, 66(2): 273-285.

[38] Geissen V, Wang S, Oostindie K, et al. Effects of topsoil removal as a nature management technique on soil functions[J]. Catena, 2013, 101: 50-55.

[39] Georgescu-Roegen N. Choice and revealed preference[J]. Southern Economic Journal, 1954: 119-130.

[40] Ghose M. Management of topsoil for geo-environmental reclamation of coal mining areas [J]. Environmental Geology, 2001, 40(11-12): 1405-1410.

[41] Green P E. On the design of choice experiments involving multifactor alternatives

[J]. Journal of Consumer Research, 1974, 1(2): 61-68.

[42] Grote J B, Al-Kaisi M M. Topsoil placement effect on soil carbon stock improvement of exposed subsoil in Iowa[J]. Journal of Soil and Water Conservation, 2007, 62(2): 86-93.

[43] Han S Y, Kwak S J, Yoo S H. Valuing environmental impacts of large dam construction in Korea: An application of choice experiments[J]. Environmental Impact Assessment Review, 2008, 28(4): 256-266.

[44] Hanemann W M. Discrete/continuous models of consumer demand[J]. Econometrica: Journal of the Econometric Society, 1984, 52(3): 541-561.

[45] Hanley N, Spash C, Walker L. Problems in valuing the benefits of biodiversity protection[J]. Environmental and Resource Economics, 1995, 5(3): 249-272.

[46] Hanley N, Wright R E, Alvarez-Farizo B. Estimating the economic value of improvements in river ecology using choice experiments: an application to the water framework directive[J]. Journal of Environmental Management, 2006, 78(2): 183-193.

[47] Harris J A, Birch P, Shor K C. Changes in the microbial community and physic-chemical characteristics of topsoil stockpiled during opencast mining[J]. Soil Use and Management, 1989, 5(4): 161-168.

[48] Harris J A, Birch P, Shor K C. The impact of storage of soils during opencast mining on the microbial community: A strategist theory interpretation[J]. Restoration Ecology, 1993, 1(2): 88-100.

[49] Hart P B S, West A W, Kings J A, et al. Land restoration management after topsoil mining and implications for restoration policy guidelines in New Zealand[J]. Land Degradation & Development, 1999, 10(5): 435-453.

[50] Hass A, Zobel R W. Using soil E horizon in salvaged topsoil material-effect on soil texture[J]. Soil Use and Management, 2011, 27(4): 470-479.

[51] Juutinen A, Mitani Y, Mäntymaa E, et al. Combining ecological and recreational aspects in national park management: A choice experiment application[J]. Ecological Economics, 2011, 70(6): 1231-1239.

[52] Kallas Z, Gil J M, Panella-Riera N, et al. Effect of tasting and information on consumer opinion about pig castration[J]. Meat Science, 2013, 95(2): 242-249.

[53] Koch M J, Ward S C, Grant C D, et al. Effects of Bauxite Mine Restoration Operations on topsoil sed rserves in the Jarrah Forest of Western Australia[J]. Restoration Ecology, 1996, 4(4): 368-376.

[54] Korzeniak J. Species richness and diversity related to anthropogenic soil disturbance in abandoned meadows in the Bieszczady Mts. [Eastern Carpathians][J]. Acta Societatis Botanicorum Poloniae, 2005, 74(1): 65-71.

[55] Lancaster K J. A new approach to consumer theory[J]. The Journal of Political Economy, 1966, 74(2): 132-157.

[56] Larney F J, Olson B M, Janzen H H, et al. Early impact of topsoil removal and soil a-

mendments on crop productivity[J]. Agronomy Journal,2000,92(5):948-956.

[57] Lindsey P A,Alexander R R,Du Toit J T,et al. The potential contribution of ecotourism to African wild dog Lycaon pictus conservation in South Africa[J]. Biological Conservation,2005,123(3):339-348.

[58] List J A,Gallet C A. What experimental protocol influence disparities between actual and hypothetical stated values? [J]. Environmental and Resource Economics,2001,20(3):241-254.

[59] Loomis J B,Walsh R G. Recreation economic decisions: comparing benefits and costs [M]. Venture Publishing Inc.,1997.

[60] Loomis J B,White D S. Economic benefits of rare and endangered species:summary and meta-analysis[J]. Ecological Economics,1996,18(3):197-206.

[61] Louviere J J,Hensher D A. Using discrete choice models with experimental design data to forecast consumer demand for a unique cultural event[J]. Journal of Consumer Research,1983:348-361.

[62] Louviere J J,Woodworth G. Design and analysis of simulated consumer choice or allocation experiments:an approach based on aggregate data[J]. Journal of Marketing Research,1983,10(3):350-367.

[63] Louviere J J. Why stated preference discrete choice modeling is not conjoint analysis (and what SPDCM is?)[J]. Memetrics White Paper,2000,1:1-11.

[64] Mackenzie J. A comparison of contingent preference models[J]. American Journal of Agricultural Economics,1993,75(3):593-603.

[65] Macmillan D C,Philip L,Hanley N,et al. Valuing the non-market benefits of wild goose conservation:a comparison of interview and group based approaches[J]. Ecological Economics,2002,43(1):49-59.

[66] Malhi S S,Izaurralde R C,Nyborg M,et al. Influence of topsoil removal on soil fertility and barley growth[J]. Journal of Soil and Water Conservation,1994,49(1):96-101.

[67] Martínez-Ruiz C, Fernández-Santos B. Natural revegetation on topsoiled mining-spoils according to the exposure[J]. Acta Oecologica,2005,28(3):231-238.

[68] Martin-Ortega J,Berbel J. Using multi-criteria analysis to explore non-market monetary values of water quality changes in the context of the Water Framework Directive [J]. Science of the Total Environment,2010, 408(19):3990-3997.

[69] Massee T W. Simulated erosion and fertilizer effects on winter wheat cropping intermountain dryland area[J]. Soil Science Society of America Journal,1990,54(6):1720-1725.

[70] Mazzotta M J,Opaluch J J. Decision making when choices are complex: a test of Heiner's hypothesis[J]. Land Economics,1995,71(4):500-515.

[71] McClelland G H,Schulze W D,Lazo J K,et al. For measuring non-use values:a contingent valuation study of groundwater cleanup[R]. Centre for Economic Analysis, University of Colorado, Boulder,CO,1992.

[72] McFadden D. The measurement of urban travel demand[J]. Journal of Public Eco-

nomics,1974,3(4):303-328.

[73] McVittie A,Moran D. Valuing the non-use benefits of marine conservation zones:An application to the UK Marine Bill[J]. Ecological Economics,2010,70(2):413-424.

[74] Meyerhoff J,Liebe U,Hartje V. Benefits of biodiversity enhancement of nature-oriented silviculture: Evidence from two choice experiments in Germany[J]. Journal of Forest Economics,2009,15(1):37-58.

[75] Office of Surface Mining Reclamation and Enforcement,Department of the Interior. PART 823—Special Permanent Program Performance Standards—Operations on Primefarmland [EB/OL]. http://www.ecfr.gov/cgi-bin/text-idx? c=ecfr&SID=12c4e3809c30b419b2eaae6b10277d79&rgn = div5&view = text&node = 30:3.0.1.11.52&idno=30.

[76] Office of Surface Mining Reclamation and Enforcement,Department of the Interior. PART 824—Special Permanent Program Performance Standards—Operations on Primefarmland [EB/OL]. http://www.ecfr.gov/cgi-bin/text-idx? c = ecfr&SID = 12c4e3809c30b419b2eaae6b10277d79&tpl=/ecfrbrowse/Title30/30cfr824_main_02.tpl.

[77] Oyedele D J,Aina P O. Response of soil properties and maize yield to simulated erosion by artificial topsoil removal[J]. Plant and Soil,2006,284(1-2):375-384.

[78] Pate J,Loomis J. The effect of distance on willingness to pay values:a case study of wetlands and salmon in California[J]. Ecological Economics,1997,20(3):199-207.

[79] Peeters A,Janssens F. Species-rich grasslands:diagnostic, restoration and use in intensive livestock production systems[J]. Grassland Science in Europe, 1998, 3: 375-393.

[80] Pek C K,Jamal O. A choice experiment analysis for solid waste disposal option:A case study in Malaysia[J]. Journal of Environmental Management, 2011, 92(11): 2993-3001.

[81] Phanikumar C V,Maitra B. Willingness-to-pay and preference heterogeneity for rural bus attributes[J]. Journal of Transportation Engineering,2007,133(1):62-69.

[82] Portney P R. The contingent valuation debate:why economists should care[J]. The Journal of Economic Perspectives,1994,8(4):3-17.

[83] Powell R A, Single H M. Focus groups[J]. International Journal for Quality in Health Care,1996,8(5):499-504.

[84] Rambonilaza M,Dachary-Bernard J. Land-use planning and public preferences:What can we learn from choice experiment method? [J]. Landscape and Urban Planning, 2007,83(4):318-326.

[85] Rapport D J,Whitford W G. How ecosystem respond to stress:common properties of arid and aquatic system[J]. Bioscience,1989,49:193-203.

[86] Ready R C,Champ P A,Lawton J L. Using respondent uncertainty to mitigate hypothetical bias in a stated choice experiment[J]. Land Economics,2010,86(2):363-381.

[87] Resco de Dios V,Yoshida T,Iga Y. Effects of topsoil removal by soil-scarification on

regeneration dynamics of mixed forests in Hokkaido,Northern Japan[J]. Forest Ecology and Management,2005,215(1):138-148.

[88] Rizzi L I,Ortuzar J D. Stated preference in the valuation of interurban road safety [J]. Accident Analysis & Prevention,2003,35(1):9-22.

[89] Robert E,Farmer Jr,Maureen C,et al. First-year development of plant communities originating from forest topsoils placed on Southern Appalachian Minesoils[J]. Journal of Applied Ecology,1982,19(1):283-294.

[90] Rolfe J,Windle J. Valuing the protection of aboriginal cultural heritage sites[J]. Economic Record,2003,79(Special issue):S85-S95.

[91] Rossi F J,Carter D R,Alavalapati J R R,et al. Assessing landowner preferences for forest management practices to prevent the southern pine beetle:An attribute-based choice experiment approach[J]. Forest Policy and Economics,2011,13(4):234-241.

[92] Rouwendal J,de Blaeij A T. Inconsistent and lexicographic choices in stated preference analysis[R]. Tinbergen Institute Discussion Paper,2004.

[93] Sælen H,Kallbekken S. A choice experiment on fuel taxation and earmarking in Norway[J]. Ecological Economics,2011,70(11):2181-2190.

[94] Salako F K,Dada P O,Adejuyigbe C O,et al. Soil strength and maize yield after topsoil removal and application of nutrient amendments on a gravelly Alfisol toposequence[J]. Soil and Tillage Research,2007,94(1):21-35.

[95] Sasao T. An estimation of the social costs of landfill siting using a choice experiment [J]. Waste Management,2004,24(8):753-762.

[96] Scarpa R,Ruto E S K,Kristjanson P,et al. Valuing indigenous cattle breeds in Kenya:an empirical comparison of stated and revealed preference value estimates [J]. Ecological Economics,2003,45(3):409-426.

[97] Schladweiler B K,Vance G F,Legg D E,et al. Topsoil depth effects on reclaimed coal mine and native area vegetation in northeastern Wyoming[J]. Rangeland Ecology & Management,2005,58(2):167-176.

[98] Stevens T H,Benin S,Larson J S. Public attitudes and economic values for wetland preservation in New England[J]. Wetlands,1995,15(3):226-231.

[99] Sui Y,Liu X,Jin J,et al. Differentiating the early impacts of topsoil removal and soil amendments on crop performance/productivity of corn and soybean in eroded farmland of Chinese Mollisols[J]. Field Crops Research,2009,111(3):276-283.

[100] The Statutes of Saskatchewan. Pipelines Act,1998,SS 1998,c P-12. 1[EB/OL]. http://canlii. ca/t/kzr5.

[101] Valla M,Kozák J,Ondrá ek V. Vulnerability of aggregates separated from selected anthrosols developed on reclaimed dumpsites[J]. Rostlinná Výroba,2000,46(12):563-568.

[102] Vecchiato D,Tempesta T. Valuing the benefits of an afforestation project in a periurban area with choice experiments[J]. Forest Policy and Economics, 2013, 26:

111-120.

[103] Venkatachalam L. The contingent valuation method: a review[J]. Environmental Impact Assessment Review, 2004, 24(1): 89-124.

[104] Wairiu M, Lal R. Soil organic carbon in relation to cultivation and topsoil removal on sloping lands of Kolombangara Solomon Islands[J]. Soil and Tillage Research, 2003, 70(1): 19-27.

[105] Wallmo K, Lew D K. Valuing improvements to threatened and endangered marine species: an application of stated preference choice experiments[J]. Journal of Environmental Management, 2011, 92(7): 1793-1801.

[106] Wattage P, Glenn H, Mardle S, et al. Economic value of conserving deep-sea corals in Irish waters: A choice experiment study on marine protected areas [J]. Fisheries Research, 2011, 107(1): 59-67.

[107] Wilson B. Influence of scattered paddock trees on surface soil properties: a study of the Northern Tablelands of NSW [J]. Ecological Management and Restoration, 2002, 3(3): 211-219.

[108] [美]奥斯特罗姆，帕克斯和惠特克. 公共服务的制度建构[M]. 上海：三联书店，2000.

[109] Adger W N，陈光伟. 墨西哥森林的经济总价值[J]. 人类环境杂志，1995，24(5)：285－295.

[110] 白晓飞，陈焕伟. 土地利用的生态服务价值——以北京市平谷区为例[J]. 北京农学院学报，2003，18(2)：109－111.

[111] 蔡洁，耕作层土壤剥离再利用的若干问题探讨[J]. 浙江国土资源，2008(03)：42－43.

[112] 蔡银莺，李晓云，张安录. 耕地资源非市场价值评估初探[J]. 生态经济，2006(10)：10－14.

[113] 曹学章，刘庄，唐晓燕. 美国露天采矿环境保护标准及其对我国的借鉴意义[J]. 生态与农村环境学报，2006，22(4)：94－96.

[114] 陈佳. 基于选择试验模型的基本农田非市场价值评估研究[D]. 杭州：浙江大学，2011.

[115] 陈美球，刘桃菊，黄靓. 土地生态系统健康研究的主要内容及面临的问题. 生态环境，2004，13(4)：698－701.

[116] 都市计划法施行令[EB/OL]. http://law. e-gov. go. jp/htmldata/S43/S43HO100. html.

[117] 都市计划法施行令[EB/OL]. http://yad. koremo. com/toshikei-rei. html.

[118] 范树印，卢利华，蒋一军. 澳大利亚土地复垦扫描[N]. 中国国土资源报，2008-08-06 (008).

[119] 费月. “多中心”治理模式在公共服务型政府中的运用[J]. 中共杭州市委党校学报，2009(4)：75－81.

[120] 高世昌，陈正，孙春蕾. 土壤剥离有多贵？——对若干省份耕作层土壤剥离利用成本调查研究，中国土地[J]，2014，(11)：37－39.

[121] 郭文华. 加拿大开展表土剥离，重视保护土地质量[J]. 国土资源情报，2012(3)：28－31.

[122] 国家土地管理局赴澳土地复垦考察团. 澳大利亚的土地复垦操作规程[J]. 中国土地科学，1997，11(4)：46－48.

[123] 环境科学大词典编委会.环境科学大辞典[M].北京:中国环境科学出版社,2008.
[124] 江冲,金建君,李论.基于 CVM 的耕地资源保护非市场价值研究——以浙江省温岭市为例[J].资源科学,2011,33(10):1955—1961.
[125] 李广东,邱道持,王平.三峡生态脆弱区耕地非市场价值评估[J].地理学报,2011,66(4):562—575.
[126] 李蕾.美国煤矿区农用地表土剥离制度[J].国土资源情报,2011(6):20—23.
[127] 李英.土地整理农地社会价值评价与变化研究[D].泰安:山东农业大学,2011.
[128] 刘启明.日本土地改良制度的成功经验和启示[J].世界农业,2009(1):40—43.
[129] 刘新卫.日本表土剥离的利用和完善措施[J].国土资源,2008(9):52—55.
[130] 农业大词典编辑委员会.农业大词典[M].北京:中国农业出版社,1998
[131] 孙礼.关于保护和利用表土资源的思考[J].中国水土保持,2010(3):4—6.
[132] 谭永忠,韩春丽,吴次芳,等.发达国家剥离表土种植利用模式及对中国的启示[J].农业工程学报, 2013(23):194—201.
[133] 王飞,周志峰. 宁波市耕地地力评价及培肥改良[M].杭州:浙江大学出版社,2011.
[134] 王静.日本、韩国土地规划制度比较与借鉴[J].中国土地科学,2001,15(3):45—48.
[135] 吴次芳,徐保根,等.土地生态学[M].北京:中国大地出版社,2003.
[136] 肖风劲,欧阳华.生态系统健康及其评价指标和方法[J].自然资源学报,2002,17(2):203—209.
[137] 王锐,张孝成,蒋纬,等.建设占用耕地表土剥离的主要实施条件研究——以重庆市三峡库区移土培肥为例,河北农业科学,2011,15(1):90—91,106.
[138] 徐艳,张凤荣,赵华甫,等.关于耕作层土壤剥离用于土壤培肥的必要条件探讨.中国土地科学,2011,25(11):93—97.
[139] 颜世芳,王涛,窦森.高速公路取土场表土剥离工程技术要点[J].吉林农业,2010(11):238.
[140] 杨雷,张晓鹏.教育资源信息化的非市场价值及其测评方法研究[J].管理学报,2009,6(8):1013—1018.
[141] 张蕾,Jeff Bennett,戴广翠等.中国退耕还林政策成本效益分析[M].经济科学出版社,2008.
[142] 张翼飞.城市内河生态系统服务的意愿价值评估——CVM 有效性和可靠性研究的视角[D].2008.
[143] 张志强,徐中民,程国栋.生态系统服务与自然资本价值评估[J].生态学报,2001(11):1918—1926.
[144] 张志强,徐中民,程国栋.条件价值评估法的发展与应用[J].地球科学进展,2003,18(3):454—463.
[145] 张志勇.我国古代的水土保持[J]. 山西水土保持科技,2007, 3:002.
[146] 赵军,杨凯.上海城市内河生态系统服务的条件价值评估[J].环境科学研究,2004,17(2):49—52.
[147] 朱先云.发达国家表土剥离实践及其特征[J].中国国土资源经济,2009,22(9):24—26.

索　引